建筑施工企业安全生产管理人员培训考核教材

张连忠　主编

中国建筑工业出版社

图书在版编目（CIP）数据

建筑施工企业安全生产管理人员培训考核教材 / 张连忠主编. — 北京 ：中国建筑工业出版社，2023.8

ISBN 978-7-112-28947-9

Ⅰ. ①建… Ⅱ. ①张… Ⅲ. ①建筑施工企业一安全生产一生产管理一技术培训一教材 Ⅳ. ①TU714

中国国家版本馆 CIP 数据核字（2023）第 130857 号

本书主要内容包括绪论、建设工程安全生产法律制度、建筑施工企业安全管理、施工安全技术与常用施工机械安全操作规程等。

本书适用于建筑施工企业主要负责人、项目负责人和专职安全生产管理人员的安全生产培训考核，也可供行业从业人员学习使用。

责任编辑：赵云波
责任校对：张惠雯

建筑施工企业安全生产管理人员培训考核教材

张连忠　主编

*

中国建筑工业出版社出版、发行(北京海淀三里河路 9 号)

各地新华书店、建筑书店经销

北京红光制版公司制版

北京市密东印刷有限公司印刷

*

开本：787 毫米×1092 毫米　1/16　印张：14½　字数：360 千字

2023 年 9 月第一版　　2023 年 9 月第一次印刷

定价：**45.00** 元

ISBN 978-7-112-28947-9

(41130)

建筑施工企业安全生产管理人员培训考核教材
编审委员会

本书编写人员

主　　编：张连忠

副 主 编：周莉洁

参编人员：王梅节　高海河　马喜宁　朱　娜　张艳霞
　　　　　钟　馨　宋林奎　张献芮

前　言

为认真贯彻“安全第一，预防为主，综合治理”的方针，贯彻落实《中华人民共和国建筑法》《中华人民共和国安全生产法》《建设工程安全生产管理条例》，根据中华人民共和国住房和城乡建设部令（第17号）《建筑施工企业主要负责人、项目负责人和专职安全生产管理人员安全生产管理规定》及《住房和城乡建设部关于印发建筑施工企业主要负责人、项目负责人和专职安全生产管理人员安全生产管理规定实施意见的通知》建质〔2015〕206号，结合党的二十大报告精神，我们组织编写了《建筑施工企业安全生产管理人员培训考核教材》（以下简称教材）和《建筑施工企业安全生产管理人员继续教育培训教材》，以进一步规范建筑施工企业主要负责人、项目负责人和专职安全生产管理人员（简称建筑施工企业安管人员）的安全生产培训考核工作，提高各级安全管理人员及广大从业人员的素质和管理水平，保障建筑施工企业的生产安全。

本教材由青海建筑职业技术学院张连忠任主编，负责教材编写的总体工作、大纲的编写、目录、前言和关键章节的编写，以及审核、修改和统稿工作，由青海省住房和城乡建设厅周莉洁任副主编，负责市场调研，协助主编进行关键章节的编写审稿等工作，由青海建筑职业技术学院王梅节、高海河、朱娜、张艳霞、马喜宁、钟馨、张献芮和青海百鑫工程监理咨询有限公司宋林奎进行相关章节内容的编写。

本教材由青海省住房和城乡建设厅、青海建筑职业技术学院组织建筑施工企业、监理咨询公司、智能科技公司等单位和大专院校、行业质量安全监督机构的专家学者参与编写，本教材在编写过程中得到了青海萱安安全技术咨询有限公司、兰州工业学院土木工程学院、山东城市建设职业学院、果洛藏族自治州建设工程质量安全监督站、青海河隍智星智能科技有限公司、青海百鑫工程监理咨询有限公司和青海鼎海建筑工程有限公司等单位的大力支持和热情帮助。由于编者水平所限，书中不妥和疏漏之处在所难免，真诚希望使用本教材的培训机构、授课教师及广大学员能够提出宝贵意见，以进一步修订完善。

编者

2023年6月

目　录

1　绪论

建筑施工安全是建筑工程管理的核心，是一切建筑工程项目的生命线。建筑施工安全是关系到国家和人民生命和物质财产安全的重要大事，为贯彻执行《中华人民共和国安全生产法》《建设工程安全生产管理条例》，认真贯彻“安全第一，预防为主，综合治理”的方针，加强建筑行业安全管理，提高建筑行业安全监管人员、建筑施工企业安全管理人员安全生产管理知识水平，以进一步规范建筑施工企业主要负责人、项目负责人和专职安全生产管理人员（简称建筑施企业安管人员）的安全生产培训考核工作，进一步提升建筑施企业安管人员管理能力及综合业务素质，最大限度地防范和杜绝安全事故的发生，从而保护从业人员生命安全，确保建筑业安全健康和可持续发展。

人民至上，生命至上，这是习近平总书记一贯的安全发展理念。安全无小事，责任大于天。安全生产，一头连着人民群众生命财产安全，一头连着经济发展和社会稳定，忽视安全、违规操作都将付出沉重代价。习近平总书记多次对安全生产工作发表重要讲话中作出了重要指示，深刻论述安全生产红线、安全发展战略、安全生产责任制等重大理论和实践问题，对安全生产提出了明确要求。坚持安全第一、预防为主，建立大安全大应急框架，完善公共安全体系，推动公共安全治理模式向事前预防转型。习近平总书记强调，公共安全是社会安定、社会秩序良好的重要体现，是人民安居乐业的重要保障。安全生产必须警钟长鸣、常抓不懈。

中国式现代化高质量发展的今天，我国不断建设完成规模宏大的摩天大楼、超长隧道、大跨度桥梁等重大工程，不断刷新着历史记录。动车、高铁、机场、复杂商业综合体等一大批基础设施和建筑工程要求又快又好地建设完成，这给建筑业的安全生产带来了新的挑战。我国每年由于建筑事故受伤的从业人员超过千人，直接经济损失逾百亿元。因此，提高建筑业的安全生产管理水平、保障从业人员的生命财产安全有着深远而重大的意义。

1.1 我国建筑施工安全生产现状及安全事故主要类型

1.1.1 建筑施工安全生产现状

1. 总体情况

2020 年，全国共发生房屋市政工程生产安全事故 689 起、死亡 794 人，比 2019 年事故起数减少 84 起、死亡人数减少 110 人，分别下降 10.87%和 12.17%。

全国有 30 个省（自治区、直辖市）和新疆生产建设兵团发生房屋市政工程生产安全事故（暂时未统计我国香港、澳门和台湾，下同），其中 13 个省（区、市）死亡人数同比上升，如图 1-1 和图 1-2 所示。

2. 较大及以上事故情况

2020 年，全国共发生房屋市政工程生产安全较大事故 23 起、死亡 93 人，与 2019 年事故起数持平、死亡人数减少 14 人，死亡人数下降 13.08%；未发生重大及以上事故。

全国有 15 个省（区、市）发生房屋市政工程生产安全较大事故。其中，广东发生较大事故 4 起、死亡 18 人；山东发生较大事故 3 起、死亡 11 人；广西发生较大事故 2 起、死亡 15 人；湖北发生较大事故 2 起、死亡 9 人；陕西发生较大事故 2 起、死亡 8 人；河

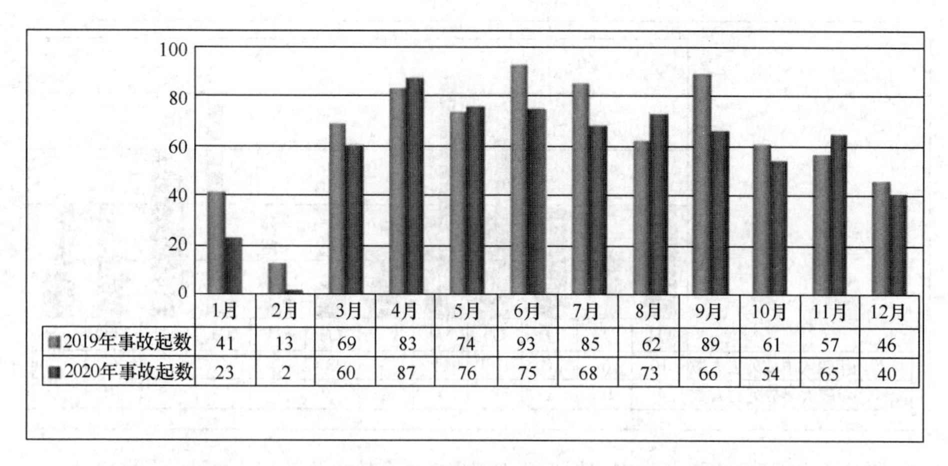

图 1-1　2020 年全国房屋市政工程生产安全事故起数情况

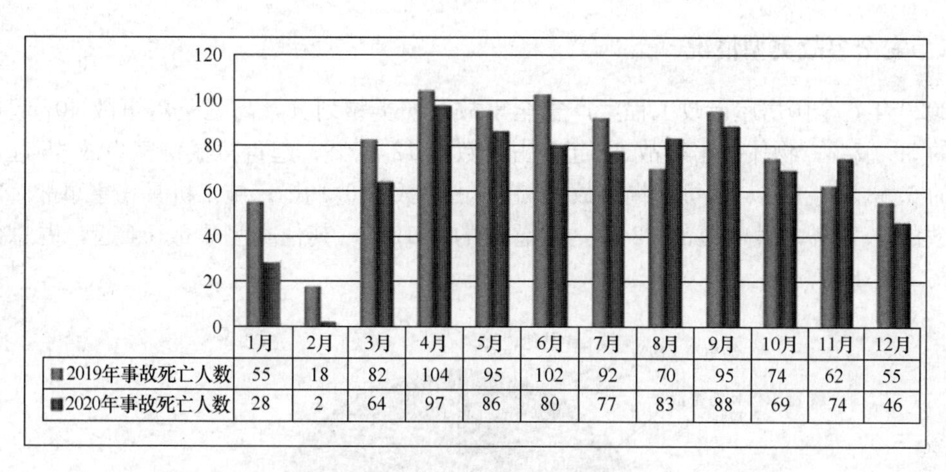

图 1-2　2020 年全国房屋市政工程生产安全事故死亡人数统计

南、江西各发生较大事故 1 起、死亡 4 人；黑龙江、吉林、浙江、北京、内蒙古、辽宁、山西、贵州各发生较大事故 1 起、死亡 3 人（图 1-3 和图 1-4）。

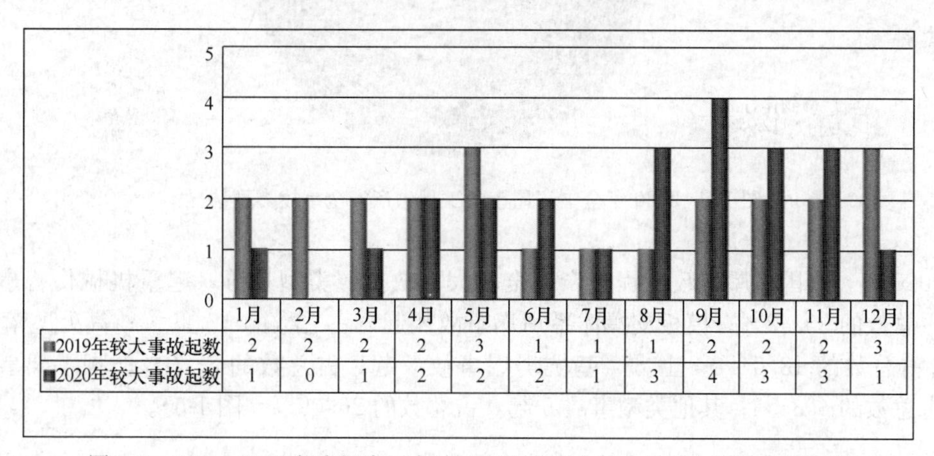

图 1-3　2019～2020 年全国房屋市政工程生产安全较大及以上事故起数情况

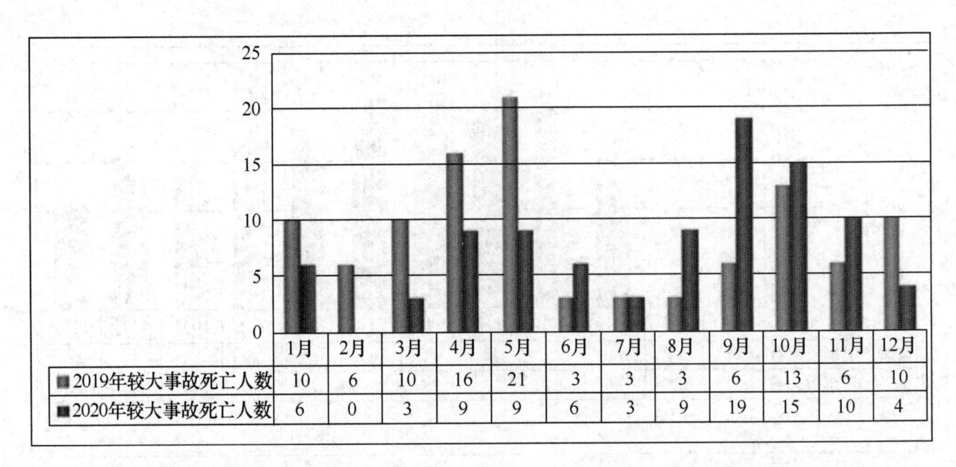

图 1-4　2019～2020 年全国房屋市政工程生产安全较大及以上事故死亡人数情况

1.1.2　安全事故类型情况

2020 年，全国房屋市政工程生产安全事故按照类型划分，高处坠落事故 407 起，占总数的 59.07％；物体打击事故 83 起，占总数的 12.05％；起重机械伤害事故 45 起，占总数的 6.53％；土方、基坑坍塌事故 42 起，占总数的 6.10％；施工机具伤害事故 26 起，占总数的 3.77％；触电事故 22 起，占总数的 3.19％；其他类型事故 64 起，占总数的 9.29％（图 1-5）。

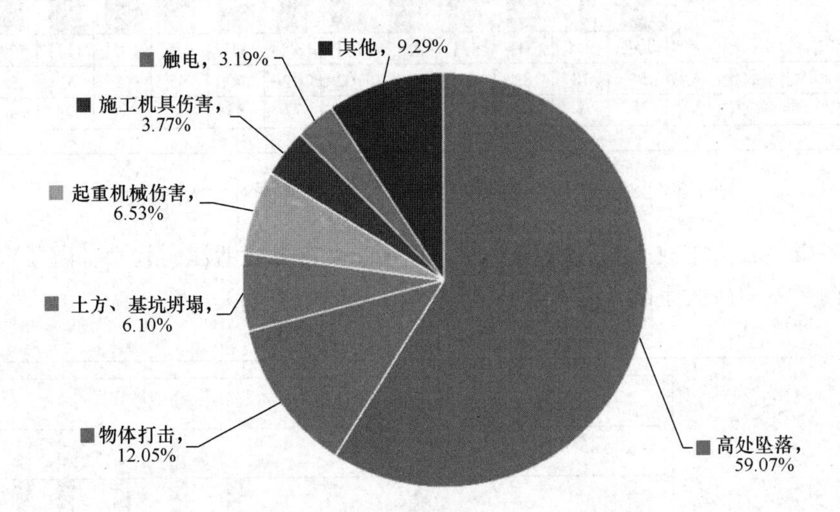

图 1-5　2020 年全国房屋市政工程生产安全事故类型情况

2020 年，全国房屋市政工程生产安全较大事故按照类型划分，起重机械伤害事故 7 起、占总数的 30.43％；模板支撑体系坍塌事故 4 起、占总数的 17.39％；高处坠落事故 3 起、占总数的 13.04％；土方、基坑坍塌事故 2 起、占总数的 8.70％；脚手架事故 1 起、占总数的 4.35％；其他类型事故 6 起，占总数的 26.09％（图 1-6）。

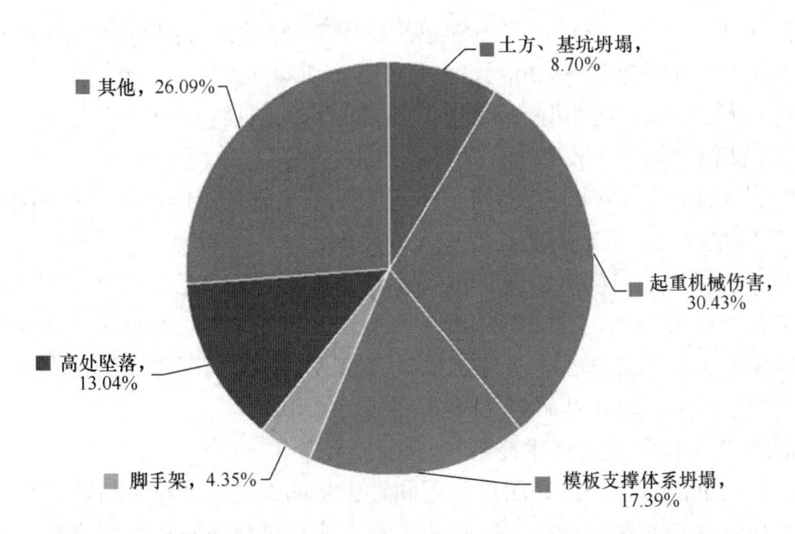

图 1-6 2020 年全国房屋市政工程生产安全较大及以上事故类型情况

1.1.3 形势综述

2020 年全国房屋市政工程生产安全事故起数和死亡人数与 2019 年相比均有所下降，但生产安全形势依然严峻。一是部分地区事故总量较大，如四川（100 起，99 人死亡）、广东（55 起，71 人死亡）、安徽（48 起，49 人死亡）、重庆（43 起，44 人死亡）、江苏（39 起，42 人死亡）。二是部分地区事故起数、死亡人数均同比上升较大，如湖南、云南等地死亡人数同比上升均超过 35.00%。三是群死群伤事故时有发生，例如广西百色"9.10"隧道坍塌较大事故（9 人死亡）和广东汕尾"10.8"模板支撑坍塌事故（8 人死亡），影响较大。四是部分省（区、市）省会城市生产安全事故较为突出。省会城市中武汉、广州、沈阳各发生一起较大事故；银川、乌鲁木齐、贵阳、海口、哈尔滨、武汉等地事故起数和死亡人数均占本省的 50.00%以上；哈尔滨、长沙、兰州、福州、石家庄等地事故起数和死亡人数同比均上升 50.00%以上。

在较大事故方面，以土方和基坑坍塌、起重机械伤害和模板支撑体系（脚手架）坍塌为代表的危险性较大的分部分项工程及其引起的高处坠落事故占总数的 82.61%，依然是风险防控的重点和难点；土方坍塌类事故占总数的 13.04%，违规建设、管理粗放、监管缺失是重要原因；建筑起重机械类事故占总数的 39.13%，存在违章指挥、违章作业等突出问题；模板支撑体系（脚手架）坍塌类事故占总数的 17.39%，安全防护措施缺失、关键岗位人员不履职、强制性标准执行不到位问题突出。

1.1.4 建设工程安全生产的特点

建筑产品的生产是一个及其复杂的过程，建筑产品的特点决定着建筑施工的特点，建筑施工的特点决定着建筑事故的特点。

1. 建筑产品固定，施工人员流动

建筑施工最大的特点就是产品固定，人员流动。任何一栋建筑物、构筑物等一经选定了地址，破土动工兴建，它就固定不动了，但生产人员要随着建筑生产的进展而随之流动。这不仅仅体现在一个工程中，当一幢建筑物建造完成后，施工队伍就要转移到新的建设项目，这些新工程有可能在同一街区，也有可能不在同一街区，甚至是在另一个省份、另一个城市，施工队伍就要相应在街区、城市内或者地区间流动。改革开放以来，由于用工制度的改革，施工队伍中绝大多数劳动力来自农村的农民工，他们不但要随工程地点而流动，而且还要根据季节的变化（农忙、农闲）而流动，给安全管理工作带来很大的困难。

2. 建筑产品体积大、生产周期长

建筑要为人们提供一定的生活和工作空间，其体积一般都庞大，故生产（建造）周期长，有的持续几个月或一年，有的需要几年、十几年，甚至更长的时间。这就形成了在有限的场地上集中了大量的操作人员、施工机具、建筑材料与构配件等进行作业，这与工业产品的人员固定、产品流动的生产特点截然不同。

3. 产品的形式多样和施工技术复杂

建筑物因其所处的自然条件和用途的不同，工程的结构、造型和材料亦不同，施工方法也将随之变化，很难实现标准化。建筑施工常需要根据建筑结构情况进行多工种配合作业，多工种（如土石方、土建、吊装、安装、运输等）交叉配合施工，所用的物资和设备种类繁多，因而对施工组织和施工技术管理的要求较高。建筑物因其所处的自然条件和用途的不同，工程的结构、造型和材料亦不同，施工方法必将随之变化，很难实现标准化。

4. 露天作业、高处作业多，手工操作，繁重体力劳动

建筑施工绝大多数为露天作业，一栋建筑物从基础、主体结构、屋面工程到室外装修等，露天作业约占整个工程的70%。劳动繁重、体力消耗大，加上作业环境恶劣，如大风、光线、雨雪、雷电等影响，导致操作人员注意力不集中或由于心情烦躁，违章操作的现象十分普遍。

5. 建筑施工变化大，规则性差，不安全因素随形象进度的变化而改变

每幢建筑物由于功能不同、结构不同、施工方法不同等，不安全因素也有一定差异；即使同样类型的建筑物，因工艺和施工方法不同，不安全因素也不同；即使在一幢建筑物中，从基础、主体到装饰、装修及抹灰，每道工序不同，不安全因素也不同；即使同一道工序，由于工艺和施工方法不同，不安全因素也不相同。因此，建筑施工变化大，规则性差。施工现场的不安全因素，随着工程进度的变化而不断变化，每月、每天，甚至每小时都在变化，给安全防护带来诸多困难。

6. 机械化程度低

目前我国建筑施工机械化程度还较低，尽管有很多新型工具投入使用（如钢筋绑扎无人机、抹灰机器人等），仍要依靠大量的手工操作。

7. 施工企业与项目部的分离，使得现场安全管理的责任，更多地由项目部来承担，致使公司的安全措施并不能在项目部得到充分落实。

8. 建筑施工过程存在多个安全责任主体，如建设、勘察、设计、监理及施工等单位，其关系的复杂性，决定了建筑安全管理的难度较高。施工现场安全由施工单位负责，实行施工总承包的工程项目，由总承包单位负责，分包单位向总承包单位负责，服从总承包单位对施工现场的安全管理。

9. 建筑业生产过程的低技术含量、非标准化作业，决定了作业人员的素质相对较低。而建筑业又需要大量的人力资源，属于劳动密集型行业，从业人员与施工单位间的短期雇用关系，造成了施工单位对从业人员的教育培训严重不足，使得施工作业人员往往缺少基本的安全生产常识，违章作业、违章指挥的现象时有发生。

建筑施工环境复杂又变幻不定，因此不安全因素较多，较复杂。特别是生产高峰季节、高峰时间更易发生事故。施工过程中工人缺乏安全观念，不采取可靠的安全措施，偷工减料，重生产轻安全，存在侥幸心理，伤亡事故必然频繁发生。在施工现场必须随着工程的进展，及时调整和补充各项防护设施，才能消除隐患，保证安全。

1.2 建设工程安全管理相关理论与方法简介

1.2.1 安全管理基本原理与原则

安全管理是企业管理的重要组成部分，因此应该遵循企业管理的普遍规律，服从企业管理的基本原理与原则。企业管理学原理是从企业管理的共性出发，对企业管理工作的实质内容进行科学的分析、综合、抽象与概括后所得出的企业管理的规律。其原则是根据对客观事物基本原理的认识而引发出来的，需要人们共同遵循的行为规范和准则。企业管理学的原则即是指在企业管理学原理的基础上，指导企业管理活动的通用规则。原理和原则的本质与内涵是一致的，一般来说，原理更基本，更具普遍意义；原则更具体和有行动指导性。下面介绍与企业安全管理有密切关系的两个基本原理及其包括的原则（图 1-7）。

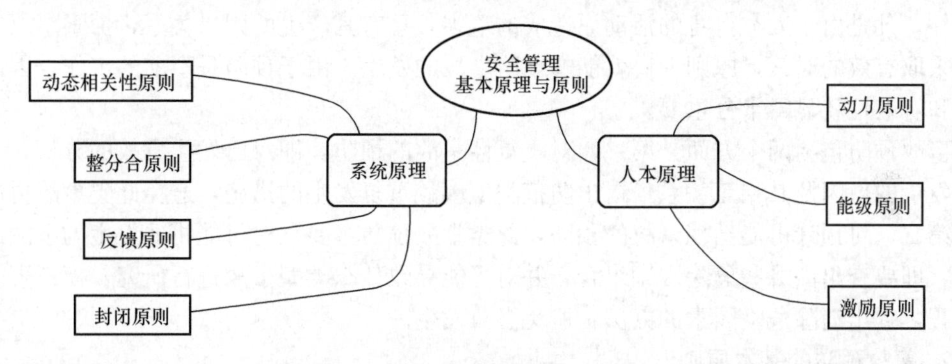

图 1-7 安全管理基本原理与原则

1. 系统原理

系统原理是现代管理科学中的一个最基本的原理，它是指人们在从事管理工作时，运用系统的观点、理论和方法对管理活动进行充分的系统分析，以达到管理的优化目标，即从系统论的角度来认识和处理企业管理中出现的问题。系统原理要求对管理对象进行系统分析，即从系统观点出发，利用科学的分析方法对所研究的问题进行全面的分析和探索，确定系统目标，列出实现目标的若干可行方案，分析对比提出可行建议，为决策者选择最优方案提供依据。

安全管理系统是企业管理系统的一个子系统，其构成包括各级专兼职安全管理人员、安全防护设施设备、安全管理与事故信息以及安全管理的规章制度、安全操作规程等。安全贯穿于企业各项基本活动之中，安全管理就是为了防止意外劳动（人、财、物）耗费，保障企业系统经营目标的实现。

运用系统原理的原则包括动态相关性原则、整分合原则、反馈原则和封闭原则。

2. 人本原理

人本原理，就是在企业管理活动中必须把人的因素放在首位，体现以人为本的指导思想。以人为本有两层含义：一是所有管理活动均是以人为本体展开的。人既是管理的主体（管理者），又是管理的客体（被管理者），每个人都处在一定的管理层次上，离开人，就无所谓管理。因此，人是管理活动的主要对象和重要资源。二是在管理活动中，作为管理对象的诸要素（资金、物质、时间、信息等）和管理系统的诸环节（组织机构、规章制度等），都是需要人去掌管、运作、推动和实施的。因此，应该根据人的思想和行为规律，运用各种激励手段，充分发挥人的积极性和创造性，挖掘人的内在潜力。

搞好企业安全管理，避免工伤事故与职业病的发生，充分保护企业职工的安全与健康，是人本原理的直接体现。

运用人本原理的原则包括动力原则、能级原则和激励原则。

1.2.2 事故预防原理

安全管理以预防为主，其基本出发点源自生产过程中的事故是能够预防的观点。

1. 事故预防原理的含义

安全管理工作应当以预防为主，即通过有效的管理和技术手段，防止人的不安全行为和物的不安全状态出现，从而使事故发生的概率降到最低，这就是预防原理。除了自然灾害以外，凡是由于人类自身的活动而造成的危害，总有其产生的因果关系，探索事故的原因，采取有效的对策，原则上讲就能够预防事故的发生。由于预防是事前的工作，因此正确性和有效性就显得十分重要。

事故预防包括两个方面：第一，对重复性事故的预防，即对已发生事故的分析，寻求事故发生的原因及其相互关系，提出防范类似事故重复发生的措施，避免此类事故再次发生；第二，对预计可能出现事故的预防，此类事故预防主要只对可能将要发生的事故进行预测，即要查出由哪些危险因素组合，并对可能导致什么类型事故进行研究，模拟事故发生过程，提出消除危险因素的办法，避免事故发生。

2. 事故预防的基本原则

事故预防的基本原则包括偶然损失原则、因果关系原则、3E原则和本质安全化原则。

（1）偶然损失原则

事故所产生的后果（人员伤亡、健康损害、物质损失等），以及后果的大小如何，都是随机的，是难以预测的。反复发生的同类事故，并不一定产生相同的后果，这就是事故损失的偶然性。关于人身事故，美国学者海因里希（Heinrich）调查指出对于跌倒这样的事故，如果反复发生，则存在这样的后果：在330次跌倒中，无伤害300次，轻伤29次，重伤1次（图1-8）。这就是著名的海因里希法则，或者称为“事故三角形法则”，该法则的重要意义在于指出事故与伤害后果之间存在着偶然性的概率原则。

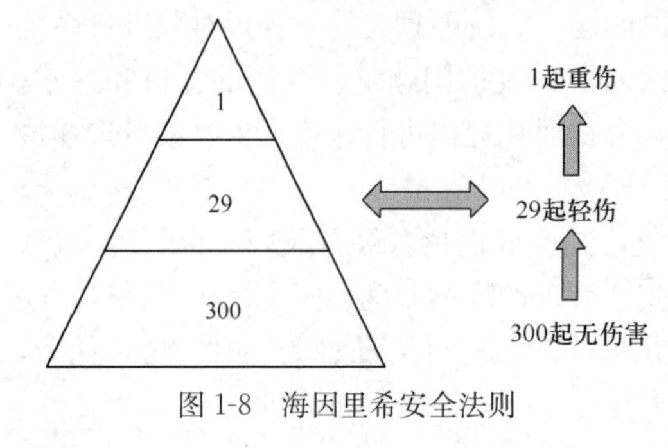

图1-8 海因里希安全法则

根据事故损失的偶然性，可得到安全管理上的偶然损失原则：无论事故是否造成了损失，为了防止事故损失的发生，唯一的办法是防止事故再次发生。这个原则强调，在安全管理实践中，一定要重视各类事故，包括险肇事故，只有将险肇事故都控制住，才能真正防止事故的发生。

（2）因果关系原则

事故是许多因素互为因果连续发生的最终结果，一个因素是前一因素的结果，而又是后一因素的原因，环环相扣，导致事故的发生。事故的因果关系决定了事故发生的必然性，即事故因素及其因果关系的存在决定了事故或早或迟必然要发生。掌握事故的因果关系，砍断事故因素的环链，消除了事故发生的必然性，就可能防止事故的发生。事故的必然性中包含着规律性。必然性来自于因果关系，深入调查、了解事故因素的因果关系，就可以发现事故发生的客观规律，为防止事故发生提供依据。应用数理统计方法，收集尽可能多的事故案例进行统计分析，就可以从总体上找出带有规律性的问题，为宏观安全决策奠定基础，为改进安全工作指明方向，从而做到“预防为主”，实现安全生产。从事故的因果关系中认识必然性，发现事故发生的规律性，变不安全条件为安全条件，把事故消灭在早期起因阶段，这就是因果关系原则。

（3）3E 原则

造成人的不安全行为和物的不安全状态的主要原因可归结为四个方面：第一，技术的原因，其中包括：作业环境不良（照明、温度、湿度、通风、噪声、振动等），物料堆放杂乱，作业空间狭小，设备工具有缺陷并缺乏保养，防护与报警装置的配备和维护存在技术缺陷。第二，教育的原因，其中包括：缺乏安全生产的知识和经验，作业技术、技能不熟练等。第三，身体和态度的原因，其中包括：生理状态或健康状态不佳，如听力、视力不良，反应迟钝，疾病、醉酒、疲劳等生理机能障碍；怠慢、反抗、不满等情绪，消极或亢奋的工作态度等。第四，管理的原因，其中包括：企业主要领导人对安全不重视，人事配备不完善，操作规程不合适，安全规程缺乏或执行不力等。

针对这四个方面的原因，可以采取三种防止对策，即工程技术对策、教育对策和法制对策，这三种对策就是所谓的 3E 原则（图 1-9）。

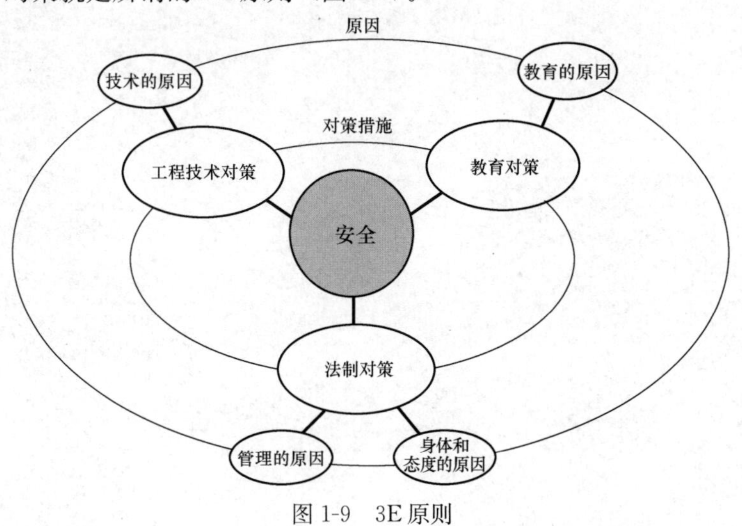

图 1-9　3E 原则

（4）本质安全化原则

本质安全化原则来源于本质安全化理论。该原则的含义是指从一开始和从本质上实现了安全化，就可从根本上消除事故发生的可能性，从而达到预防事故发生的目的。本质安全化是安全管理预防原理的根本体现，也是安全管理的最高境界，实际上目前还很难做到，但是我们应该坚持这一原则。本质安全化的含义也不仅局限于设备、设施的本质安全化，而应扩展到诸如新建工程项目、交通运输，新技术、新工艺、新材料的应用，甚至包括人们日常生活等各个领域中。

1.2.3 发达国家建设工程安全管理经验的总结

安全生产、文明施工，是建筑施工企业现场管理的根本原则和基本要求，在国内外已成为衡量建筑行业乃至一个国家文明水平的重要标志。20 世纪 60～70 年代开始，美国、英国、德国、日本等发达国家就对建筑安全管理进行深入研究，从法制、经济、文化、组织、技术等方面寻求降低事故发生、减少事故损失的途径，使建筑安全管理至今仍呈现较高水平。

建筑业在发达国家同样是比较危险的行业。英国 2001 年建筑业死亡人数为 71 人，占所有行业总死亡人数的 31%。美国 2004 年建筑业死亡人数累计达 1268 人，占所有行业死亡总人数的 22%（尽管各发达国家建筑业从业人数比例占总就业人数的比例都不足 10%）。

和我国不同，绝大多数发达国家并没有独立的建筑业行政主管部门，政府对建筑业的管理主要是采用法律手段和经济手段，而较少依靠行政手段。例加英国的建筑业是由政府的贸工部（DTI，Department of Trade and Industry）进行管理，日本的建筑业则由国土交通省进行管理。

目前全球发达国家建筑安全管理有三种主要模式：第一种是美国模式；第二种是英国模式（以英国为代表，包括欧盟、英联邦国家普遍采用）；第三种是德国模式。

2 建设工程安全生产法律制度

2021年6月修订后公布的《中华人民共和国安全生产法》（以下简称《安全生产法》）规定，安全生产工作坚持中国共产党的领导。安全生产工作应当以人为本，坚持人民至上、生命至上，把保护人民生命安全摆在首位，树牢安全发展理念，坚持“安全第一、预防为主、综合治理”的方针，从源头上防范化解重大安全风险。

安全生产工作实行管行业必须管安全、管业务必须管安全、管生产经营必须管安全，强化和落实生产经营单位主体责任与政府监管责任，建立生产经营单位负责、职工参与、政府监管、行业自律和社会监督的机制。

2.1 安全生产许可制度

安全生产许可制度内容包括申请领取安全生产许可证的条件、安全生产许可证的有效期、政府监管的规定和违法行为应承担的法律责任。

2.1.1 申请领取安全许可证的条件

《安全生产许可证条例》规定，企业取得安全生产许可证，应当具备13项安全生产条件。据此，建设部2004年7月发布的《建筑施工企业安全生产许可证管理规定》中规定，建筑施工企业取得安全生产许可证，应当具备下列12项安全生产条件。建筑施工企业未取得安全生产许可证的，不得从事建筑施工活动：（1）建立、健全安全生产责任制，制定完备的安全生产规章制度和操作规程；（2）保证本单位安全生产条件所需资金的投入；（3）设置安全生产管理机构，按照国家有关规定配备专职安全生产管理人员；（4）主要负责人、项目负责人、专职安全生产管理人员经建设主管部门或者其他有关部门考核合格；（5）特种作业人员经有关业务主管部门考核合格，取得特种作业操作资格证书；（6）管理人员和作业人员每年至少进行1次安全生产教育培训并考核合格；（7）依法参加工伤保险，依法为施工现场从事危险作业的人员办理意外伤害保险，为从业人员交纳保险费；（8）施工现场的办公、生活区及作业场所和安全防护用具、机械设备、施工机具及配件符合有关安全生产法律、法规、标准和规程的要求；（9）有职业危害防治措施，并为作业人员配备符合国家标准或者行业标准的安全防护用具和安全防护服装；（10）有对危险性较大的分部分项工程及施工现场易发生重大事故的部位、环节的预防、监控措施和应急预案；（11）有生产安全事故应急救援预案、应急救援组织或者应急救援人员，配备必要的应急救援器材、设备；（12）法律、法规规定的其他条件。

2.1.2 安全生产许可证的有效期和政府监管的规定

安全生产许可证的有效期和政府监管的规定包括安全生产许可证的申请、安全生产许可证的有效期和政府监管。

1. 安全生产许可证的申请

建筑施工企业从事建筑施工活动前，应当依照《建筑施工企业安全生产许可证管理》向企业注册所在地省、自治区、直辖市人民政府建设主管部门申请领取安全生产许可证。建筑施工企业申请安全生产许可证时，应当向建设主管部门提供下列材料：（1）建筑施工企业安全生产许可证申请表；（2）企业法人营业执照；（3）与申请安全生产许可证应当具备的安全生产条件相关的文件、材料。

建筑施工企业申请安全生产许可证，应当对申请材料实质内容的真实性负责，不得隐瞒有关情况或者提供虚假材料。

2. 安全生产许可证的有效期

按照《安全生产许可证条例》的规定：安全生产许可证的有效期为3年。安全生产许可证有效期满需要延期的，企业应当于期满前3个月向原安全生产许可证颁发管理机关办理延期手续。企业在安全生产许可证有效期内，严格遵守有关安全生产的法律法规，未发生死亡事故的，安全生产许可证有效期届满时，经原安全生产许可证颁发管理机关同意，不再审查，安全生产许可证有效期延期3年。

建筑施工企业变更名称、地址、法定代表人等，应当在变更后10日内，到原安全生产许可证颁发管理机关办理安全生产许可证变更手续。建筑施工企业破产、倒闭、撤销的，应当将安全生产许可证交回原安全生产许可证颁发管理机关予以注销。建筑施工企业遗失安全生产许可证，应当立即向原安全生产许可证颁发管理机关报告，并在公众媒体上声明作废后，方可申请补办。

3. 政府监管

建设主管部门在审核发放施工许可证时，应当对已经确定的建筑施工企业是否有安全生产许可证进行审查，对没有取得安全生产许可证的，不得颁发施工许可证。企业不得转让、冒用安全生产许可证或者使用伪造的安全生产许可证。企业取得安全生产许可证后，不得降低安全生产条件，并应当加强日常安全生产管理，接受安全生产许可证颁发管理机关的监督检查。安全生产许可证颁发管理机关发现企业不再具备安全生产条件的，应当暂扣或者吊销安全生产许可证。

安全生产许可证颁发管理机关或者其上级行政机关发现有下列情形之一的，可以撤销已经颁发的安全生产许可证：（1）安全生产许可证颁发管理机关工作人员滥用职权、玩忽职守颁发安全生产许可证的；（2）超越法定职权颁发安全生产许可证的；（3）违反法定程序颁发安全生产许可证的；（4）对不具备安全生产条件的建筑施工企业颁发安全生产许可证的；（5）依法可以撤销已经颁发的安全生产许可证的其他情形。

2.1.3 违法行为应承担的法律责任

违法行为应承担的法律责任包括未取得安全生产许可证擅自进行生产的法律责任、安全生产许可证有效期满未办理延期手续，继续进行生产的法律责任、转让安全生产许可证、以不正当手段取得安全生产许可证应承担的法律责任和暂扣安全生产许可证并限期整改的规定。

1. 未取得安全生产许可证擅自进行生产的法律责任

《安全生产许可证条例》规定，违反本条例规定，未取得安全生产许可证擅自进行生产的，责令停止生产，没收违法所得，并处十万元以上五十万元以下的罚款；造成重大事故或者其他严重后果，构成犯罪的，依法追究刑事责任。

2. 安全生产许可证有效期满未办理延期手续，继续进行生产的法律责任

《安全生产许可证条例》规定，违反本条例规定，安全生产许可证有效期满未办理延期手续，继续进行生产的，责令停止生产，限期补办延期手续，没收违法所得，并处五万元以上十万元以下的罚款；逾期仍不办理延期手续，继续进行生产的，依照未取得安全生产许可证擅自进行生产的规定处罚。

3. 转让安全生产许可证

《安全生产许可证条例》规定，违反本条例规定，转让安全生产许可证的，没收违法所得，处十万元以上五十万元以下的罚款，并吊销其安全生产许可证；构成犯罪的，依法追究刑事责任；接受转让与冒用安全生产许可证或者使用伪造的安全生产许可证的，依照未取得安全生产许可证擅自进行生产的规定处罚。

4. 以不正当手段取得安全生产许可证应承担的法律责任

《建筑施工企业安全生产许可证管理规定》规定，违反本规定，建筑施工企业隐瞒有关情况或者提供虚假材料申请安全生产许可证的，不予受理或者不予颁发安全生产许可证，并给予警告，1年内不得申请安全生产许可证。

建筑施工企业以欺骗、贿赂等不正当手段取得安全生产许可证的，撤销安全生产许可证，3年内不得再次申请安全生产许可证；构成犯罪的，依法追究刑事责任。

5. 暂扣安全生产许可证并限期整改的规定

取得安全生产许可证的建筑施工企业，发生重大安全事故的，暂扣安全生产许可证并限期整改。建筑施工企业不再具备安全生产条件的，暂扣安全生产许可证并限期整改；情节严重的，吊销安全生产许可证。

2.2 安全生产责任制度和安全生产教育培训制度

安全生产责任制度和安全生产教育培训制度包括施工企业的安全生产责任制度、施工总承包和分包单位的安全生产责任、建筑施工企业安全生产教育培训的规定、施工项目负责人的安全生产责任与施工从业人员安全生产的权利和义务以及违法行为应承担的法律责任。

2.2.1 施工企业的安全生产责任制度

1. 安全生产管理方针

《安全生产法》规定，安全生产工作应当以人为本，坚持人民至上、生命至上，把保护人民生命安全摆在首位，树牢安全发展理念，坚持安全第一、预防为主、综合治理的方针，从源头上防范化解重大安全风险。

2. 施工企业的安全生产责任制度

（1）施工企业主要负责人的职责

《安全生产法》规定，生产经营单位的主要负责人是本单位安全生产第一责任人，对本单位的安全生产工作全面负责。生产经营单位的主要负责人对本单位安全生产工作负有下列职责：1）建立健全并落实本单位全员安全生产责任制，加强安全生产标准化建设；2）组织制定并实施本单位安全生产规章制度和操作规程；3）组织制定并实施本单位安全生产教育和培训计划；4）保证本单位安全生产投入的有效实施；5）组织建立并落实安全风险分级管控和隐患排查治理双重预防工作机制，督促、检查本单位的安全生产工作，及时消除生产安全事故隐患；6）组织制定并实施本单位的生产安全事故应急救援预案；7）

及时、如实报告生产安全事故。

《中华人民共和国建筑法》（以下简称《建筑法》）规定，建筑施工企业的法定代表人对本企业的安全生产负责。

《建设工程安全生产管理条例》规定，施工单位主要负责人依法对本单位的安全生产工作全面负责。

（2）施工企业安全生产管理机构和专职安全生产管理人员的职责

《安全生产法》规定，矿山、金属冶炼、建筑施工、运输单位和危险物品的生产、经营、储存、装卸单位，应当设置安全生产管理机构或者配备专职安全生产管理人员。

生产经营单位的安全生产管理机构以及安全生产管理人员履行下列职责：1）组织或者参与拟订本单位安全生产规章制度、操作规程和生产安全事故应急救援预案；2）组织或者参与本单位安全生产教育和培训，如实记录安全生产教育和培训情况；3）组织开展危险源辨识和评估，督促落实本单位重大危险源的安全管理措施；4）组织或者参与本单位应急救援演练；5）检查本单位的安全生产状况，及时排查生产安全事故隐患，提出改进安全生产管理的建议；6）制止和纠正违章指挥、强令冒险作业、违反操作规程的行为；7）督促落实本单位安全生产整改措施。

生产经营单位的安全生产管理机构以及安全生产管理人员应当恪尽职守，依法履行职责。

（3）安全生产管理人员的施工现场检查职责

《安全生产法》规定，生产经营单位的安全生产管理人员应当根据本单位的生产经营特点，对安全生产状况进行经常性检查；对检查中发现的安全问题，应当立即处理；不能处理的，应当及时报告本单位有关负责人，有关负责人应当及时处理。生产经营单位的安全生产管理人员在检查中发现重大事故隐患，依照前款规定向本单位有关负责人报告，有关负责人不及时处理的，安全生产管理人员可以向主管的负有安全生产监督管理职责的部门报告，接到报告的部门应当依法及时处理。

《建筑施工企业安全生产管理机构及专职安全生产管理人员配备办法》规定，项目专职安全生产管理人员具有以下主要职责：1）负责施工现场安全生产日常检查并做好检查记录；2）现场监督危险性较大工程安全专项施工方案实施情况；3）对作业人员违规违章行为有权予以纠正或查处；4）对施工现场存在的安全隐患有权责令立即整改；5）对于发现的重大安全隐患，有权向企业安全生产管理机构报告；6）依法报告生产安全事故情况。

3. 施工企业其他安全生产责任制度

（1）施工企业负责人施工现场带班制度

企业主要负责人和领导班子成员要轮流现场带班。施工企业负责人要定期带班检查，每月检查时间不少于其工作日的25％。

（2）重大事故隐患治理督办制度

《安全生产法》规定，生产经营单位应当建立健全并落实生产安全事故隐患排查治理制度，采取技术、管理措施，及时发现并消除事故隐患。事故隐患排查治理情况应当如实记录，并通过职工大会或者职工代表大会、信息公示栏等方式向从业人员通报。

（3）建立健全群防群治制度

《建筑法》规定，建筑工程安全生产管理必须坚持“安全第一、预防为主”的方针，建立健全安全生产的责任制度和群防群治制度。

2.2.2 施工总承包和分包单位的安全生产责任

《建筑法》规定，施工现场安全由建筑施工企业负责。实行施工总承包的，由总承包单位负责。分包单位向总承包单位负责，服从总承包单位对施工现场的安全生产管理。

《安全生产法》规定，两个以上生产经营单位在同一作业区域内进行生产经营活动，可能危及对方生产安全的，应当签订安全生产管理协议，明确各自的安全生产管理职责和应当采取的安全措施，并指定专职安全生产管理人员进行安全检查与协调。

1. 总承包单位应当承担的法定安全生产责任

建设工程实行施工总承包的，由总承包单位对施工现场的安全生产负总责。总承包单位应当自行完成建设工程主体结构的施工。总承包单位依法将建设工程分包给其他单位的，分包合同中应当明确各自的安全生产方面的权利和义务。总承包单位和分包单位对分包工程的安全生产承担连带责任。

2. 分包单位应当承担的法定安全生产责任

分包单位应当服从总承包单位的安全生产管理，分包单位不服从管理导致生产安全事故的，由分包单位承担主要责任。

2.2.3 建筑施工企业安全生产教育培训的规定

建筑施工企业安全生产教育培训的规定包括建筑施工企业“安管人员”的安全考核、特种作业人员的培训考核、施工单位全员的安全生产教育培训、进入新岗位或者新施工现场前的安全生产教育培训和采用新技术、新工艺、新设备、新材料前的安全生产教育培训。

1. 建筑施工企业“安管人员”的安全考核

《安全生产法》规定，生产经营单位的主要负责人和安全生产管理人员必须具备与本单位所从事的生产经营活动相应的安全生产知识和管理能力。建筑施工等生产经营单位的主要负责人和安全生产管理人员，应当由主管的负有安全生产监督管理职责的部门对其安全生产知识和管理能力考核合格。考核不得收费。

《建设工程安全生产管理条例》规定，施工单位的主要负责人、项目负责人、专职安全生产管理人员应当经建设行政主管部门或者其他有关部门考核合格后方可任职。

《建筑施工企业主要负责人、项目负责人和专职安全管理人员安全生产管理规定》规定，申请参加安全生产考核的“安管人员”，应当具备相应文化程度、专业技术职称和一定安全生产工作经历，与企业确立劳动关系，并经企业年度安全生产教育培训合格。安全生产考核包括安全生产知识考核和管理能力考核。安全生产考核合格证书有效期为3年，证书在全国范围内有效。安全生产考核合格证书有效期届满需要延续的，“安管人员”应当在有效期届满前3个月内，由本人通过受聘企业向原考核机关申请证书延续。准予证书延续的，证书有效期延续3年。

《建筑施工企业主要负责人、项目负责人和专职安全生产管理人员安全生产管理规定实施意见》规定，专职安全生产管理人员分为机械（C1）、土建（C2）、综合（C3）三类。机械类专职安全生产管理人员（C1）可以从事起重机械、土石方机械、桩工机械等安全生产管理工作。土建类专职安全生产管理人员（C2）可以从事除起重机械、土石方机械、桩工机械等安全生产管理工作以外的安全生产管理工作。综合类专职安全生产管理人员（C3）可以从事全部安全生产管理工作。

2. 特种作业人员的培训考核

《建设工程安全生产管理条例》的规定，垂直运输机械作业人员、安装拆卸工，爆破作业人员、起重信号工、登高架设作业人员等特种作业人员，必须按照国家有关规定经过专门的安全作业培训，并取得特种作业操作资格证书后，方可上岗作业。住房和城乡建设部2008年4月发布的《建筑施工特种作业人员管理规定》进一步规定，建筑施工特种作业包括：（1）建筑电工；（2）建筑架子工；（3）建筑起重信号司索工；（4）建筑起重机械司机；（5）建筑起重机械安装拆卸工；（6）高处作业吊篮安装拆卸工；（7）经省级以上人民政府建设主管部门认定的其他特种作业。

3. 施工单位全员的安全生产教育培训

《安全生产法》规定，生产经营单位应当对从业人员进行安全生产教育和培训，保证从业人员具备必要的安全生产知识，熟悉有关的安全生产规章制度和安全操作规程，掌握本岗位的安全操作技能，了解事故应急处理措施，知悉自身在安全生产方面的权利和义务。未经安全生产教育和培训合格的从业人员，不得上岗作业。

《建设工程安全生产管理条例》规定，施工单位应当对管理人员和作业人员每年至少进行一次安全生产教育培训，其教育培训情况记入个人工作档案。安全生产教育培训考核不合格的人员，不得上岗。

4. 进入新岗位或者新施工现场前的安全生产教育培训

《建设工程安全生产管理条例》规定，作业人员进入新的岗位或者新的施工现场前，应当接受安全生产教育培训。未经教育培训或者教育培训考核不合格的人员，不得上岗作业。《国务院安委会关于进一步加强安全培训工作的决定》中指出，严格落实企业职工先培训后上岗制度。建筑企业要对新职工进行至少32学时的安全培训，每年进行至少20学时的再培训。

强化现场安全培训。高危企业要严格班前安全培训制度，有针对性地讲述岗位安全生产与应急救援知识、安全隐患和注意事项等，使班前安全培训成为安全生产第一道防线。

5. 采用新技术、新工艺、新设备、新材料前的安全生产教育培训

《安全生产法》规定，生产经营单位采用新工艺、新技术、新材料或者使用新设备，必须了解、掌握其安全技术特性，采取有效的安全防护措施，并对从业人员进行专门的安全生产教育和培训。

《建设工程安全生产管理条例》规定，施工单位在采用新技术、新工艺、新设备、新材料时，应当对作业人员进行相应的安全生产教育培训。

随着我国工程建设和科学技术的迅速发展，越来越多的新技术、新工艺、新设备、新材料被广泛应用于施工生产活动中，大大促进了施工生产效率和工程质量的提高，同时也对施工作业人员的素质提出了更高要求。因此，施工单位在采用新技术、新工艺、新设备、新材料时，必须对施工作业人员进行专门的安全生产教育培训，并采取保证安全的防护措施，以防止事故发生。

2.2.4 施工项目负责人的安全生产责任与施工从业人员安全生产的权利和义务

1. 施工项目负责人的安全生产责任

《建设工程安全生产管理条例》规定，施工单位的项目负责人应当由取得相应执业资格的人员担任，对建设工程项目的安全施工负责，落实安全生产责任制度、安全生产规章制度和操作规程，确保安全生产费用的有效使用，并根据工程的特点，组织制定安全施工措施，消除安全事故隐患，及时、如实报告生产安全事故。

（1）施工项目负责人的安全生产责任

《建筑施工企业主要负责人、项目负责人和专职安全生产管理人员安全生产管理规定》中规定，项目负责人对本项目安全生产管理全面负责，应当建立项目安全生产管理体系，明确项目管理人员安全职责，落实安全生产管理制度，确保项目安全生产费用有效使用。项目负责人应当按规定实施项目安全生产管理，监控危险性较大的分部分项工程，及时排查处理施工现场安全事故隐患，隐患排查处理情况应当记入项目安全管理档案；发生事故时，应当按规定及时报告并开展现场救援。工程项目实行总承包的，总承包企业项目负责人应当定期考核分包企业安全生产管理情况。

（2）施工单位项目负责人施工现场带班制度

《建筑施工企业负责人及项目负责人施工现场带班暂行办法》规定，项目负责人是工程项目质量安全管理的第一责任人，应对工程项目落实带班制度负责。项目负责人每月带班生产时间不得少于本月施工时间的80%。因其他事务需离开施工现场时，应向工程项目的建设单位请假，经批准后方可离开。离开期间应委托项目相关负责人负责其外出时的日常工作。

2. 施工作业人员安全生产的权利和义务

《安全生产法》规定，生产经营单位的从业人员有依法获得安全生产保障的权利，并应当依法履行安全生产方面的义务。生产经营单位与从业人员订立的劳动合同，应当载明有关保障从业人员劳动安全、防止职业危害的事项，以及依法为从业人员办理工伤保险的事项。生产经营单位不得以任何形式与从业人员订立协议，免除或者减轻其对从业人员因生产安全事故伤亡依法应承担的责任。

（1）施工从业人员依法享有的安全生产保障权利

根据《建筑法》《安全生产法》《建设工程安全生产管理条例》等法律、行政法规的规定，施工从业人员主要享有如下的安全生产权利：1）施工安全生产的知情权和建议权；2）施工安全防护用品的获得权；3）批评、检举、控告权及拒绝违章指挥权；4）紧急避险权；5）获得工伤保险和意外伤害保险赔偿的权利；6）请求民事赔偿权；7）依照工会维权和被派遣劳动者的权利。

（2）施工作业人员应当履行的安全义务

《建筑法》《安全生产法》《建设工程安全生产管理条例》等法律、行政法规的规定，施工作业人员主要应当履行如下安全生产义务：1）遵章守法和正确使用安全防护用具等的义务；2）接受安全生产教育培训的义务；3）施工安全事故隐患报告的义务。

2.2.5 违法行为应承担的法律责任

违法行为应承担的法律责任包括施工企业违法行为应承担的法律责任和施工管理人员

违法行为应承担的法律责任。

1. 施工企业违法行为应承担的法律责任

《建筑法》规定，建筑施工企业违反本法规定，对建筑安全事故隐患不采取措施予以消除的，责令改正，可以处以罚款：情节严重的，责令停业整顿，降低资质等级或者吊销资质证书，构成犯罪的，依法追究刑事责任。

《安全生产法》规定，生产经营单位有下列行为之一的，责令限期改正，处十万元以下的罚款；逾期未改正的，责令停产停业整顿，并处十万元以上二十万元以下的罚款，对其直接负责的主管人员和其他直接责任人员处二万元以上五万元以下的罚款：(1) 未按照规定设置安全生产管理机构或者配备安全生产管理人员、注册安全工程师的；(2) 危险物品的生产、经营、储存、装卸单位以及矿山、金属冶炼、建筑施工、运输单位的主要负责人和安全生产管理人员未按照规定经考核合格的；(3) 未按照规定对从业人员、被派遣劳动者、实习学生进行安全生产教育和培训，或者未按照规定如实告知有关的安全生产事项的；(4) 未如实记录安全生产教育和培训情况的；(5) 未将事故隐患排查治理情况如实记录或者未向从业人员通报的；(6) 未按照规定制定生产安全事故应急救援预案或者未定期组织演练的；(7) 特种作业人员未按照规定经专门的安全作业培训并取得相应资格，上岗作业的。

两个以上生产经营单位在同一作业区域内进行可能危及对方安全生产的生产经营活动，未签订安全生产管理协议或者未指定专职安全生产管理人员进行安全检查与协调的，责令限期改正，处五万元以下的罚款，对其直接负责的主管人员和其他直接责任人员处一万元以下的罚款；逾期未改正的，责令停产停业。

《建设工程安全生产管理条例》规定，违反本条例的规定，施工单位有下列行为之一的，责令限期改正；逾期未改正的，责令停业整顿，依照《安全生产法》的有关规定处以罚款；造成重大安全事故，构成犯罪的，对直接责任人员，依照刑法有关规定追究刑事责任：(1) 未设立安全生产管理机构、配备专职安全生产管理人员或者分部分项工程施工时无专职安全生产管理人员现场监督的；(2) 施工单位的主要负责人、项目负责人、专职安全生产管理人员、作业人员或者特种作业人员，未经安全教育培训或者经考核不合格即从事相关工作的；(3) 未在施工现场的危险部位设置明显的安全警示标志，或者未按照国家有关规定在施工现场设置消防通道、消防水源、配备消防设施和灭火器材的；(4) 未向作业人员提供安全防护用具和安全防护服装的；(5) 未按照规定在施工起重机械和整体提升脚手架、模板等自升式架设设施验收合格后登记的；(6) 使用国家明令淘汰、禁止使用的危及施工安全的工艺、设备、材料的。

施工单位挪用列入建设工程概算的安全生产作业环境及安全施工措施所需费用的，责令限期改正，处挪用费用20%以上50%以下的罚款；造成损失的，依法承担赔偿责任。

《刑法》规定，建设单位、设计单位、施工单位、工程监理单位违反国家规定，降低工程质量标准，造成重大安全事故的，对直接责任人员，处5年以下有期徒刑或者拘役，并处罚金；后果特别严重的，处5年以上10年以下有期徒刑，并处罚金。

2. 施工管理人员违法行为应承担的法律责任

《建筑法》规定，建筑施工企业的管理人员违章指挥、强令职工冒险作业，因而发生重大伤亡事故或者造成其他严重后果的，依法追究刑事责任。

《安全生产法》规定，生产经营单位的主要负责人未履行本法规定的安全生产管理职责的，责令限期改正，处二万元以上五万元以下的罚款；逾期未改正的，处五万元以上十万元以下的罚款，责令生产经营单位停产停业整顿。

生产经营单位的主要负责人有前款违法行为，导致发生生产安全事故的，给予撤职处分；构成犯罪的，依照刑法有关规定追究刑事责任。

生产经营单位的主要负责人依照前款规定受刑事处罚或者撤职处分的，自刑罚执行完毕或者受处分之日起，五年内不得担任任何生产经营单位的主要负责人；对重大、特别重大生产安全事故负有责任的，终身不得担任本行业生产经营单位的主要负责人。

生产经营单位的主要负责人未履行本法规定的安全生产管理职责，导致发生生产安全事故的，由应急管理部门依照下列规定处以罚款：（1）发生一般事故的，处上一年年收入40％的罚款；（2）发生较大事故的，处上一年年收入60％的罚款；（3）发生重大事故的，处上一年年收入80％的罚款；（4）发生特别重大事故的，处上一年年收入100％的罚款。

《建设工程安全生产管理条例》规定，违反本条例的规定，施工单位的主要负责人、项目负责人未履行安全生产管理职责的，责令限期改正；逾期未改正的，责令施工单位停业整顿；造成重大安全事故、重大伤亡事故或者其他严重后果，构成犯罪的，依照刑法有关规定追究刑事责任。

施工单位的主要负责人、项目负责人有前款违法行为，尚不够刑事处罚的，处二万元以上二十万元以下的罚款或者按照管理权限给予撤职处分；自刑罚执行完毕或者受处分之日起，五年内不得担任任何施工单位的主要负责人、项目负责人。

3. 施工作业人员违法行为应承担的法律责任

《安全生产法》规定，生产经营单位的从业人员不落实岗位安全责任，不服从管理，违反安全生产规章制度或者操作规程的，由生产经营单位给予批评教育，依照有关规章制度给予处分；构成犯罪的，依照刑法有关规定追究刑事责任。

《建设工程安全生产管理条例》规定，作业人员不服管理、违反规章制度和操作规程冒险作业造成重大伤亡事故或者其他严重后果，构成犯罪的，依照刑法有关规定追究刑事责任。

2.3 施工现场安全防护制度

施工现场安全防护制度包括安全技术措施、专项施工方案和安全交底的规定、施工现场安全防范措施和安全费用的规定、施工现场消防安全职责和消防安全措施、工伤保险和意外伤害保险的规定和违法行为应承担的法律责任。

2.3.1 安全技术措施、专项施工方案和安全交底的规定

安全技术措施、专项施工方案和安全交底的规定包括编制安全技术措施、临时用电方案和安全专项施工方案和安全施工技术交底。

1. 编制安全技术措施、临时用电方案和安全专项施工方案

施工单位应当在施工组织设计中编制安全技术措施和施工现场临时用电方案，对下列达到一定规模的危险性较大的分部分项工程编制专项施工方案，并附具安全验算结果，经

施工单位技术负责人、总监理工程师签字后实施，由专职安全生产管理人员进行现场监督：①基坑支护与降水工程；②土方开挖工程；③模板工程；④起重吊装工程；⑤脚手架工程；⑥拆除、爆破工程；⑦国务院建设行政主管部门或者其他有关部门规定的其他危险性较大的工程。

对以上工程中涉及深基坑、地下暗挖工程、高大模板工程的专项施工方案，施工单位还应当组织专家进行论证、审查。对以上规定的达到一定规模的危险性较大工程的标准，由国务院建设行政主管部门会同国务院其他有关部门制定。

危险性较大的分部分项工程（以下简称“危大工程”），是指房屋建筑和市政基础设施工程在施工过程中，容易导致人员群死群伤或者造成重大经济损失的分部分项工程。危大工程及超过一定规模的危大工程范围由国务院住房城乡建设主管部门制定。省级住房城乡建设主管部门可以结合本地区实际情况，补充本地区危大工程范围。

（1）危大工程安全专项施工方案的编制

住房和城乡建设部发布的《危险性较大的分部分项工程安全管理规定》规定，施工单位应当在危大工程施工前组织工程技术人员编制专项施工方案。实行施工总承包的，专项施工方案应当由施工总承包单位组织编制。危大工程实行分包的，专项施工方案可以由相关专业分包单位组织编制。

专项施工方案应当由施工单位技术负责人审核签字、加盖单位公章，并由总监理工程师审查签字、加盖执业印章后方可实施。危大工程实行分包并由分包单位编制专项施工方案的，专项施工方案应当由总承包单位技术负责人及分包单位技术负责人共同审核签字并加盖单位公章。

对于超过一定规模的危大工程，施工单位应当组织召开专家论证会对专项施工方案进行论证。实行施工总承包的，由施工总承包单位组织召开专家论证会。专家论证前专项施工方案应当通过施工单位审核和总监理工程师审查。

专家应当从地方人民政府住房城乡建设主管部门建立的专家库中选取，符合专业要求且人数不得少于5名。与本工程有利害关系的人员不得以专家身份参加专家论证会。

专家论证会后，应当形成论证报告，对专项施工方案提出通过、修改后通过或者不通过的一致意见。专家对论证报告负责并签字确认。

专项施工方案经论证需修改后通过的，施工单位应当根据论证报告修改完善后，由施工单位技术负责人审核签字、加盖单位公章，并由总监理工程师审查签字、加盖执业印章后方可实施。

专项施工方案经论证不通过的，施工单位修改后应当按照本规定的要求重新组织专家论证。

（2）危大工程安全管理的前期保障

建设单位应当依法提供真实、准确、完整的工程地质、水文地质和工程周边环境等资料。建设单位应当组织勘察、设计等单位在施工招标文件中列出危大工程清单，要求施工单位在投标时补充完善危大工程清单并明确相应的安全管理措施。建设单位应当按照施工合同约定及时支付危大工程施工技术措施费以及相应的安全防护文明施工措施费，保障危大工程施工安全。

勘察单位应当根据工程实际及工程周边环境资料，在勘察文件中说明地质条件可能造成的工程风险。设计单位应当在设计文件中注明涉及危大工程的重点部位和环节，提出保障工程周边环境安全和工程施工安全的意见，必要时进行专项设计。

（3）危大工程安全专项施工方案的实施

施工单位应当在施工现场显著位置公告危大工程名称、施工时间和具体责任人员，并在危险区域设置安全警示标志。施工单位应当严格按照专项施工方案组织施工，不得擅自修改专项施工方案。因规划调整、设计变更等原因确需调整的，修改后的专项施工方案应当按照规定重新审核和论证。涉及资金或者工期调整的，建设单位应当按照约定予以调整。

施工单位应当对危大工程施工作业人员进行登记，项目负责人应当在施工现场履职。项目专职安全生产管理人员应当对专项施工方案实施情况进行现场监督，对未按照专项施工方案施工的，应当要求立即整改，并及时报告项目负责人，项目负责人应当及时组织限期整改。施工单位应当按照规定对危大工程进行施工监测和安全巡视，发现危及人身安全的紧急情况，应当立即组织作业人员撤离危险区域。

监理单位应当结合危大工程专项施工方案编制监理实施细则，并对危大工程施工实施专项巡视检查。监理单位发现施工单位未按照专项施工方案施工的，应当要求其进行整改；情节严重的，应当要求其暂停施工，并及时报告建设单位。施工单位拒不整改或者不停止施工的，监理单位应当及时报告建设单位和工程所在地住房城乡建设主管部门。

对于按照规定需要进行第三方监测的危大工程，建设单位应当委托具有相应勘察资质的单位进行监测。监测单位应当编制监测方案。监测方案由监测单位技术负责人审核签字并加盖单位公章，报送监理单位后方可实施。监测单位应当按照监测方案开展监测，及时向建设单位报送监测成果，并对监测成果负责；发现异常时，及时向建设、设计、施工、监理单位报告，建设单位应当立即组织相关单位采取处置措施。

对于按照规定需要验收的危大工程，施工单位、监理单位应当组织相关人员进行验收。验收合格的，经施工单位项目技术负责人及总监理工程师签字确认后，方可进入下一道工序。危大工程验收合格后，施工单位应当在施工现场明显位置设置验收标识牌，公示验收时间及责任人员。

危大工程发生险情或者事故时，施工单位应当立即采取应急处置措施，并报告工程所在地住房城乡建设主管部门。建设、勘察、设计、监理等单位应当配合施工单位开展应急抢险工作。危大工程应急抢险结束后，建设单位应当组织勘察、设计、施工、监理等单位制定工程恢复方案，并对应急抢险工作进行后评估。

施工、监理单位应当建立危大工程安全管理档案。施工单位应当将专项施工方案及审核、专家论证、交底、现场检查、验收及整改等相关资料纳入档案管理。监理单位应当将监理实施细则、专项施工方案审查、专项巡视检查、验收及整改等相关资料纳入档案管理。

2. 安全施工技术交底

《建设工程安全生产管理条例》规定，建设工程施工前，施工单位负责项目管理的技术人员应当对有关安全施工的技术要求向施工作业班组、作业人员作出详细说明，并由双方签字确认。

《危险性较大的分部分项工程安全管理规定》中规定，专项施工方案实施前，编制人员或者项目技术负责人应当向施工现场管理人员进行方案交底。施工现场管理人员应当向作业人员进行安全技术交底，并由双方和项目专职安全生产管理人员共同签字确认。

安全技术交底，通常有施工工种安全技术交底、分部分项工程施工安全技术交底、大型特殊工程单项安全技术交底、设备安装工程技术交底以及采用新工艺、新技术、新材料施工的安全技术交底等。

2.3.2 施工现场安全防范措施的规定

《建筑法》规定，建筑施工企业应当在施工现场采取维护安全、防范危险、预防火灾等措施；有条件的，应当对施工现场实行封闭管理。

施工现场对毗邻的建筑物、构筑物和特殊作业环境可能造成损害的，建筑施工企业应当采取安全防护措施。

1. 危险部位设置安全警示标志

《建设工程安全生产管理条例》规定，施工单位应当在施工现场入口处、施工起重机械、临时用电设施、脚手架、出入通道口、楼梯口、电梯井口、孔洞口、桥梁口、隧道口、基坑边沿、爆破物及有害危险气体和液体存放处等危险部位，设置明显的安全警示标志。安全警示标志必须符合国家标准。

2. 不同施工阶段和暂停施工应采取的安全施工措施

《建设工程安全生产管理条例》规定，施工单位应当根据不同施工阶段和周围环境及季节、气候的变化，在施工现场采取相应的安全施工措施。施工现场暂时停止施工的，施工单位应当做好现场防护，所需费用由责任方承担，或者按照合同约定执行。

3. 施工现场临时设施的安全卫生要求

《建设工程安全生产管理条例》规定，施工单位应当将施工现场的办公、生活区与作业区分开设置，并保持安全距离：办公、生活区的选址应当符合安全性要求。职工的膳食、饮水、休息场所等应当符合卫生标准。施工单位不得在尚未竣工的建筑物内设置员工集体宿舍。施工现场临时搭建的建筑物应当符合安全使用要求。施工现场使用的装配式活动房屋应当具有产品合格证。

4. 对施工现场周边的安全防护措施

《建设工程安全生产管理条例》规定，施工单位对因建设工程施工可能造成损害的毗邻建筑物、构筑物和地下管线等，应当采取专项防护措施。在城市市区内的建设工程，施工单位应当对施工现场实行封闭围挡。

5. 危险作业的施工现场安全管理

《安全生产法》规定，生产经营单位进行爆破、吊装等危险作业，应当安排专门人员进行现场安全管理，确保操作规程的遵守和安全措施的落实。

6. 安全防护设备、机械设备等的安全管理

《建设工程安全生产管理条例》规定，施工单位采购、租赁的安全防护用具、机械设备、施工机具及配件，应当具有生产（制造）许可证、产品合格证，并在进入施工现场前进行查验。施工现场的安全防护用具、机械设备、施工机具及配件必须由专人管理，定期进行检查、维修和保养，建立相应的资料档案，并按照国家有关规定及时报废。

7. 施工起重机械设备等的安全使用管理

《建设工程安全生产管理条例》规定，施工单位在使用施工起重机械和整体提升脚手架、模板等自升式架设设施前，应当组织有关单位进行验收，也可以委托具有相应资质的检验检测机构进行验收，使用承租的机械设备和施工机具及配件的，由施工总承包单位、分包单位、出租单位和安装单位共同进行验收。验收合格的方可使用。

2.3.3 施工现场消防安全职责和消防安全措施

施工现场的火灾时有发生，甚至出现过特大恶性火灾事故。因此，施工单位必须建立健全消防安全责任制，加强消防安全教育培训，严格消防安全管理，确保施工现场消防安全。

1. 施工单位消防安全责任人和消防安全职责

(1) 机关、团体、企业事业单位法定代表人是本单位消防安全第一责任人。

(2) 对建筑消防设施每年至少进行一次全面检测，确保完好有效，检测记录应当完整准确，存档备查。

2. 施工现场的消防安全要求

(1) 公共建筑在营业、使用期间不得进行外保温材料施工作业，居住建筑进行节能改造作业期间应撤离居住人员，严格分离用火用焊作业与保温施工作业，严禁在施工建筑内安排人员住宿。新建、改建、扩建工程的外保温材料一律不得使用易燃材料，严格限制使用可燃材料。

(2) 施工单位应当在施工组织设计中编制消防安全技术措施和专项施工方案，并由专职安全管理人员进行现场监督。

(3) 禁止在具有火灾、爆炸危险的场所使用明火；需要进行明火作业的，动火部门和人员应当按照用火管理制度办理审批手续。

(4) 电焊、气焊、电工等特殊工种人员必须持证上岗。

3. 施工单位消防安全自我评估和防火检查

国家、省级等重点工程的施工现场应当进行每日防火巡查，其他施工现场根据需要组织防火巡查。

4. 建设工程消防施工的质量和安全责任

(1) 按照国家工程建设消防技术标准和经消防设计审核合格或者备案的消防设计文件组织施工，不得擅自改变消防设计进行施工，降低消防施工质量。

(2) 查验消防产品和具有防火性能要求的建筑构件、建筑材料及装修材料的质量，使用合格产品，保证消防施工质量。

(3) 建立施工现场消防安全责任制度，确定消防安全负责人。加强对施工人员的消防教育培训，落实动火、用电、易燃可燃材料等消防管理制度和操作规程。保证在建工程竣工验收前消防通道、消防水源、消防设施和器材、消防安全标志等完好有效。

5. 施工单位的消防安全教育培训和消防演练

施工单位应当建立施工现场消防组织，制定灭火和应急疏散预案，并至少每半年组织一次演练。

2.3.4 工伤保险和意外伤害保险的规定

《建筑法》规定，建筑施工企业应当依法为职工参加工伤保险缴纳工伤保险费。鼓励企业为从事危险作业的职工办理意外伤害保险，支付保险费。

据此，工伤保险是强制性保险。意外伤害保险则属于法定的鼓励性保险，其适用范围是施工现场从事危险作业的特殊职工群体，即在施工现场从事高处作业、深基坑作业、爆破作业等危险性较大的施工作业人员，尽管这部分人员可能已参加了工伤保险，但法律鼓励建筑施工企业再为其办理意外伤害保险，使他们能够比其他职工依法获得更多的权益保障。

1. 工伤保险的规定

2010年12月经修订后颁布的《工伤保险条例》规定，中华人民共和国境内的企业、事业单位、社会团体、民办非企业单位、基金会、律师事务所、会计师事务所等组织和有雇工的个体工商户（以下称用人单位）应当依照本条例规定参加工伤保险，为本单位全部职工或者雇工（以下称职工）缴纳工伤保险费。中华人民共和国境内的企业、事业单位、社会团体、民办非企业单位、基金会、律师事务所、会计师事务所等组织的职工和个体工商户的雇工，均有依照本条例的规定享受工伤保险待遇的权利。

（1）工伤保险基金

工伤保险基金由用人单位缴纳的工伤保险费、工伤保险基金的利息和依法纳入工伤保险基金的其他资金构成。工伤保险费根据以支定收、收支平衡的原则确定费率。国家根据不同行业的工伤风险程度确定行业的差别费率，并根据工伤保险费使用、工伤发生率等情况在每个行业内确定若干费率档次。

用人单位应当按时缴纳工伤保险费。职工个人不缴纳工伤保险费。用人单位缴纳工伤保险费的数额为本单位职工工资总额乘以单位缴费费率之积。跨地区、生产流动性较大的行业，可以采取相对集中的方式异地参加统筹地区的工伤保险。

工伤保险基金存入社会保障基金财政专户，用于本条例规定的工伤保险待遇，劳动能力鉴定，工伤预防的宣传、培训等费用，以及法律、法规规定的用于工伤保险的其他费用的支付。任何单位或者个人不得将工伤保险基金用于投资运营、兴建或者改建办公场所、发放奖金，或者挪作其他用途。

（2）工伤认定

职工有下列情形之一的，应当认定为工伤：1）在工作时间和工作场所内，因工作原因受到事故伤害的；2）工作时间前后在工作场所内，从事与工作有关的预备性或者收尾性工作受到事故伤害的；3）在工作时间和工作场所内，因履行工作职责受到暴力等意外伤害的；4）患职业病的；5）因工外出期间，由于工作原因受到伤害或者发生事故下落不明的；6）在上下班途中，受到非本人主要责任的交通事故或者城市轨道交通、客运轮渡、火车事故伤害的；7）法律、行政法规规定应当认定为工伤的其他情形。

职工有下列情形之一的，视同工伤：1）在工作时间和工作岗位，突发疾病死亡或者在48小时之内经抢救无效死亡的；2）在抢险救灾等维护国家利益、公共利益活动中受到伤害的；3）职工原在军队服役，因战、因公负伤致残，已取得革命伤残军人证，到用人单位后旧伤复发的。职工有以上第1）项、第2）项情形的，按照《工伤保险条例》的有关规定享受工伤保险待遇；职工有以上第3）项情形的，按照《工伤保险条例》的有关规定享受除一次性伤残补助金以外的工伤保险待遇。

职工符合以上的规定，但是有下列情形之一的，不得认定为工伤或者视同工伤：1）故意犯罪的；2）醉酒或者吸毒的；3）自残或者自杀的。

职工发生事故伤害或者按照职业病防治法规定被诊断、鉴定为职业病，所在单位应当自事故伤害发生之日或者被诊断、鉴定为职业病之日起30日内，向统筹地区社会保险行政部门提出工伤认定申请。遇有特殊情况，经报社会保险行政部门同意，申请时限可以适当延长。用人单位未按以上规定提出工伤认定申请的，工伤职工或者其近亲属、工会组织在事故伤害发生之日或者被诊断、鉴定为职业病之日起1年内，可以直接向用人单位所在地统筹地区社会保险行政部门提出工伤认定申请。按照以上规定应当由省级社会保险行政部门进行工伤认定的事项，根据属地原则由用人单位所在地的设区的市级社会保险行政部门办理。用人单位未在以上规定的时限内提交工伤认定申请，在此期间发生符合《工伤保险条例》规定的工伤待遇等有关费用由该用人单位负担。

提出工伤认定申请应当提交下列材料：1）工伤认定申请表；2）与用人单位存在劳动关系（包括事实劳动关系）的证明材料；3）医疗诊断证明或者职业病诊断证明书（或者职业病诊断鉴定书）。工伤认定申请表应当包括事故发生的时间、地点、原因以及职工伤害程度等基本情况。工伤认定申请人提供材料不完整的，社会保险行政部门应当一次性书面告知工伤认定申请人需要补正的全部材料。申请人按照书面告知要求补正材料后，社会保险行政部门应当受理。

社会保险行政部门受理工伤认定申请后，根据审核需要可以对事故伤害进行调查核实，用人单位、职工、工会组织、医疗机构以及有关部门应当予以协助。职业病诊断和诊断争议的鉴定，依照职业病防治法的有关规定执行。对依法取得职业病诊断证明书或者职业病诊断鉴定书的，社会保险行政部门不再进行调查核实。职工或者其近亲属认为是工伤，用人单位不认为是工伤的，由用人单位承担举证责任。

社会保险行政部门应当自受理工伤认定申请之日起60日内作出工伤认定的决定，并书面通知申请工伤认定的职工或者其近亲属和该职工所在单位。社会保险行政部门对受理的事实清楚、权利义务明确的工伤认定申请，应当在15日内作出工伤认定的决定。作出工伤认定决定需要以司法机关或者有关行政主管部门的结论为依据的，在司法机关或者有关行政主管部门尚未作出结论期间，作出工伤认定决定的时限中止。社会保险行政部门工作人员与工伤认定申请人有利害关系的，应当回避。

（3）劳动能力鉴定

职工发生工伤，经治疗伤情相对稳定后存在残疾、影响劳动能力的，应当进行劳动能力鉴定。劳动能力鉴定是指劳动功能障碍程度和生活自理障碍程度的等级鉴定。劳动功能障碍分为10个伤残等级，最重的为1级，最轻的为10级。生活自理障碍分为3个等级：生活完全不能自理、生活大部分不能自理和生活部分不能自理。

劳动能力鉴定由用人单位、工伤职工或者其近亲属向设区的市级劳动能力鉴定委员会提出申请，并提供工伤认定决定和职工工伤医疗的有关资料。

省、自治区、直辖市劳动能力鉴定委员会和设区的市级劳动能力鉴定委员会分别由省、自治区、直辖市和设区的市级社会保险行政部门、卫生行政部门、工会组织、经办机构代表以及用人单位代表组成。劳动能力鉴定委员会建立医疗卫生专家库。列入专家库的医疗卫生专业技术人员应当具备下列条件：1）具有医疗卫生高级专业技术职务任职资格；2）掌握劳动能力鉴定的相关知识；3）具有良好的职业品德。

设区的市级劳动能力鉴定委员会收到劳动能力鉴定申请后，应当从其建立的医疗卫生专家库中随机抽取3名或者5名相关专家组成专家组，由专家组提出鉴定意见。设区的市级劳动能力鉴定委员会根据专家组的鉴定意见作出工伤职工劳动能力鉴定结论；必要时，可以委托具备资格的医疗机构协助进行有关的诊断。设区的市级劳动能力鉴定委员会应当自收到劳动能力鉴定申请之日起60日内作出劳动能力鉴定结论，必要时，作出劳动能力鉴定结论的期限可以延长30日。劳动能力鉴定结论应当及时送达申请鉴定的单位和个人。

申请鉴定的单位或者个人对设区的市级劳动能力鉴定委员会作出的鉴定结论不服的，可以在收到该鉴定结论之日起15日内向省、自治区、直辖市劳动能力鉴定委员会提出再次鉴定申请。省、自治区、直辖市劳动能力鉴定委员会作出的劳动能力鉴定结论为最终结论。自劳动能力鉴定结论作出之日起1年后，工伤职工或者其近亲属、所在单位或者经办机构认为伤残情况发生变化的，可以申请劳动能力复查鉴定。

2. 建筑意外伤害保险规定

建筑施工企业危险作业人员意外伤害保险管理制度根据《建筑法》第四十八条规定，建筑职工意外伤害保险是法定的强制性保险，也是保护建筑业从业人员合法权益，转移企业事故风险，增强企业预防和控制事故能力，促进企业安全生产的重要手段。中华人民共和国建设部于2003年5月23日公布了《建设部关于加强建筑意外伤害保险工作的指导意见》（建质〔2003〕107号），从九个方面对加强和规范建筑意外伤害保险工作提出了较详尽的规定，明确了建筑施工企业应当为施工现场从事施工作业和管理的人员，在施工活动过程中发生的人身意外伤亡事故提供保障，办理建筑意外伤害保险、支付保险费，范围应当覆盖工程项目。同时，还对保险期限、金额、保费、投保方式、索赔、安全服务及行业自保等都提出了指导性意见，其内容如下：

（1）建筑意外伤害保险的范围

建筑施工企业应当为施工现场从事施工作业和管理的人员，在施工活动过程中发生的人身意外伤亡事故提供保障，办理建筑意外伤害保险、支付保险费。范围应当覆盖工程项目。已在企业所在地参加工伤保险的人员，从事现场施工时仍可参加建筑意外伤害保险。

各地建设行政主管部门可根据本地区实际情况，规定建筑意外伤害保险的附加险要求。

（2）建筑意外伤害保险的保险期限

保险期限应涵盖工程项目开工之日到工程竣工验收合格日。提前竣工的，保险责任自行终止。因延长工期的，应当办理保险顺延手续。

（3）建筑意外伤害保险的保险金额

各地建设行政主管部门结合本地区实际情况，确定合理的最低保险金额。最低保险金额要能够保障施工伤亡人员得到有效的经济补偿。施工企业办理建筑意外伤害保险时，投保的保险金额不得低于此标准。

（4）建筑意外伤害保险的保险费

保险费应当列入建筑安装工程费用。保险费应当由施工企业支付，施工企业不得向职工摊派。

施工企业和保险公司双方应本着平等协商的原则，根据各类风险因素商定建筑意外伤害保险费率，提倡差别费率和浮动费率。差别费率可与工程规模、类型、工程项目风险程度和施工现场环境等因素挂钩。浮动费率可与施工企业安全生产业绩、安全生产管理状况等因素挂钩。对重视安全生产管理、安全业绩好的企业可采用下浮费率；对安全生产业绩差、安全管理不善的企业可采用上浮费率。通过浮动费率机制，激励投保企业安全生产的积极性。

(5) 建筑意外伤害保险的投保

施工企业应在工程项目开工前，办理完投保手续。鉴于工程建设项目施工工艺流程中各工种调动频繁、用工流动性大，投保应实行不记名和不计人数的方式。工程项目中有分包单位的由总承包施工企业统一办理，分包单位合理承担投保费用。业主直接发包的工程项目由承包企业直接办理。

行政主管部门要强化监督管理，把在建工程项目开工前是否投保建筑意外伤害保险情况作为企业安全生产条件的重要内容之一；未投保的工程项目，不予发放施工许可证。

投保人办理投保手续后，应将投保有关信息以布告形式张贴于施工现场，告之被保险人。

(6) 关于建筑意外伤害保险的索赔

建筑意外伤害保险应规范和简化索赔程序，做好索赔服务。行政主管部门要积极创造条件，引导投保企业在发生意外事故后即向保险公司提出索赔，使施工伤亡人员能够得到及时、足额的赔付。行政主管部门应设置专门电话接受举报，凡被保险人发生意外伤害事故，企业和工程项目负责人隐瞒不报、不索赔的，要严肃查处。

(7) 关于建筑意外伤害保险的安全服务

施工企业应当选择能提供建筑安全生产风险管理、事故防范等安全服务和有保险能力的保险公司，以保证事故后能及时补偿与事故前能主动防范。目前还不能提供安全风险管理和事故预防的保险公司，应通过建筑安全服务中介组织向施工企业提供与建筑意外伤害保险相关的安全服务。建筑安全服务中介组织必须拥有一定数量、专业配套、具备建筑安全知识和管理经验的专业技术人员。

2.3.5 违法行为应承担的法律责任

施工现场安全防护违法行为应承担的主要法律责任包括施工现场安全防护违法行为应承担的法律责任、施工单位安全费用违法行为应承担的法律责任、特种设备安全违法行为应承担的法律责任、施工现场消防安全违法行为应承担的法律责任、施工现场食品安全违法行为应承担的法律责任和工伤保险违法行为应承担的法律责任。

1. 施工现场安全防护违法行为应承担的法律责任

《建筑法》规定，建筑施工企业违法本法规定，对建筑安全事故隐患不采取措施予以消除的，责令改正，可以处以罚款；情节严重的责令停业整顿，降低资质等级或者吊销资质证书；构成犯罪的，依法追究刑事责任。

《建设工程安全生产管理条例》规定，施工单位有下列行为之一的，责令限期改正；逾期未改正的，责令停业整顿，并处五万元以上十万元以下的罚款；造成重大安全事故，构成犯罪的，对直接责任人员，依照刑法有关规定追究刑事责任：(1) 施工前未对有关安全施工的技术要求作出详细说明的；(2) 未根据不同施工阶段和周围环境及季节、气候的变化，在施工现场采取相应的安全施工措施，或者在城市市区内的建设工程的施工现场未实行封闭围挡的；(3) 在尚未竣工的建筑物内设置员工集体宿舍的；(4) 施工现场临时搭建的建筑物不符合安全使用要求的；(5) 未对因建设工程施工可能造成损害的毗邻建筑物、构筑物和地下管线等采取专项防护措施的。施工单位有以上规定第 (4) 项、第 (5) 项行为，造成损失的，依法承担赔偿责任。

施工单位有下列行为之一的，责令限期改正；逾期未改正的，责令停业整顿，并处十万元以上三十万元以下的罚款；情节严重的，降低资质等级，直至吊销资质证书；造成重大安全事故，构成犯罪的，对直接责任人员，依照刑法有关规定追究刑事责任；造成损失的，依法承担赔偿责任：(1) 安全防护用具、机械设备、施工机具及配件在进入施工现场前未经查验或者查验不合格即投入使用的；(2) 使用未经验收或者验收不合格的施工起重机械和整体提升脚手架、模板等自升式架设设施的；(3) 委托不具有相应资质的单位承担施工现场安装、拆卸施工起重机械和整体提升脚手架、模板等自升式架设设施的；(4) 在施工组织设计中未编制安全技术措施、施工现场临时用电方案或者专项施工方案的。

《安全生产法》规定，生产经营单位有下列行为之一的，责令限期改正；逾期未改正的，责令停止建设或者停产停业整顿，可以并处五万元以下的罚款；造成严重后果，构成犯罪的，依照刑法有关规定追究刑事责任……(4) 未在有较大危险因素的生产经营场所和有关设施、设备上设置明显的安全警示标志的；(5) 安全设备的安装、使用、检测、改造和报废不符合国家标准或者行业标准的；(6) 未对安全设备进行经常性维护、保养和定期检测的；(7) 未为从业人员提供符合国家标准或者行业标准的劳动防护用品的；(8) 特种设备以及危险物品的容器、运输工具未经取得专业资质的机构检测、检验合格，取得安全使用证或者安全标志，投入使用的；(9) 使用国家明令淘汰、禁止使用的危及生产安全的工艺、设备的。

生产经营单位有下列行为之一的，责令限期改正；逾期未改正的，责令停产停业整顿，可以并处二万元以上十万元以下的罚款；造成严重后果，构成犯罪的，依照刑法有关规定追究刑事责任……(3) 进行爆破、吊装等危险作业，未安排专门管理人员进行现场安全管理的。

《危险化学品安全管理条例》规定，有下列情形之一的，由安全生产监督管理部门责令改正，可以处五万元以下的罚款；拒不改正的，处五万元以上十万元以下的罚款；情节严重的，责令停产停业整顿……(2) 进行可能危及危险化学品管道安全的施工作业，施工单位未按照规定书面通知管道所属单位，或者未与管道所属单位共同制定应急预案、采取相应的安全防护措施，或者管道所属单位未指派专门人员到现场进行管道安全保护指导的……。

2. 施工单位安全费用违法行为应承担的法律责任

《企业安全生产费用提取和使用管理办法》中规定，企业未按本办法提取和使用安全费用的，安全生产监督管理部门、煤矿安全监察机构和行业主管部门会同财政部门责令其限期改正，并依照相关法律法规进行处理、处罚。建设工程施工总承包单位未向分包单位支付必要的安全费用以及承包单位挪用安全费用的，由建设、交通运输、铁路、水利、安全生产监督管理、煤矿安全监察等主管部门依照相关法规、规章进行处理、处罚。

《建筑工程安全防护、文明施工措施费用及使用管理规定》中规定，建设单位未按本规定支付安全防护、文明施工措施费用的，由县级以上建设行政主管部门依据《建设工程安全生产管理条例》第54条规定，责令限期整改；逾期未改正的，责令该建设工程停止施工。施工单位挪用安全防护、文明施工措施费用的，由县级以上建设主管部门依据《建设工程安全生产管理条例》第63条规定，责令限期整改，处挪用费用20%以上50%以下的罚款；造成损失的，依法承担赔偿责任。

3. 特种设备安全违法行为应承担的法律责任

《特种设备安全法》规定，特种设备安装、改造、修理的施工单位在施工前未书面告知负责特种设备安全监督管理的部门即行施工的，或者在验收后30日内未将相关技术资料和文件移交特种设备使用单位的，责令限期改正；逾期未改正的，处一万元以上十万元以下罚款。

特种设备的制造、安装、改造、重大修理以及锅炉清洗过程，未经监督检验的，责令限期改正；逾期未改正的，处五万元以上二十万元以下罚款；有违法所得的，没收违法所得；情节严重的，吊销生产许可证。

特种设备使用单位有下列行为之一的，责令限期改正；逾期未改正的，责令停止使用有关特种设备，处一万元以上十万元以下罚款：（1）使用特种设备未按照规定办理使用登记的；（2）未建立特种设备安全技术档案或者安全技术档案不符合规定要求，或者未依法设置使用登记标志、定期检验标志的；（3）未对其使用的特种设备进行经常性维护保养和定期自行检查，或者未对其使用的特种设备的安全附件、安全保护装置进行定期校验、检修，并作出记录的；（4）未按照安全技术规范的要求及时申报并接受检验的；（5）未按照安全技术规范的要求进行锅炉水（介质）处理的；（6）未制定特种设备事故应急专项预案的。

特种设备使用单位有下列行为之一的，责令停止使用有关特种设备，处三万元以上三十万元以下罚款：（1）使用未取得许可生产，未经检验或者检验不合格的特种设备，或者国家明令淘汰、已经报废的特种设备的；（2）特种设备出现故障或者发生异常情况，未对其进行全面检查、消除事故隐患，继续使用的；（3）特种设备存在严重事故隐患，无改造、修理价值，或者达到安全技术规范规定的其他报废条件，未依法履行报废义务，并办理使用登记证书注销手续的。

特种设备生产、经营、使用单位有下列情形之一的，责令限期改正；逾期未改正的，责令停止使用有关特种设备或者停产停业整顿，处一万元以上五万元以下罚款：（1）未配备具有相应资格的特种设备安全管理人员、检测人员和作业人员的；（2）使用未取得相应资格的人员从事特种设备安全管理、检测和作业的；（3）未对特种设备安全管理人员、检测人员和作业人员进行安全教育和技能培训的。

特种设备生产、经营、使用单位或者检验、检测机构拒不接受负责特种设备安全监督管理的部门依法实施的监督检查的，责令限期改正；逾期未改正的，责令停产停业整顿，处二万元以上二十万元以下罚款。

特种设备生产、经营、使用单位擅自动用、调换、转移、损毁被查封、扣押的特种设备或者其主要部件的，责令改正，处五万元以上二十万元以下罚款；情节严重的，吊销生产许可证，注销特种设备使用登记证书。

4. 施工现场消防安全违法行为应承担的法律责任

《中华人民共和国消防法》（以下简称《消防法》）规定，违反本法规定，有下列行为之一的，责令改正或者停止施工，并处一万元以上十万元以下罚款……（3）建筑施工企业不按照消防设计文件和消防技术标准施工，降低消防施工质量的……

单位违反本法规定，有下列行为之一的，责令改正，处五千元以上五万元以下罚款：（1）消防设施、器材或者消防安全标志的配置、设置不符合国家标准、行业标准，或者未保持完好有效的；（2）损坏、挪用或者擅自拆除、停用消防设施、器材的；（3）占用、堵塞、封闭疏散通道、安全出口或者有其他妨碍安全疏散行为的；（4）埋压、圈占、遮挡消火栓或者占用防火间距的；（5）占用、堵塞、封闭消防车通道，妨碍消防车通行的；（6）人员密集场所在门窗上设置影响逃生和灭火救援的障碍物的；（7）对火灾隐患经公安机关消防机构通知后不及时采取措施消除的。

有下列行为之一，尚不构成犯罪的，处10日以上15日以下拘留，可以并处五百元以下罚款；情节较轻的，处警告或者五百元以下罚款：（1）指使或者强令他人违反消防安全规定，冒险作业的；（2）过失引起火灾的；（3）在火灾发生后阻拦报警，或者负有报告职责的人员不及时报警的；（4）扰乱火灾现场秩序，或者拒不执行火灾现场指挥员指挥，影响灭火救援的；（5）故意破坏或者伪造火灾现场的；（6）擅自拆封或者使用被公安机关消防机构查封的场所、部位的。

当事人逾期不执行停产停业、停止使用、停止施工决定的，由作出决定的公安机关消防机构强制执行。

《国务院关于加强和改进消防工作的意见》规定，各单位因消防安全责任不落实、火灾防控措施不到位，发生人员伤亡火灾事故的，要依法依纪追究有关人员的责任；发生重大火灾事故的，要依法依纪追究单位负责人、实际控制人、上级单位主要负责人和当地政府及有关部门负责人的责任。

《建设工程消防监督管理规定》中规定，建设、设计、施工、工程监理单位、消防技术服务机构及其从业人员违反有关消防法规、国家工程建设消防技术标准，造成危害后果的，除依法给予行政处罚或者追究刑事责任外，还应当依法承担民事赔偿责任。

5. 施工现场食品安全违法行为应承担的法律责任

2009年2月发布的《中华人民共和国食品安全法》规定，违反本法规定，有下列情形之一的，由有关主管部门按照各自职责分工，责令改正，给予警告；拒不改正的，处两千元以上二万元以下罚款；情节严重的，责令停产停业，直至吊销许可证：（1）未对采购的食品原料和生产的食品、食品添加剂、食品相关产品进行检验……（4）未按规定要求贮存、销售食品或者清理库存食品；（5）进货时未查验许可证和相关证明文件…（7）安排患有痢疾、伤寒、病毒性肝炎等消化道传染病的人员，以及患有活动性肺结核、化脓性或者渗出性皮肤病等有碍食品安全的疾病的人员从事接触直接入口食品的工作。

6. 工伤保险违法行为应承担的法律责任

《工伤保险条例》规定，用人单位、工伤职工或者其近亲属骗取工伤保险待遇，医疗机构、辅助器具配置机构骗取工伤保险基金支出的，由社会保险行政部门责令退还，处骗取金额2倍以上5倍以下的罚款；情节严重，构成犯罪的，依法追究刑事责任。

用人单位依照本条例规定应当参加工伤保险而未参加的，由社会保险行政部门责令限期参加，补缴应当缴纳的工伤保险费，并自欠缴之日起，按日加收万分之五的滞纳金；逾期仍不缴纳的，处欠缴数额1倍以上3倍以下的罚款。依照本条例规定应当参加工伤保险而未参加工伤保险的用人单位职工发生工伤的，由该用人单位按照本条例规定的工伤保险待遇项目和标准支付费用。用人单位参加工伤保险并补缴应当缴纳的工伤保险费、滞纳金后，由工伤保险基金和用人单位依照本条例的规定支付新发生的费用。

用人单位违反本条例规定，拒不协助社会保险行政部门对事故进行调查核实的，由社会保险行政部门责令改正，处二千元以上二万元以下的罚款。

2.4 生产安全事故的应急救援与调查处理

《中共中央　国务院关于推进安全生产领域改革发展的意见》中指出，完善事故调查处理机制。坚持问责与整改并重，充分发挥事故查处对加强和改进安全生产工作的促进作用。

2.4.1 生产安全事故等级与划分标准

《安全生产法》第一百一十八条规定，生产安全一般事故、较大事故、重大事故、特别重大事故的划分标准由国务院规定。

1. 事故等级划分的要素

事故等级的划分包括人身、经济和社会三个要素，可以单独适用。其中，人身要素就是人员伤亡的数量，经济要素就是直接经济损失的数额，社会要素就是社会影响。

2. 事故等级划分

《生产安全事故报告和调查处理条例》第三条规定，根据生产安全事故（以下简称事故）造成的人员伤亡或者直接经济损失，事故一般分为四个等级，见表2-1。

事故等级划分 **表2-1**

事故等级	人员伤亡或者直接经济损失		
	死亡（人）	重伤（人）	直接经济损失
特别重大事故	30人以上	100人以上重伤（包括急性工业中毒，下同）	1亿元以上
重大事故	10人以上30人以下	50人以上100人以下	5000万元以上1亿元以下
较大事故	3人以上10人以下	10人以上50人以下	1000万元以上5000万元以下
一般事故	3人以下	10人以下	1000万元以下

注：1. 国务院安全生产监督管理部门可以会同国务院有关部门，制定事故等级划分的补充性规定。

2. 上述所称的“以上”包括本数，所称的“以下”不包括本数。

2.4.2 生产安全事故应急救援预案的规定

《安全生产法》规定，生产经营单位应当制定本单位生产安全事故应急救援预案，与所在地县级以上地方人民政府组织制定的生产安全事故应急救援预案相衔接，并定期组织演练。

《建设工程安全生产管理条例》规定，施工单位应当制定本单位生产安全事故应急救援预案，建立应急救援组织或者配备应急救援人员，配备必要的应急救援器材、设备，并定期组织演练。

2019 年 4 月起执行的《生产安全事故应急条例》规定，生产经营单位应当加强生产安全事故应急工作，建立、健全生产安全事故应急工作责任制，其主要负责人对本单位的生产安全事故应急工作全面负责。

生产经营单位应当对从业人员进行应急教育和培训，保证从业人员具备必要的应急知识，掌握风险防范技能和事故应急措施。

1. 施工生产安全事故应急救援预案的编制

《安全生产法》规定，生产经营单位对重大危险源应当登记建档，进行定期检测、评估、监控，并制定应急预案，告知从业人员和相关人员在紧急情况下应当采取的应急措施。生产经营单位应当按照国家有关规定将本单位重大危险源及有关安全措施、应急措施报有关地方人民政府应急管理部门和有关部门备案。有关地方人民政府应急管理部门和有关部门应当通过相关信息系统实现信息共享。

《建设工程安全生产管理条例》规定，施工单位应当根据建设工程施工的特点、范围，对施工现场易发生重大事故的部位、环节进行监控，制定施工现场生产安全事故应急救援预案。

实行施工总承包的，由总承包单位统一组织编制建设工程生产安全事故应急救援预案，工程总承包单位和分包单位按照应急救援预案，各自建立应急救援组织或者配备应急救援人员，配备救援器材、设备，并定期组织演练。

实行施工总承包的建设工程，由总承包单位负责上报事故。

《生产安全事故应急条例》规定，生产经营单位应当针对本单位可能发生的生产安全事故的特点和危害，进行风险辨识和评估，制定相应的生产安全事故应急救援预案，并向本单位从业人员公布。生产安全事故应急救援预案应当符合有关法律、法规、规章和标准的规定，具有科学性、针对性和可操作性，明确规定应急组织体系、职责分工以及应急救援程序和措施。

根据 2019 年 7 月公布的《生产安全事故应急预案管理办法》规定，生产经营单位应急预案分为综合应急预案、专项应急预案和现场处置方案。

综合应急预案，是指生产经营单位为应对各种生产安全事故而制定的综合性工作方案，是本单位应对生产安全事故的总体工作程序、措施和应急预案体系的总纲。专项应急预案，是指生产经营单位为应对某一种或者多种类型生产安全事故，或者针对重要生产设施、重大危险源、重大活动防止生产安全事故而制定的专项性工作方案。现场处置方案，是指生产经营单位根据不同生产安全事故类型，针对具体场所、装置或者设施所制定的应急处置措施。应急预案的编制应当遵循以人为本、依法依规、符合实际、注重实效的原则，以应急处置为核心，明确应急职责、规范应急程序、细化保障措施。

2. 施工生产安全事故应急预案的修订和应急演练

《生产安全事故应急条例》规定，生产安全事故应急救援预案应当符合有关法律、法规、规章和标准的规定，具有科学性、针对性和可操作性，明确规定应急组织体系、职责分工以及应急救援程序和措施。有下列情形之一的，生产安全事故应急救援预案制定单位应当及时修订相关预案：(1) 制定预案所依据的法律、法规、规章、标准发生重大变化；(2) 应急指挥机构及其职责发生调整；(3) 安全生产面临的风险发生重大变化；(4) 重要应急资源发生重大变化；(5) 在预案演练或者应急救援中发现需要修订预案的重大问题；(6) 其他应当修订的情形。

生产经营单位，应当至少每半年组织1次生产安全事故应急救援预案演练，并将演练情况报送所在地县级以上地方人民政府负有安全生产监督管理职责的部门。县级以上地方人民政府负有安全生产监督管理职责的部门应当对本行政区域内上述规定的重点生产经营单位的生产安全事故应急救援预案演练进行抽查；发现演练不符合要求的，应当责令限期改正。

3. 应急救援队伍的建立与应急值班制度

《生产安全事故应急条例》规定，建筑施工单位应当建立应急救援队伍；其中，小型企业或者微型企业等规模较小的生产经营单位，可以不建立应急救援队伍，但应当指定兼职的应急救援人员，并且可以与临近的应急救援队伍签订应急救援协议。

应急救援队伍的应急救援人员应当具备必要的专业知识、技能、身体素质和心理素质。应急救援队伍建立单位或者兼职应急救援人员所在单位应当按照国家有关规定对应急救援人员进行培训；应急救援人员经培训合格后，方可参加应急救援工作。应急救援队伍应当配备必要的应急救援装备和物资，并定期组织训练。

建筑施工单位，应当根据本单位可能发生的生产安全事故的特点和危害，配备必要的灭火、排水、通风以及危险物品稀释、掩埋、收集等应急救援器材、设备和物资，并进行经常性维护、保养，保证正常运转。

建筑施工单位、应急救援队伍应当建立应急值班制度，配备应急值班人员。

4. 应急救援的组织实施

《生产安全事故应急条例》规定，发生生产安全事故后，生产经营单位应当立即启动生产安全事故应急救援预案，采取下列一项或者多项应急救援措施，并按照国家有关规定报告事故情况：(1) 迅速控制危险源，组织抢救遇险人员；(2) 根据事故危害程度，组织现场人员撤离或者采取可能的应急措施后撤离；(3) 及时通知可能受到事故影响的单位和人员；(4) 采取必要措施，防止事故危害扩大和次生、衍生灾害发生；(5) 根据需要请求邻近的应急救援队伍参加救援，并向参加救援的应急救援队伍提供相关技术资料、信息和处置方法；(6) 维护事故现场秩序，保护事故现场和相关证据；(7) 法律、法规规定的其他应急救援措施。

有关地方人民政府及其部门接到生产安全事故报告后，应当按照国家有关规定上报事故情况，启动相应的生产安全事故应急救援预案，并按照应急救援预案的规定采取一项或者多项应急救援措施。有关地方人民政府不能有效控制生产安全事故的，应当及时向上级人民政府报告。上级人民政府应当及时采取措施，统一指挥应急救援。

应急救援队伍接到有关人民政府及其部门的救援命令或者签有应急救援协议的生产经营单位的救援请求后，应当立即参加生产安全事故应急救援。应急救援队伍根据救援命令参加生产安全事故应急救援所耗费用，由事故责任单位承担；事故责任单位无力承担的，由有关人民政府协调解决。

现场指挥部实行总指挥负责制，按照本级人民政府的授权组织制定并实施生产安全事故现场应急救援方案，协调、指挥有关单位和个人参加现场应急救援。参加生产安全事故现场应急救援的单位和个人应当服从现场指挥部的统一指挥。

有关人民政府及其部门根据生产安全事故应急救援需要依法调用和征用的财产，在使用完毕或者应急救援结束后，应当及时归还。财产被调用、征用或者调用、征用后毁损、灭失的，有关人民政府及其部门应当按照国家有关规定给予补偿。

县级以上地方人民政府应当按照国家有关规定，对在生产安全事故应急救援中伤亡的人员及时给予救治和抚恤；符合烈士评定条件的，按照国家有关规定评定为烈士。

2.4.3 生产安全事故报告及采取措施的规定

《建筑法》规定，施工中发生事故时，建筑施工企业应当采取紧急措施减少人员伤亡和事故损失，并按照国家有关规定及时向有关部门报告。

《建设工程安全生产管理条例》进一步规定，施工单位发生生产安全事故，应当按照国家有关伤亡事故报告和调查处理的规定，及时、如实地向负责安全生产监督管理的部门、建设行政主管部门或者其他有关部门报告；特种设备发生事故的，还应当同时向特种设备安全监督管理部门报告。实行施工总承包的建设工程，由总承包单位负责上报事故。

1. 施工生产安全事故报告的基本要求

《安全生产法》规定，生产经营单位发生生产安全事故后，事故现场有关人员应当立即报告本单位负责人。单位负责人接到事故报告后，应当迅速采取有效措施，组织抢救，防止事故扩大，减少人员伤亡和财产损失，并按照国家有关规定立即如实报告当地负有安全生产监督管理职责的部门，不得隐瞒不报、谎报或者拖延不报，不得故意破坏事故现场、毁灭有关证据。

《特种设备安全法》进一步规定，特种设备发生事故后，事故发生单位应当按照应急预案采取措施，组织抢救，防止事故扩大，减少人员伤亡和财产损失，保护事故现场和有关证据，并及时向事故发生地县级以上人民政府负责特种设备安全监督管理的部门和有关部门报告。与事故相关的单位和人员不得迟报、谎报或者瞒报事故情况，不得隐匿、毁灭有关证据或者故意破坏事故现场。

（1）事故报告的时间要求

《生产安全事故报告和调查处理条例》规定，事故发生后，事故现场有关人员应当立即向本单位负责人报告；单位负责人接到报告后，应当于1小时内向事故发生地县级以上人民政府安全生产监督管理部门和负有安全生产监督管理职责的有关部门报告。情况紧急时，事故现场有关人员可以直接向事故发生地县级以上人民政府安全生产监督管理部门和负有安全生产监督管理职责的有关部门报告。

安全生产监督管理部门和负有安全生产监督管理职责的有关部门接到事故报告后，应当依照下列规定上报事故情况，并通知公安机关、劳动保障行政部门、工会和人民检察院：特别重大事故、重大事故逐级上报至国务院安全生产监督管理部门和负有安全生产监督管理职责的有关部门；较大事故逐级上报至省、自治区、直辖市人民政府安全生产监督管理部门和负有安全生产监督管理职责的有关部门；一般事故上报至设区的市级人民政府安全生产监督管理部门和负有安全生产监督管理职责的有关部门。安全生产监督管理部门和负有安全生产监督管理职责的有关部门依照前款规定上报事故情况，应当同时报告本级人民政府。国务院安全生产监督管理部门和负有安全生产监督管理职责的有关部门以及省级人民政府接到发生特别重大事故、重大事故的报告后，应当立即报告国务院。必要时，安全生产监督管理部门和负有安全生产监督管理职责的有关部门可以越级上报事故情况。

事故报告应当及时、准确、完整。任何单位和个人对事故不得迟报、漏报、谎报或者瞒报。

（2）事故报告的内容要求

《生产安全事故报告和调查处理条例》规定，报告事故应当包括下列内容：①事故发生单位概况；②事故发生的时间、地点以及事故现场情况；③事故的简要经过；④事故已经造成或者可能造成的伤亡人数（包括下落不明的人数）和初步估计的直接经济损失；⑤已经采取的措施；⑥其他应当报告的情况。

事故发生单位概况，应当包括单位的全称、所处地理位置、所有制形式和隶属关系、生产经营范围和规模、持有各类证照情况、单位负责人基本情况以及近期生产经营状况等。该部分内容应以全面、简洁为原则。

报告事故发生的时间应当具体；报告事故发生的地点要准确，除事故发生的中心地点外，还应当报告事故所波及的区域；报告事故现场的情况应当全面，包括现场的总体情况、人员伤亡情况和设备设施的毁损情况，以及事故发生前后的现场情况，便于比较分析事故原因。

对于人员伤亡情况的报告，应当遵守实事求是的原则，不作无根据的猜测，更不能隐瞒实际伤亡人数。对直接经济损失的初步估算，主要指事故所导致的建筑物毁损、生产设备设施和仪器仪表损坏等。

已经采取的措施，主要是指事故现场有关人员、事故单位负责人以及已经接到事故报告的安全生产管理部门等，为减少损失、防止事故扩大和便于事故调查所采取的应急救援和现场保护等具体措施。

其他应当报告的情况，则应根据实际情况而定。如较大以上事故，还应当报告事故所造成的社会影响、政府有关领导和部门现场指挥等有关情况。

（3）事故补报的要求

《生产安全事故报告和调查处理条例》规定，事故报告后出现新情况的，应当及时补报。自事故发生之日起 30 日内，事故造成的伤亡人数发生变化的，应当及时补报。道路交通事故、火灾事故自发生之日起 7 日内，事故造成的伤亡人数发生变化的，应当及时补报。

2. 发生施工生产安全事故后应采取的相应措施

《建设工程安全生产管理条例》规定，发生生产安全事故后，施工单位应当采取措施防止事故扩大，保护事故现场。需要移动现场物品时，应当做出标记和书面记录，妥善保管有关证物。

（1）组织应急抢救工作

《生产安全事故报告和调查处理条例》规定，事故发生单位负责人接到事故报告后，应当立即启动事故相应应急预案，或者采取有效措施，组织抢救，防止事故扩大，减少人员伤亡和财产损失。例如，对危险化学品泄漏等可能对周边群众和环境产生危害的事故，施工单位应当在向地方政府及有关部门报告的同时，及时向可能受到影响的单位、职工、群众发出预警信息，标明危险区域，组织、协助应急救援队伍救助受害人员，疏散、撤离、安置受到威胁的人员，并采取必要措施防止发生次生、衍生事故。

（2）妥善保护事故现场

《生产安全事故报告和调查处理条例》规定，事故发生后，有关单位和人员应当妥善保护事故现场以及相关证据，任何单位和个人不得破坏事故现场、毁灭相关证据。因抢救人员、防止事故扩大以及疏通交通等原因，需要移动事故现场物件的，应当做出标志，绘制现场简图并做出书面记录，妥善保存现场重要痕迹、物证。

事故现场是追溯判断发生事故原因和事故责任人责任的客观物质基础。从事故发生到事故调查组赶赴现场，往往需要一段时间，而在这段时间里，许多外界因素，如对伤员的救护、险情控制、周围群众围观等都会给事故现场造成不同程度的破坏，甚至还有故意破坏事故现场的情况。如果事故现场保护不好，一些与事故有关的证据难于找到，将直接影响到事故现场的勘查，不便于查明事故原因，从而影响事故调查处理的进度和质量。

保护事故现场，就是要根据事故现场的具体情况和周围环境，划定保护区范围，布置警戒，必要时将事故现场封锁起来，维持现场的原始状态，既不要减少任何痕迹、物品，也不能增加任何痕迹、物品。即使是保护现场的人员，也不要无故进入，更不能擅自进行勘查，或者随意触摸、移动事故现场的任何物品。任何单位和个人都不得破坏事故现场，毁灭相关证据。

确因特殊情况需要移动事故现场物件的，须同时满足以下条件：（1）抢救人员、防止事故扩大以及疏通交通的需要；（2）经事故单位负责人或者组织事故调查的安全生产监督管理部门和负有安全生产监督管理职责的有关部门同意；（3）做出标志，绘制现场简图，拍摄现场照片，对被移动物件贴上标签，并做出书面记录；（4）尽量使现场少受破坏。

3. 施工生产安全事故的调查

《安全生产法》规定，事故调查处理应当按照科学严谨、依法依规、实事求是、注重实效的原则，及时、准确地查清事故原因，查明事故性质和责任，评估应急处置工作，总结事故教训，提出整改措施，并对事故责任单位和人员提出处理建议。事故调查报告应当依法及时向社会公布。事故调查和处理的具体办法由国务院制定。

事故发生单位应当及时全面落实整改措施，负有安全生产监督管理职责的部门应当加强监督检查。

（1）事故调查的管辖

《生产安全事故报告和调查处理条例》规定，特别重大事故由国务院或者国务院授权有关部门组织事故调查组进行调查。重大事故、较大事故、一般事故分别由事故发生地省级人民政府、设区的市级人民政府、县级人民政府负责调查。省级人民政府、设区的市级人民政府、县级人民政府可以直接组织事故调查组进行调查，也可以授权或者委托有关部门组织事故调查组进行调查。

（2）事故调查组的组成与职责

事故调查组的组成应当遵循精简、高效的原则。根据事故的具体情况，事故调查组由有关人民政府、安全生产监督管理部门、负有安全生产监督管理职责的有关部门、监察机关、公安机关以及工会派人组成，并应当邀请人民检察院派人参加。事故调查组可以聘请有关专家参与调查。

（3）事故调查组的权利与纪律

事故调查组有权向有关单位和个人了解与事故有关的情况，并要求其提供相关文件、资料，有关单位和个人不得拒绝。事故发生单位的负责人和有关人员在事故调查期间不得擅离职守，并应当随时接受事故调查组的询问，如实提供有关情况。事故调查中发现涉嫌犯罪的，事故调查组应当及时将有关材料或者其复印件移交司法机关处理。

（4）事故调查报告的期限与内容

《生产安全事故报告和调查处理条例》规定，事故调查组应当自事故发生之日起60日内提交事故调查报告；特殊情况下，经负责事故调查的人民政府批准，提交事故调查报告的期限可以适当延长，但延长的期限最长不超过60日。

事故调查报告应当包括下列内容：①事故发生单位概况；②事故发生经过和事故救援情况；③事故造成的人员伤亡和直接经济损失；④事故发生的原因和事故性质；⑤事故责任的认定以及对事故责任者的处理建议；⑥事故防范和整改措施。事故调查报告应当附具有关证据材料。事故调查组成员应当在事故调查报告上签名。

4. 施工生产安全事故的处理

（1）事故处理时限和落实批复

《生产安全事故报告和调查处理条例》第三十二条规定，重大事故、较大事故、一般事故，负责事故调查的人民政府应当自收到事故调查报告之日起15日内做出批复；特别重大事故，30日内做出批复，特殊情况下，批复时间可以适当延长，但延长的时间最长不超过30日。有关机关应当按照人民政府的批复，依照法律、行政法规规定的权限和程序，对事故发生单位和有关人员进行行政处罚，对负有事故责任的国家工作人员进行处分。事故发生单位应当按照负责事故调查的人民政府的批复，对本单位负有事故责任的人员进行处理。负有事故责任的人员涉嫌犯罪的，依法追究刑事责任。

（2）事故发生单位的防范和整改措施

《生产安全事故报告和调查处理条例》第三十三条规定，事故发生单位应当认真吸取事故教训，落实防范和整改措施，防止事故再次发生。防范和整改措施的落实情况应当接受工会和职工的监督。安全生产监督管理部门和负有安全生产监督管理职责的有关部门应当对事故发生单位落实防范和整改措施的情况进行监督检查。

（3）事故处理的情况的报告

《生产安全事故报告和调查处理条例》第三十四条规定，事故处理的情况由负责事故调查的人民政府或者其授权的有关部门、机构向社会公布，依法应当保密的除外。

2.4.4 违法行为应承担的法律责任

施工生产安全事故应急管理与调查处理违法行为应承担的主要法律责任包括生产安全事故应急违法行为应承担的法律责任、事故报告及采取相应措施违法行为应承担的法律责任、参与事故调查人员违法行为应承担的法律责任以及事故责任单位及主要负责人应承担的法律责任。

1. 生产安全事故应急违法行为应承担的法律责任

《安全生产法》第九十七条规定，生产经营单位未按照规定制定生产安全事故应急救援预案或者未定期组织演练的，责令限期改正，处十万元以下的罚款；逾期未改正的，责令停产停业整顿，并处十万元以上二十万元以下的罚款，对其直接负责的主管人员和其他直接责任人员处二万元以上五万元以下的罚款。

《生产安全事故应急条例》第三十一条规定，生产经营单位未对应急救援器材、设备和物资进行经常性维护、保养，导致发生严重生产安全事故或者生产安全事故危害扩大，或者在本单位发生生产安全事故后未立即采取相应的应急救援措施，造成严重后果的，由县级以上人民政府负有安全生产监督管理职责的部门依照《中华人民共和国突发事件应对法》有关规定追究法律责任。

生产经营单位未将生产安全事故应急救援预案报送备案、未建立应急值班制度或者配备应急值班人员的，由县级以上人民政府负有安全生产监督管理职责的部门责令限期改正；逾期未改正的，处三万元以上五万元以下的罚款，对直接负责的主管人员和其他直接责任人员处一万元以上二万元以下的罚款。

2. 事故报告及采取相应措施违法行为应承担的法律责任

《生产安全事故应急条例》第一百一十条规定，生产经营单位的主要负责人在本单位发生生产安全事故时，不立即组织抢救或者在事故调查处理期间擅离职守或者逃匿的，给予降级、撤职的处分，并由应急管理部门处上一年年收入百分之六十至百分之一百的罚款；对逃匿的处十五日以下拘留；构成犯罪的，依照刑法有关规定追究刑事责任。

生产经营单位的主要负责人对生产安全事故隐瞒不报、谎报或者迟报的，依照前款规定处罚。

《生产安全事故报告和调查处理条例》第三十五条规定，事故发生单位主要负责人有下列行为之一的，处上一年年收入40%至80%的罚款；属于国家工作人员的，并依法给予处分；构成犯罪的，依法追究刑事责任：(1) 不立即组织事故抢救的；(2) 迟报或者漏报事故的；(3) 在事故调查处理期间擅离职守的。第三十六条规定，事故发生单位及其有关人员有下列行为之一的，对事故发生单位处一百万元以上五百万元以下的罚款；对主要负责人、直接负责的主管人员和其他直接责任人员处上一年年收入60%至100%的罚款；属于国家工作人员的，并依法给予处分；构成违反治安管理行为的，由公安机关依法给予治安管理处罚；构成犯罪的，依法追究刑事责任：(1) 谎报或者瞒报事故的；(2) 伪造或者故意破坏事故现场的； (3) 转移、隐匿资金、财产，或者销毁有关证据、资料的；(4) 拒绝接受调查或者拒绝提供有关情况和资料的；(5) 在事故调查中作伪证或者指使他人作伪证的；(6) 事故发生后逃匿的。

3. 参与事故调查人员违法行为应承担的法律责任

《生产安全事故报告和调查处理条例》第四十一条规定，参与事故调查的人员在事故调查中有下列行为之一的，依法给予处分；构成犯罪的，依法追究刑事责任：(1) 对事故调查工作不负责任，致使事故调查工作有重大疏漏的；(2) 包庇、袒护负有事故责任的人员或者借机打击报复的。

4. 事故责任单位及主要负责人应承担的法律责任

《安全生产法》第一百零六条规定，生产经营单位与从业人员订立协议，免除或者减轻其对从业人员因生产安全事故伤亡依法应承担的责任的，该协议无效；对生产经营单位的主要负责人、个人经营的投资人处二万元以上十万元以下的罚款。

第一百一十四条规定，发生生产安全事故，对负有责任的生产经营单位除要求其依法承担相应的赔偿等责任外，由应急管理部门依照下列规定处以罚款：（1）发生一般事故的，处三十万元以上一百万元以下的罚款；（2）发生较大事故的，处一百万元以上二百万元以下的罚款；（3）发生重大事故的，处二百万元以上一千万元以下的罚款；（4）发生特别重大事故的，处一千万元以上二千万元以下的罚款。发生生产安全事故，情节特别严重、影响特别恶劣的，应急管理部门可以按照上述罚款数额的二倍以上五倍以下对负有责任的生产经营单位处以罚款。

《生产安全事故报告和调查处理条例》第三十八条规定，事故发生单位主要负责人未依法履行安全生产管理职责，导致事故发生的，依照下列规定处以罚款；属于国家工作人员的，并依法给予处分；构成犯罪的，依法追究刑事责任：（1）发生一般事故的，处上一年年收入30%的罚款；（2）发生较大事故的，处上一年年收入40%的罚款；（3）发生重大事故的，处上一年年收入60%的罚款；（4）发生特别重大事故的，处上一年年收入80%的罚款。

第四十条规定，事故发生单位对事故发生负有责任的，由有关部门依法暂扣或者吊销其有关证照；对事故发生单位负有事故责任的有关人员，依法暂停或者撤销其与安全生产有关的执业资格、岗位证书；事故发生单位主要负责人受到刑事处罚或者撤职处分的，自刑罚执行完毕或者受处分之日起，5年内不得担任任何生产经营单位的主要负责人。

2.4.5 生产安全事故应急救援预案的编制

安全生产事故应急救援预案的编制应按以下内容进行：应急预案的任务和目标、指导思想、组织机构及职责、安全管理措施、施工现场消防安全管理及规定、灭火器材配置和急救器具准备、培训和演练以及预案管理与评审改进。

1. 应急预案的任务和目标

更好地适应法律和经济活动的要求；给员工的工作提供更好更安全的环境；保证各种应急资源处于良好的备战状态；指导应急行动按计划有序地进行；防止因应急行动组织不力或现场救援工作的无序和混乱而延误事故的应急救援；有效地避免或降低人员伤亡和财产损失；帮助实现应急行动的快速、有序、高效；充分体现应急救援的“应急精神”。

2. 指导思想

以“安全第一，预防为主”为指导方针，从维护广大员工的人身安全和公私财产安全，确保安全，实现公司全面、协调、可持续发展，建设“一强三优”项目部的发展战略目标出发，构造“集中领导，统一指挥，反应灵敏，运转高效”的消防安全应急体系，全面提高项目部应对火灾的能力。

3. 组织机构及职责

项目部成立消防安全管理应急指挥部，负责项目部火灾现场指挥，消防安全管理应急指挥部由项目部和监理部成员组成。

（1）应急组织机构领导小组

组长：××（公司主管安全领导）

副组长：（施工单位项目部经理）

成员：××× ××× ×××

（2）社会急救电话：急救电话—120；火警—119；公安—110。

（3）消防安全管理应急指挥部职责：指挥协调各工作小组和义务消防队开展工作，迅速引导人员疏散，及时控制和扑救初起火灾；协调配合公安消防队开展灭火救援行动。

4. 安全管理措施

（1）项目部要依据国家的法律、法规、规章以及技术标准进行有效的科学管理，最终达到消除火灾隐患目的。

（2）合理共同规划施工现场的消防安全布局，最大限度地减少火灾隐患。一是要针对施工现场平面布置的实际，合理划分各作业区，特别是明火作业区、易燃、可燃材料堆场、危险物品库房等区域，设立明显的标志，将火灾危险性大的区域布置在施工现场常年主导风向的下风侧或侧风向。二是尽量采用难燃性建筑材料，减低施工现场的火灾荷载。三是民工宿舍附近要配置一定数量的消防器材，建筑工地应设置消防水池以及必要的消防通信、报警装置。

（3）认真贯彻落实《机关、团体、企业、事业单位消防安全管理规定》（公安部令第61号），实行严格的消防安全管理。

（4）确定以项目经理为第一负责人对施工现场的消防安全工作全面负责，成立义务消防安全组织，负责日常防火巡查工作和对突发事件的处理，同时指定专人负责停工、复工前后的安全巡视检查，重点巡查有无遗留烟头、电气点火源、明火等火种。

（5）对员工必须经过消防安全教育，使其熟知基本的消防常识，会报火警、会使用灭火器材、会扑救初期火灾，特别是要加强对电焊、气焊作业人员的消防安全培训，使之持证上岗。

（6）加强施工现场的用火管理。要严格落实危险场地动用明火审批制度，氧气、乙炔瓶两者不能混放，焊接作业时要派一名监护人，配齐必要的消防器材，并在焊接点附近采用非燃材料板遮挡的同时清理干净其周围可燃物，防止焊珠四处喷溅。

（7）在民工宿舍、员工休息室、危险物品库房等火灾危险处设立醒目的严禁吸烟等消防安全标志，必要时设置吸烟室或指定安全的吸烟地点。

（8）加强施工现场的用电管理。施工单位确定一名经过消防安全培训合格的电工正确合理地安装及维修电气设备，经常检查电气线路、电气设备的运行情况，重点检查线路接头是否良好、有无保险装置、是否存在短路发热、绝缘损坏等现象。

5. 施工现场消防安全管理及规定

（1）安全管理

1）施工现场的消防工作，应遵照国家有关法律、法规开展消防安全工作。

2）施工现场必须配备消防器材，做到布局合理。要害部位应配备不少于4具的灭火器，要有明显的防火标志，并经常检查、维护、保养，保证灭火器灵敏有效。

3）项目部应建立消防规章制度和消防组织，施工现场要有明显的防火宣传标志。施工现场的义务消防人员，要定期组织教育培训，并将培训资料存入内业档案中。

4）施工现场必须设置临时消防车道。其宽度不得小于4m，并保证临时消防车道的畅通，禁止在临时消防车道上堆物、堆料或挤占临时消防车道。

5）高度超过24m的建筑工程，应安装临时消防竖管。管径不得小于75mm，每层设消火栓口，配备足够的水龙带。消防供水要保证足够的水源和水压，严禁消防竖管作为施工用水管线。

6）电焊工、气焊工从事电、气焊切割作业，要有操作证和用火证。用火前，要对易燃、可燃物清除，采取隔离等措施，配备看火人员和灭火器具，作业后必须确认无火源隐患后方可离去。用火证当日有效，用火地点变换，要重新办理用火手续。

7）氧气瓶、乙炔瓶之间的工作间距不小于5m，两瓶与明火作业的距离不小于10m。建筑工程内禁止氧气瓶、乙炔瓶存放，禁止使用液化石油气“钢瓶”。

8）施工现场使用的电气设备必须符合防火要求。临时用电必须安装过载保护装置，配电箱内不准使用易燃、可燃材料。严禁超负荷使用电气设备。施工现场存放易燃、可燃材料的库房、木工加工场所、油漆配料房及防水作业场所不得使用明露高热强光源灯具。

9）易燃易爆物品，必须有严格的防火措施，指定防火负责人，配备灭火器材，确保施工安全。

10）施工材料的存放、使用应符合防火要求。库房应采用非燃材料支搭，易燃易爆物品应专库储存，分类单独存放，保持通风，用电符合防火规定。不准在在建工程内、库房内调配油漆、稀料。

11）在建工程内不准作为仓库使用，不准存放易燃、可燃材料，因施工需要进入在建工程内的可燃材料，要根据工程进度限量进入并采取可靠的防火措施。废弃材料应及时清除。

12）施工现场使用的安全网、密目式安全网、密目式防尘网、保温材料，必须符合消防安全规定，不得使用易燃、可燃材料。

13）施工现场严禁吸烟。不得在建设工程内设置宿舍。

14）施工现场和生活区，未经批准不得使用电热器具。严禁工程中明火保温施工及宿舍内明火取暖。

15）从事油漆粉刷或防水等危险作业时，要有具体的防火要求，必要时设专人看护。

16）生活区的设置必须符合消防管理规定。严禁使用可燃材料搭设，宿舍内不得卧床吸烟。

17）生活区的用电要符合防火规定。用火要经审批，食堂使用的燃料必须符合使用规定，用火点和燃料不能在同一房间内，使用时要有专人管理，停火时要将总开关关闭，经常检查有无泄漏。

（2）安全规定

1）因施工需要搭设的临时建筑，应符合防火要求，不得使用易燃材料。

2）使用电气设备和化学危险物品，必须符合技术规范和操作规程，严格防火措施，确保施工安全，禁止违章作业。施工作业用火必须经审查批准，领取用火证，方可作业。用火证只在指定地点和限定的时间内有效。

3）施工材料的存放、保管，应符合防火安全要求，易燃材料必须专库储存；化学易燃物品和压缩可燃气体容器等，应按其性质设置专用库房分类存放，其库房的耐火等级和防火要求应符合公安部制定的《仓库防火安全管理规则》；使用后的废弃物料应及时清除。

4）安装电器设备、进行电气切割作业等，必须由合格的焊工、电工等专业技术人员操作。

5）冬期施工使用电热器，须有工程技术部门提供的安全使用技术资料，并经施工现场防火负责人同意。重要工程和高层建筑冬期施工用的保温材料，不得采用可燃材料。

6）施工中使用化学易燃物品时应限额领料。禁止交叉作业；禁止在作业场所分装、调料，禁止在在建工程内使用液化石油气钢瓶、乙炔发生器作业。

7）非经施工现场消防负责人批准，任何人不得在施工现场内住宿。

8）设置消防车道，配备相应的消防器材和安排足够的消防水源。

9）消防泵房应用非燃材料建造，并设在安全位置。施工现场的消防器材和设施不得埋压、圈占或挪作他用。冬期施工，须对消防设备采取防冻保温措施。

6. 灭火器材配置和急救器具准备

（1）救护物资种类、数量：救护物资有灭火器、黄沙、石灰、麻袋、撬、铁锹等数量充足。

（2）救灾装备器材的种类：仓库内备有安全帽、安全带、切割机、气焊设备、小型电动工具、一般五金工具、雨衣、雨靴、手电筒等。统一存放在仓库，仓库保管员24小时值班。

（3）消防器材：干粉灭火器，消火栓，分布各楼层。设置现场疏散指示标志和应急照明灯。消火栓应标明地点。

（4）急救物品：配备急救药箱、口罩、担架及各类外伤救护用品。

（5）其他必备的物资供应渠道：保持社会上物资供应渠道（电话联系），随时确保供应。

（6）急救车辆：项目部自备小车或报“120”急救车救助。

（7）急救箱使用注意事项：(1) 有专人保管，但不要上锁。(2) 定期更换超过消毒期的敷料和过期药品，定期对急救器材进行保养。(3) 放置在合适的位置，使现场人员都知道。

7. 培训和演练

（1）消防知识培训：项目部定时组织员工培训有关消防安全、救助知识，有条件的邀请有关专家前来讲解，通过知识培训，做到迅速、及时地处理好火灾事故现场，把损失降到最低。

（2）器材使用和维护技术培训：对各类器材的使用，组织员工培训、演练，教会员工人人会使用抢险器材。仓库保管员定时对配置的各类器材维修保护，加强管理。抢险器材平时不得挪作他用，对各类防灾器具应落实专人保管。

（3）项目部、监理部要每半年对义务消防队员和相关人员进行一次防火知识、防火器材使用培训和演练（伤员急救常识、灭火器材使用常识、抢险救灾基本常识等）。

（4）加强宣传教育，使全体施工人员了解防火、自救常识。

8. 预案管理与评审改进

消防事故后要分析原因，按“四不放过”的原则查处事故，编写调查报告，采取纠正和预防措施，负责对预案进行评审并改进预案。针对暴露出的缺陷，不断地更新、完善和改进火灾应急预案文件体系，加强火灾应急预案的管理。

2.5　建设单位与相关单位的安全责任制度

《建设工程安全生产管理条例》第四条规定，建设单位、勘察单位、设计单位、施工单位、工程监理单位及其他与建设工程安全生产有关的单位，必须遵守安全生产法律、法规的规定，保证建设工程安全生产，依法承担建设工程安全生产责任。

2.5.1 建设单位的安全责任

建设单位是建设工程项目投资主体或管理主体，在整个工程建设中处于主导地位。

1. 依法办理有关申请批准手续

《建筑法》第四十二条规定，有下列情形之一的，建设单位应当按照国家有关规定办理申请批准手续：（1）需要临时占用规划批准范围以外场地的；（2）可能损坏道路、管线、电力、邮电通讯等公共设施的；（3）需要临时停水、停电、中断道路交通的；（4）需要进行爆破作业的；（5）法律、法规规定需要办理报批手续的其他情形。

2. 依法提供有关资料

《建筑法》第四十条规定，建设单位应当向建筑施工企业提供与施工现场相关的地下管线资料，建筑施工企业应当采取措施加以保护。

《建设工程安全生产管理条例》第六条规定，建设单位应当向施工单位提供施工现场及毗邻区域内供水、排水、供电、供气、供热、通信、广播电视等地下管线资料，气象和水文观测资料，相邻建筑物和构筑物、地下工程的有关资料，并保证资料的真实、准确、完整。

3. 不得提出违法要求和压缩合同工期

《建设工程安全生产管理条例》第七条规定，建设单位不得对勘察、设计、施工、工程监理等单位提出不符合建设工程安全生产法律、法规和强制性标准规定的要求，不得压缩合同约定的工期。

4. 确定建设工程安全作业环境及安全施工措施所需的费用

《建设工程安全生产管理条例》第八条规定，建设单位在编制工程概算时，应当确定建设工程安全作业环境及安全施工措施所需费用。

5. 不得要求购买、租赁和使用不符合安全施工要求的用具与机具、设备等

《建设工程安全生产管理条例》第九条规定，建设单位不得明示或者暗示施工单位购买、租赁、使用不符合安全施工要求的安全防护用具、机械设备、施工机具及配件、消防设施和器材。

6. 申领施工许可证应当提供有关安全施工措施的资料

《建筑法》第八条规定，申请领取施工许可证，应当具备的条件中包括“有保证工程质量和安全的具体措施”。

《建设工程安全生产管理条例》第十条规定，建设单位在申请领取施工许可证时，应当提供建设工程有关安全施工措施的资料。依法批准开工报告的建设工程，建设单位应当自开工报告批准之日起15日内，将保证安全施工的措施报送建设工程所在地的县级以上地方人民政府建设行政主管部门或者其他有关部门备案。

7. 装修工程的规定

《建筑法》第四十九条规定，涉及建筑主体和承重结构变动的装修工程，建设单位应当在施工前委托原设计单位或者具有相应资质条件的设计单位提出设计方案；没有设计方案的，不得施工。

8. 拆除工程的规定

《建筑法》第五十条规定，房屋拆除应当由具备保证安全条件的建筑施工单位承担，由建筑施工单位负责人对安全负责。

《建设工程安全生产管理条例》第十一条规定，建设单位应当将拆除工程发包给具有相应资质等级的施工单位。

建设单位应当在拆除工程施工15日前，将下列资料报送建设工程所在地的县级以上地方人民政府建设行政主管部门或者其他有关部门备案：（一）施工单位资质等级证明；（二）拟拆除建筑物、构筑物及可能危及毗邻建筑的说明；（三）拆除施工组织方案；（四）堆放、清除废弃物的措施。

实施爆破作业的，应当遵守国家有关民用爆炸物品管理的规定。

9. 建设单位违法行为应承担的法律责任

《建筑法》第六十五条规定，发包单位将工程发包给不具有相应资质条件的承包单位的，或者违反本法规定将建筑工程肢解发包的，责令改正，处以罚款。

《建设工程安全生产管理条例》第五十四条规定，违反本条例的规定，建设单位未提供建设工程安全生产作业环境及安全施工措施所需费用的，责令限期改正；逾期未改正的，责令该建设工程停止施工。

建设单位未将保证安全施工的措施或者拆除工程的有关资料报送有关部门备案的，责令限期改正，给予警告。

第五十五条规定，违反本条例的规定，建设单位有下列行为之一的，责令限期改正，处二十万元以上五十万元以下的罚款；造成重大安全事故，构成犯罪的，对直接责任人员，依照刑法有关规定追究刑事责任；造成损失的，依法承担赔偿责任：（一）对勘察、设计、施工、工程监理等单位提出不符合安全生产法律、法规和强制性标准规定的要求的；（二）要求施工单位压缩合同约定的工期的；（三）将拆除工程发包给不具有相应资质等级的施工单位的。

2.5.2 相关单位的安全责任

相关单位的安全责任包括勘察单位的安全责任、设计单位的安全责任、工程监理单位的安全责任、检测检验机构的安全责任和机械设备提供单位、出租单位的安全责任。

1. 勘察单位的安全责任

（1）勘察单位的安全职责

《建设工程安全生产管理条例》第十二条规定，勘察单位应当按照法律、法规和工程建设强制性标准进行勘察，提供的勘察文件应当真实、准确，满足建设工程安全生产的需要。

勘察单位在勘察作业时，应当严格执行操作规程，采取措施保证各类管线、设施和周边建筑物、构筑物的安全。

（2）勘察单位应承担的法律责任

《建设工程安全生产管理条例》第五十六条规定，违反本条例的规定，勘察单位、设计单位有下列行为之一的，责令限期改正，处十万元以上三十万元以下的罚款；情节严重的，责令停业整顿，降低资质等级，直至吊销资质证书；造成重大安全事故，构成犯罪的，对直接责任人员，依照刑法有关规定追究刑事责任；造成损失的，依法承担赔偿责任：（一）未按照法律、法规和工程建设强制性标准进行勘察、设计的；（二）采用新结构、新材料、新工艺的建设工程和特殊结构的建设工程，设计单位未在设计中提出保障施工作业人员安全和预防生产安全事故的措施建议的。

2. 设计单位的安全责任

（1）设计单位安全职责

《建设工程安全生产管理条例》第十三条规定，设计单位应当按照法律、法规和工程建设强制性标准进行设计，防止因设计不合理导致生产安全事故的发生。

设计单位应当考虑施工安全操作和防护的需要，对涉及施工安全的重点部位和环节在设计文件中注明，并对防范生产安全事故提出指导意见。

采用新结构、新材料、新工艺的建设工程和特殊结构的建设工程，设计单位应当在设计中提出保障施工作业人员安全和预防生产安全事故的措施建议。

设计单位和注册建筑师等注册执业人员应当对其设计负责。

（2）设计单位应承担的法律责任

“设计单位应承担的法律责任见本书P45《建设工程安全生产管理条例》第五十六条规定……”。

《建设工程安全生产管理条例》第五十八条规定，注册执业人员未执行法律、法规和工程建设强制性标准的，责令停止执业3个月以上1年以下；情节严重的，吊销执业资格证书，5年内不予注册；造成重大安全事故的，终身不予注册；构成犯罪的，依照刑法有关规定追究刑事责任。

3. 工程监理单位的安全责任

（1）工程监理单位的安全职责

《建设工程安全生产管理条例》第十四条规定，工程监理单位应当审查施工组织设计中的安全技术措施或者专项施工方案是否符合工程建设强制性标准。

工程监理单位在实施监理过程中，发现存在安全事故隐患的，应当要求施工单位整改；情况严重的，应当要求施工单位暂时停止施工，并及时报告建设单位。施工单位拒不整改或者不停止施工的，工程监理单位应当及时向有关主管部门报告。

工程监理单位和监理工程师应当按照法律、法规和工程建设强制性标准实施监理，并对建设工程安全生产承担监理责任。

（2）工程监理单位应承担的法律责任

《建设工程安全生产管理条例》第五十七条规定，违反本条例的规定，工程监理单位有下列行为之一的，责令限期改正；逾期未改正的，责令停业整顿，并处十万元以上三十万元以下的罚款；情节严重的，降低资质等级，直至吊销资质证书；造成重大安全事故，构成犯罪的，对直接责任人员，依照刑法有关规定追究刑事责任；造成损失的，依法承担赔偿责任：（1）未对施工组织设计中的安全技术措施或者专项施工方案进行审查的；（2）发现安全事故隐患未及时要求施工单位整改或者暂时停止施工的；（3）施工单位拒不整改或者不停止施工，未及时向有关主管部门报告的；（4）未依照法律、法规和工程建设强制性标准实施监理的。

4. 检测检验机构的安全责任

（1）检测检验机构的安全责任

《安全生产法》第七十二条规定，承担安全评价、认证、检测、检验职责的机构应当具备国家规定的资质条件，并对其作出的安全评价、认证、检测、检验结果的合法性、真实性负责。资质条件由国务院应急管理部门会同国务院有关部门制定。承担安全评价、认证、检测、检验职责的机构应当建立并实施服务公开和报告公开制度，不得租借资质、挂靠、出具虚假报告。

《建设工程安全生产管理条例》第十九条规定，检验检测机构对检测合格的施工起重机械和整体提升脚手架、模板等自升式架设设施，应当出具安全合格证明文件，并对检测结果负责。

《特种设备安全法》第二十五条规定，电梯、起重机械的安装、改造、重大修理过程，应当经特种设备检验机构按照安全技术规范的要求进行监督检验；未经监督检验或者监督检验不合格的，不得出厂或者交付使用。

（2）检测检验机构应承担的法律责任

《安全生产法》第九十二条规定，承担安全评价、认证、检测、检验职责的机构出具失实报告的，责令停业整顿，并处三万元以上十万元以下的罚款；给他人造成损害的，依法承担赔偿责任。

承担安全评价、认证、检测、检验职责的机构租借资质、挂靠、出具虚假报告的，没收违法所得；违法所得在十万元以上的，并处违法所得二倍以上五倍以下的罚款，没有违法所得或者违法所得不足十万元的，单处或者并处十万元以上二十万元以下的罚款；对其直接负责的主管人员和其他直接责任人员处五万元以上十万元以下的罚款；给他人造成损害的，与生产经营单位承担连带赔偿责任；构成犯罪的，依照刑法有关规定追究刑事责任。

对有上述违法行为的机构及其直接责任人员，吊销其相应资质和资格，五年内不得从事安全评价、认证、检测、检验等工作；情节严重的，实行终身行业和职业禁入。

5. 机械设备提供单位、出租单位的安全责任

（1）提供机械设备和配件单位的安全责任

《建设工程安全生产管理条例》第十五条规定，为建设工程提供机械设备和配件的单位，应当按照安全施工的要求配备齐全有效的保险、限位等安全设施和装置。

（2）出租机械设备和施工机具及配件单位的安全责任

《建设工程安全生产管理条例》第十六条规定，出租的机械设备和施工机具及配件，应当具有生产（制造）许可证、产品合格证。出租单位应当对出租的机械设备和施工机具及配件的安全性能进行检测，在签订租赁协议时，应当出具检测合格证明。禁止出租检测不合格的机械设备和施工机具及配件。

《建筑起重机械安全监督管理规定》（建设部令第166号）第七条规定，有下列情形之一的建筑起重机械，不得出租、使用：1）属国家明令淘汰或者禁止使用的；2）超过安全技术标准或者制造厂家规定的使用年限的；3）经检验达不到安全技术标准规定的；4）没有完整安全技术档案的；5）没有齐全有效的安全保护装置的。

第八条规定，建筑起重机械有本规定第七条第1）、2）、3）项情形之一的，出租单位或者自购建筑起重机械的使用单位应当予以报废，并向原备案机关办理注销手续。

（3）施工起重机械和自升式架设设施安装、拆卸单位的安全责任

《建设工程安全生产管理条例》第十七条规定，在施工现场安装、拆卸施工起重机械

和整体提升脚手架、模板等自升式架设设施，必须由具有相应资质的单位承担。

安装、拆卸施工起重机械和整体提升脚手架、模板等自升式架设设施，应当编制拆装方案、制定安全施工措施，并由专业技术人员现场监督。

施工起重机械和整体提升脚手架、模板等自升式架设设施安装完毕后，安装单位应当自检，出具自检合格证明，并向施工单位进行安全使用说明，办理验收手续并签字。

第十八条规定，施工起重机械和整体提升脚手架、模板等自升式架设设施的使用达到国家规定的检验检测期限的，必须经具有专业资质的检验检测机构检测。经检测不合格的，不得继续使用。

第六十条规定，违反本条例的规定，出租单位出租未经安全性能检测或者经检测不合格的机械设备和施工机具及配件的，责令停业整顿，并处五万元以上十万元以下的罚款；造成损失的，依法承担赔偿责任。

第六十一条规定，违反本条例的规定，施工起重机械和整体提升脚手架、模板等自升式架设设施安装、拆卸单位有下列行为之一的，责令限期改正，处五万元以上十万元以下的罚款；情节严重的，责令停业整顿，降低资质等级，直至吊销资质证书；造成损失的，依法承担赔偿责任：1）未编制拆装方案、制定安全施工措施的；2）未由专业技术人员现场监督的；3）未出具自检合格证明或者出具虚假证明的；4）未向施工单位进行安全使用说明，办理移交手续的。

施工起重机械和整体提升脚手架、模板等自升式架设设施安装、拆卸单位有上述规定的第1）项、第3）项行为，经有关部门或者单位职工提出后，对事故隐患仍不采取措施，因而发生重大伤亡事故或者造成其他严重后果，构成犯罪的，对直接责任人员，依照刑法有关规定追究刑事责任。

《建筑起重机械安全监督管理规定》（建设部令第166号）第十条规定，从事建筑起重机械安装、拆卸活动的单位（以下简称安装单位）应当依法取得建设主管部门颁发的相应资质和建筑施工企业安全生产许可证，并在其资质许可范围内承揽建筑起重机械安装、拆卸工程。

第十一条规定，建筑起重机械使用单位和安装单位应当在签订的建筑起重机械安装、拆卸合同中明确双方的安全生产责任。

实行施工总承包的，施工总承包单位应当与安装单位签订建筑起重机械安装、拆卸工程安全协议书。

第十二条规定，安装单位应当履行下列安全职责：1）按照安全技术标准及建筑起重机械性能要求，编制建筑起重机械安装、拆卸工程专项施工方案，并由本单位技术负责人签字；2）按照安全技术标准及安装使用说明书等检查建筑起重机械及现场施工条件；3）组织安全施工技术交底并签字确认；4）制定建筑起重机械安装、拆卸工程生产安全事故应急救援预案；5）将建筑起重机械安装、拆卸工程专项施工方案，安装、拆卸人员名单，安装、拆卸时间等材料报施工总承包单位和监理单位审核后，告知工程所在地县级以上地方人民政府建设主管部门。

第十三条规定，安装单位应当按照建筑起重机械安装、拆卸工程专项施工方案及安全操作规程组织安装、拆卸作业。

安装单位的专业技术人员、专职安全生产管理人员应当进行现场监督，技术负责人应当定期巡查。

6. 政府部门安全生产监督管理的规定

（1）建设工程安全生产的监督管理体制与权限

《安全生产法》第十条规定，国务院应急管理部门依照本法，对全国安全生产工作实施综合监督管理；县级以上地方各级人民政府应急管理部门依照本法，对本行政区域内安全生产工作实施综合监督管理。

国务院交通运输、住房和城乡建设、水利、民航等有关部门依照本法和其他有关法律、行政法规的规定，在各自的职责范围内对有关行业、领域的安全生产工作实施监督管理；县级以上地方各级人民政府有关部门依照本法和其他有关法律、法规的规定，在各自的职责范围内对有关行业、领域的安全生产工作实施监督管理。对新兴行业、领域的安全生产监督管理职责不明确的，由县级以上地方各级人民政府按照业务相近的原则确定监督管理部门。

《建设工程安全生产管理条例》第四十条规定，国务院建设行政主管部门对全国的建设工程安全生产实施监督管理。国务院铁路、交通、水利等有关部门按照国务院规定的职责分工，负责有关专业建设工程安全生产的监督管理。

县级以上地方人民政府建设行政主管部门对本行政区域内的建设工程安全生产实施监督管理。县级以上地方人民政府交通、水利等有关部门在各自的职责范围内，负责本行政区域内的专业建设工程安全生产的监督管理。

（2）政府主管部门对涉及安全生产事项的审查

《安全生产法》第六十三条规定，负有安全生产监督管理职责的部门依照有关法律、法规的规定，对涉及安全生产的事项需要审查批准（包括批准、核准、许可、注册、认证、颁发证照等，下同）或者验收的，必须严格依照有关法律、法规和国家标准或者行业标准规定的安全生产条件和程序进行审查；不符合有关法律、法规和国家标准或者行业标准规定的安全生产条件的，不得批准或者验收通过。对未依法取得批准或者验收合格的单位擅自从事有关活动的，负责行政审批的部门发现或者接到举报后应当立即予以取缔，并依法予以处理。对已经依法取得批准的单位，负责行政审批的部门发现其不再具备安全生产条件的，应当撤销原批准。

第六十四条规定，负有安全生产监督管理职责的部门对涉及安全生产的事项进行审查、验收，不得收取费用；不得要求接受审查、验收的单位购买其指定品牌或者指定生产、销售单位的安全设备、器材或者其他产品。

《建设工程安全生产管理条例》第四十二条规定，建设行政主管部门在审核发放施工许可证时，应当对建设工程是否有安全施工措施进行审查，对没有安全施工措施的，不得颁发施工许可证。建设行政主管部门或者其他有关部门对建设工程是否有安全施工措施进行审查时，不得收取费用。

（3）政府主管部门实施安全生产行政执法工作的法定职权

《安全生产法》第六十五条规定，应急管理部门和其他负有安全生产监督管理职责的部门依法开展安全生产行政执法工作，对生产经营单位执行有关安全生产的法律、法规和国家标准或者行业标准的情况进行监督检查，行使以下职权：1）进入生产经营单位进行检查，调阅有关资料，向有关单位和人员了解情况；2）对检查中发现的安全生产违法行为，当场予以纠正或者要求限期改正；对依法应当给予行政处罚的行为，依照本法和其他有关法律、行政法规的规定作出行政处罚决定；3）对检查中发现的事故隐患，应当责令立即排除；重大事故隐患排除前或者排除过程中无法保证安全的，应当责令从危险区域内撤出作业人员，责令暂时停产停业或者停止使用相关设施、设备；重大事故隐患排除后，经审查同意，方可恢复生产经营和使用；4）对有根据认为不符合保障安全生产的国家标准或者行业标准的设施、设备、器材以及违法生产、储存、使用、经营、运输的危险物品予以查封或者扣押，对违法生产、储存、使用、经营危险物品的作业场所予以查封，并依法作出处理决定。监督检查不得影响被检查单位的正常生产经营活动。

第六十六条规定，生产经营单位对负有安全生产监督管理职责的部门的监督检查人员（以下统称安全生产监督检查人员）依法履行监督检查职责，应当予以配合，不得拒绝、阻挠。

第六十七条规定，安全生产监督检查人员应当忠于职守，坚持原则，秉公执法。安全生产监督检查人员执行监督检查任务时，必须出示有效的行政执法证件；对涉及被检查单位的技术秘密和业务秘密，应当为其保密。

第一百零八条规定，违反本法规定，生产经营单位拒绝、阻碍负有安全生产监督管理职责的部门依法实施监督检查的，责令改正；拒不改正的，处二万元以上二十万元以下的罚款；对其直接负责的主管人员和其他直接责任人员处一万元以上二万元以下的罚款；构成犯罪的，依照刑法有关规定追究刑事责任。

（4）建立安全生产的举报制度和相关信息系统

《安全生产法》第七十三条规定，负有安全生产监督管理职责的部门应当建立举报制度，公开举报电话、信箱或者电子邮件地址等网络举报平台，受理有关安全生产的举报；受理的举报事项经调查核实后，应当形成书面材料；需要落实整改措施的，报经有关负责人签字并督促落实。对不属于本部门职责，需要由其他有关部门进行调查处理的，转交其他有关部门处理。涉及人员死亡的举报事项，应当由县级以上人民政府组织核查处理。

第七十四条规定，任何单位或者个人对事故隐患或者安全生产违法行为，均有权向负有安全生产监督管理职责的部门报告或者举报。

第七十八条规定，负有安全生产监督管理职责的部门应当建立安全生产违法行为信息库，如实记录生产经营单位及其有关从业人员的安全生产违法行为信息；对违法行为情节严重的生产经营单位及其有关从业人员，应当及时向社会公告，并通报行业主管部门、投资主管部门、自然资源主管部门、生态环境主管部门、证券监督管理机构以及有关金融机构。

国务院应急管理部门牵头建立全国统一的生产安全事故应急救援信息系统，国务院相关部门和行业、领域的生产安全事故应急救援信息系统，实现互联互通、信息共享，通过推行网上安全信息采集、安全监管和监测预警，提升监管的精准化、智能化水平。

《建设工程安全生产管理条例》第四十六条规定，县级以上人民政府建设行政主管部门和其他有关部门应当及时受理对建设工程生产安全事故及安全事故隐患的检举、控告和投诉。

2.5.3 房屋市政工程生产安全重大事故隐患判定

根据《住房和城乡建设部房屋市政工程生产安全重大事故隐患判定标准》(2022版)(以下简称《重大事故隐患判定标准》)规定，重大事故隐患，是指在房屋建筑和市政基础设施工程(以下简称房屋市政工程)施工过程中，存在的危害程度较大、可能导致群死群伤或造成重大经济损失的生产安全事故隐患。

县级及以上人民政府住房和城乡建设主管部门和施工安全监督机构在监督检查过程中可依照《重大事故隐患判定标准》判定房屋市政工程生产安全重大事故隐患。

1. 施工安全管理重大事故隐患

根据《重大事故隐患判定标准》第四条规定，施工安全管理有下列情形之一的，应判定为重大事故隐患：(1)建筑施工企业未取得安全生产许可证擅自从事建筑施工活动；(2)施工单位的主要负责人、项目负责人、专职安全生产管理人员未取得安全生产考核合格证书从事相关工作；(3)建筑施工特种作业人员未取得特种作业人员操作资格证书上岗作业；(4)危险性较大的分部分项工程未编制、未审核专项施工方案，或未按规定组织专家对“超过一定规模的危险性较大的分部分项工程范围”的专项施工方案进行论证。

2. 基坑工程重大事故隐患

根据《重大事故隐患判定标准》第五条规定，基坑工程有下列情形之一的，应判定为重大事故隐患：(1)对因基坑工程施工可能造成损害的毗邻重要建筑物、构筑物和地下管线等，未采取专项防护措施；(2)基坑土方超挖且未采取有效措施；(3)深基坑施工未进行第三方监测；(4)有下列基坑坍塌风险预兆之一，且未及时处理：1)支护结构或周边建筑物变形值超过设计变形控制值；2)基坑侧壁出现大量漏水、流土；3)基坑底部出现管涌；4)桩间土流失孔洞深度超过桩径。

3. 模板工程重大事故隐患

根据《重大事故隐患判定标准》第六条规定，模板工程有下列情形之一的，应判定为重大事故隐患：(1)模板工程的地基基础承载力和变形不满足设计要求；(2)模板支架承受的施工荷载超过设计值；(3)模板支架拆除及滑模、爬模爬升时，混凝土强度未达到设计或规范要求。

4. 脚手架工程重大事故隐患

根据《重大事故隐患判定标准》第七条规定，脚手架工程有下列情形之一的，应判定为重大事故隐患：(1)脚手架工程的地基基础承载力和变形不满足设计要求；(2)未设置连墙件或连墙件整层缺失；(3)附着式升降脚手架未经验收合格即投入使用；(4)附着式升降脚手架的防倾覆、防坠落或同步升降控制装置不符合设计要求、失效、被人为拆除破坏；(5)附着式升降脚手架使用过程中架体悬臂高度大于架体高度的2/5或大于6m。

5. 起重机械及吊装工程重大事故隐患

根据《重大事故隐患判定标准》第八条规定，起重机械及吊装工程有下列情形之一的，应判定为重大事故隐患：(1)塔式起重机、施工升降机、物料提升机等起重机械设备未经验收合格即投入使用，或未按规定办理使用登记；(2)塔式起重机独立起升高度、附着间距和最高附着以上的最大悬高及垂直度不符合规范要求；(3)施工升降机附着间距和最高附着以上的最大悬高及垂直度不符合规范要求；(4)起重机械安装、拆卸、顶升加节以及附着前未对结构件、顶升机构和附着装置以及高强度螺栓、销轴、定位板等连接件及安全装置进行检查；（5）建筑起重机械的安全装置不齐全、失效或者被违规拆除、破坏；（6）施工升降机防坠安全器超过定期检验有效期，标准节连接螺栓缺失或失效；（7）建筑起重机械的地基基础承载力和变形不满足设计要求。

6. 高处作业重大事故隐患

根据《重大事故隐患判定标准》第九条规定，高处作业有下列情形之一的，应判定为重大事故隐患：（1）钢结构、网架安装用支撑结构地基基础承载力和变形不满足设计要求，钢结构、网架安装用支撑结构未按设计要求设置防倾覆装置；（2）单榀钢桁架（屋架）安装时未采取防失稳措施；（3）悬挑式操作平台的搁置点、拉结点、支撑点未设置在稳定的主体结构上，且未做可靠连接。

7. 施工临时用电方面，特殊作业环境重大事故隐患

根据《重大事故隐患判定标准》第十条规定，施工临时用电方面，特殊作业环境（隧道、人防工程，高温、有导电灰尘、比较潮湿等作业环境）照明未按规定使用安全电压的，应判定为重大事故隐患。

8. 有限空间作业重大事故隐患

根据《重大事故隐患判定标准》第十一条规定，有限空间作业有下列情形之一的，应判定为重大事故隐患：（1）有限空间作业未履行“作业审批制度”，未对施工人员进行专项安全教育培训，未执行“先通风、再检测、后作业”原则；（2）有限空间作业时现场未有专人负责监护工作。

9. 拆除工程重大事故隐患

根据《重大事故隐患判定标准》第十二条规定，拆除工程方面，拆除施工作业顺序不符合规范和施工方案要求的，应判定为重大事故隐患。

10. 暗挖工程重大事故隐患

根据《重大事故隐患判定标准》第十三条规定，暗挖工程有下列情形之一的，应判定为重大事故隐患：（1）作业面带水施工未采取相关措施，或地下水控制措施失效且继续施工；（2）施工时出现涌水、涌沙、局部坍塌，支护结构扭曲变形或出现裂缝，且有不断增大趋势，未及时采取措施。

11. 其他重大事故隐患

根据《重大事故隐患判定标准》第十四条规定，使用危害程度较大、可能导致群死群伤或造成重大经济损失的施工工艺、设备和材料，应判定为重大事故隐患。

根据《重大事故隐患判定标准》第十五条规定，其他严重违反房屋市政工程安全生产法律法规、部门规章及强制性标准，且存在危害程度较大、可能导致群死群伤或造成重大经济损失的现实危险，应判定为重大事故隐患。

3 建筑施工企业安全管理

建筑施工企业安全管理包括安全生产组织保障体系、安全生产责任制度、安全生产资金保障制度、安全技术管理、安全检查、安全生产评价、安全生产教育管理、施工环境与卫生管理、劳动保护管理、机械设备管理、安全生产标准化考评、消防安全管理和施工现场管理与文明施工。

3.1 安全生产组织保障体系

3.1.1 安全生产组织与责任体系

1. 组织体系

(1) 施工企业必须建立安全生产组织体系，明确企业安全生产的决策、管理、实施的机构或岗位。

(2) 施工企业安全生产组织体系应包括各管理层的主要负责人，各相关职能部门及专职安全生产管理机构，相关岗位及专兼职安全管理人员。

(3) 施工企业应建立和健全与企业安全生产组织相对应的安全生产责任体系，并应明确各管理层、职能部门、岗位的安全生产责任。

2. 责任体系

(1) 施工企业安全生产责任体系应符合下列要求：

1) 企业主要负责人应领导企业安全管理工作，组织制定企业中长期安全管理目标和制度，审议、决策重大安全事项。

2) 各管理层主要负责人应明确并组织落实本管理层各职能部门和岗位的安全生产职责，实现本管理层的安全管理目标。

3) 各管理层的职能部门及岗位应承担职能范围内与安全生产相关的职责，互相配合，实现相关安全管理目标，应包括下列主要职责：1) 技术管理部门（或岗位）负责安全生产的技术保障和改进。2) 施工管理部门（或岗位）负责生产计划、布置、实施的安全管理。3) 材料管理部门（或岗位）负责安全生产物资及劳动防护用品的安全管理。4) 动力设备管理部门（或岗位）负责施工临时用电及机具设备的安全管理。5) 专职安全生产管理机构（或岗位）负责安全管理的检查、处理。6) 其他管理部门（或岗位）分别负责人员配备、资金、教育培训、卫生防疫、消防等安全管理。

(2) 施工企业应依据职责落实各管理层、职能部门、岗位的安全生产责任。

(3) 施工企业各管理层、职能部门、岗位的安全生产责任应形成责任书，并应经责任部或责任人确认。责任书的内容应包括安全生产职责、目标、考核奖惩标准等。

3.1.2 施工企业安全生产管理机构的设置

1. 施工企业安全生产管理机构组成

根据《安全生产法》《建设工程安全生产管理条例》《安全生产许可证条例》及《建筑施工企业安全生产许可证管理规定》，各级企业必须建立健全安全生产管理机构。主任由企业安全生产第一责任人担任，副主任由主管生产负责人担任，成员由企业内部与安全生产有关联的职能部门负责人和下属企业主要负责人组成。在企业主要负责人的领导下开展本企业的安全生产管理工作。

2. 施工企业安全生产管理机构的职责

（1）建筑施工企业安全生产管理机构具有以下职责：①宣传和贯彻国家有关安全生产法律法规和标准。②编制并适时更新安全生产管理制度并监督实施。③组织或参与企业生产安全事故应急救援预案的编制及演练。④组织开展安全教育培训与交流。⑤协调配备项目专职安全生产管理人员。⑥制定企业安全生产检查计划并组织实施。⑦监督在建项目安全生产费用的使用。⑧参与危险性较大工程安全专项施工方案专家论证会。⑨通报在建项目违规违章查处情况。⑩组织开展安全生产评优评先表彰工作。⑪建立企业在建项目安全生产管理档案。⑫考核评价分包企业安全生产业绩及项目安全生产管理情况。⑬参加生产安全事故的调查和处理工作。⑭企业明确的其他安全生产管理职责。

（2）建筑施工企业安全生产管理机构专职安全生产管理人员在施工现场检查过程中具有以下职责：①查阅在建项目安全生产有关资料、核实有关情况。②检查危险性较大工程安全专项施工方案落实情况。③监督项目专职安全生产管理人员履责情况。④监督作业人员安全防护用品的配备及使用情况。⑤对发现的安全生产违章违规行为或安全隐患，有权当场予以纠正或作出处理决定。⑥对不符合安全生产条件的设施、设备、器材，有权当场作出查封的处理决定。⑦对施工现场存在的重大安全隐患有权越级报告或直接向建设主管部门报告。⑧企业明确的其他安全生产管理职责。

3. 专职安全员配备要求

建筑施工企业安全生产管理机构专职安全生产管理人员的配备应满足下列要求并应根据企业经营规模、设备管理和生产需要予以增加：

（1）建筑施工总承包资质序列企业：特级资质不少于 6 人；一级资质不少于 4 人；二级和二级以下资质企业不少于 3 人。

（2）建筑施工专业承包资质序列企业：一级资质不少于 3 人；二级和二级以下资质企业不少于 2 人。

（3）建筑施工劳务分包资质序列企业：不少于 2 人。

（4）建筑施工企业的分公司、区域公司等较大的分支机构（以下简称分支机构）应依据实际生产情况配备不少于 2 人的专职安全生产管理人员。

3.1.3 项目部安全领导小组

1. 项目部安全领导小组的组成

建筑施工企业应当在建设工程项目组建安全生产领导小组，建设工程实行施工总承包的，安全生产领导小组由总承包企业、专业承包企业和劳务分包企业项目经理、技术负责人和专职安全生产管理人员组成。

2. 项目部安全领导小组职责

（1）安全生产领导小组的主要职责：①贯彻落实国家有关安全生产法律法规和标准。②组织制定项目安全生产管理制度并监督实施。③编制项目生产安全事故应急救援预案并组织演练。④保证项目安全生产费用的有效使用。⑤组织编制危险性较大工程安全专项施工方案。⑥开展项目安全教育培训。⑦组织实施项目安全检查和隐患排查。⑧建立项目安全生产管理档案。⑨及时、如实报告安全生产事故。

（2）项目专职安全生产管理人员具有以下主要职责：1）负责施工现场安全生产日常检查并做好检查记录。2）现场监督危险性较大工程安全专项施工方案实施情况。3）对作业人员违规违章行为有权予以纠正或查处。4）对施工现场存在的安全隐患有权责令立即整改。5）对于发现的重大安全隐患，有权向企业安全生产管理机构报告。6）依法报告生产安全事故情况。

3. 专职安全员的配备条件（表 3-1）

（1）总承包单位配备项目专职安全生产管理人员应当满足下列要求：

1）建筑工程、装修工程按照建筑面积配备：①1 万平方米以下的工程不少于 1 人。②1 万～5 万平方米的工程不少于 2 人。③5 万平方米及以上的工程不少于 3 人，且按专业配备专职安全生产管理人员。

2）土木工程线路管道、设备安装工程按照工程合同价配备：①5000 万元以下的工程不少于 1 人。②5000 万～1 亿元的工程不少于 2 人。③1 亿元及以上的工程不少于 3 人，且按专业配备专职安全生产管理人员。

（2）分包单位配备项目专职安全生产管理人员应当满足下列要求：①专业承包单位应当配置至少 1 人，并根据所承担的分部分项工程的工程量和施工危险程度增加。②劳务分包单位施工人员在 50 人以下的，应当配备 1 名专职安全生产管理人员；50 人～200 人的，应当配备 2 名专职安全生产管理人员；200 人及以上的，应当配备 3 名及以上专职安全生产管理人员，并根据所承担的分部分项工程施工危险实际情况增加，不得少于工程施工人员总人数的 5‰。

专职安全生产管理人员配备标准一览表 **表 3-1**

企业类别			配备标准（人）
施工总承包	特级资质企业		≥6
	一级资质企业		≥4
	二级及以下资质企业		≥3
施工专业承包	一级资质企业		≥3
	二级及以下资质企业		≥2
总承包项目经理部	建筑工程、装修工程按建筑面积配备	1 万平方米以下	≥1
		1 万～5 万平方米	≥2
		5 万平方米及以上	≥3（并按专业配备）
	土木工程、线路管道、设备安装按合同价	5000 万元以下	≥1
		5000 万～1 亿元	≥2
		1 亿元及以上	≥3（并按专业配备）
劳务分包单位项目经理部施工人员（人）	≤50		≥1
	50～200		≥2
	≥200		≥3

3.2 各职能部门与各类人员的安全生产责任制度

各职能部门与各类人员的安全生产责任包括各职能部门的安全生产责任、各级管理人员的安全责任、各班组长安全生产责任、特种工安全生产责任和一般工种安全责任。

3.2.1 各职能部门的安全生产责任

各职能部门的安全生产责任包括工程管理部门安全生产职责、技术管理部门安全生产职责、机械动力管理部门安全生产职责、劳务管理部门安全生产职责、物资管理部门安全生产职责、人力资源部门安全生产职责、财务管理部门安全生产职责、保卫消防部门安全生产职责、行政卫生部门安全生产职责和安全管理部门安全生产职责。

1. 工程管理部门安全生产职责

工程管理部门安全生产职责如下：(1) 在计划、布置、检查、总结、评比生产工作的同时进行计划、布置、检查、总结、评比安全工作，对改善劳动条件、预防伤亡事故的项目必须视同生产任务，纳入生产计划时应优先安排。(2) 在检查生产计划实施情况同时，要检查安全措施项目的执行情况，对施工中重要安全防护设施、设备的实施工作要纳入计划，列为正式工序，给予时间保证。(3) 协调配置安全生产所需的各项资源。(4) 在生产任务与安全保障发生矛盾时，必须优先解决安全工作的实施。(5) 参加安全生产检查和生产安全事故的调查、处理。

2. 技术管理部门安全生产职责

技术管理部门安全生产职责包括：(1) 贯彻执行国家和上级有关安全技术及安全操作规程或规定，保证施工生产中安全技术措施的制定和实施。(2) 在编制和审查施工组织设计和专项施工方案的过程中，要在每个环节中贯穿安全技术措施，对确定后的方案，若有变更，应及时组织修订。(3) 检查施工组织设计和施工方案中安全措施的实施情况，对施工中涉及安全方面的技术性问题，提出解决办法。(4) 按规定组织危险性较大的分部分项工程专项施工方案编制及专家论证工作。(5) 组织安全防护设备、设施的安全验收。(6) 新技术、新材料、新工艺使用前，制定相应的安全技术措施和安全操作规程；对改善劳动条件，减轻笨重体力劳动、消除噪声等方面的治理进行研究解决。(7) 参加生产安全事故和重大未遂事故中技术性问题的调查，分析事故技术原因，从技术上提出防范措施。

3. 机械动力管理部门安全生产职责

机械动力管理部门安全生产职责包括：(1) 负责本企业机械动力设备的安全管理，监督检查。(2) 对相关特种作业人员定期培训、考核。(3) 参与组织编制机械设备施工组织设计，参与机械设备施工方案的会审。(4) 分析生产安全事故涉及设备原因，提出防范措施。

4. 劳务管理部门安全生产职责

劳务管理部门安全生产职责包括：(1) 对职工（含外包队工）进行定期的教育考核，将安全技术知识列为工人培训、考工、评级内容之一，对招收新工人（含外包队工）要组织入厂教育和资格审查，保证提供的人员具有一定的安全生产素质。(2) 严格执行国家、地方特种作业人员上岗位作业的有关规定，适时组织特种作业人员培训工作，并向安全部门或主管领导通报情况。(3) 认真落实国家和地方有关劳动保护的法规，严格执行有关人员的劳动保护待遇，并监督实施情况。(4) 参加生产安全事故的调查，从用工方面分析事故原因，认真执行对事故责任者的处理意见。

5. 物资管理部门安全生产职责

物资管理部门安全生产职责包括：(1) 贯彻执行国家或有关行业的技术标准、规范，制定物资管理制度和易燃、易爆物品的采购、发放、使用、管理制度，并监督执行。（2）确保购置（租赁）的各类安全物资、劳动保护用品符合国家或有关行业的技术规范的要求。（3）组织开展安全物资抽样试验、检修工作。（4）参加安全生产检查。

6. 人力资源部门安全生产职责

人力资源部门安全生产职责包括：（1）审查安全管理人员资格，足额配备安全管理人员，开发、培养安全管理力量。（2）将安全教育纳人职工培训教育计划，配合开展安全教育培训。（3）落实特殊岗位人员的劳动保护待遇。（4）负责职工和建设工程施工人员的工伤保险工作。（5）依法实行工时、休息、休假制度，对女职工和未成年工实行特殊劳动保护。（6）参加工伤生产安全事故的调查，认真执行对事故责任者的处理。

7. 财务管理部门安全生产职责

财务管理部门安全生产职责包括：（1）及时提取安全技术措施经费、劳动保护经费及其他安全生产所需经费，保证专款专用。（2）协助安全主管部门办理安全奖、罚款手续。

8. 保卫消防部门安全生产职责

保卫消防部门安全生产职责包括：（1）贯彻执行国家及地方有关消防保卫的法规、规定。（2）制定消防保卫工作计划和消防安全管理制度，并监督检查执行情况。（3）参加施工组织设计、方案的审核，提出具体建议并监督实施。（4）组织开展消防安全教育，会同有关部门对特种作业人员进行消防安全考核。（5）组织开展消防安全检查，排除火灾隐患。（6）负责调查火灾事故的原因，提出处理意见。

9. 行政卫生部门安全生产职责

行政卫生部门安全生产职责包括：（1）对职工进行体格普查和对特种作业人员身体定期检查。（2）监测有毒有害作业场所的尘毒浓度，做好职业病预防工作。（3）正确使用防暑降温费用，保证清凉饮料的供应与卫生。（4）负责本企业食堂（含现场临时食堂）的饮食卫生工作。（5）督促施工现场救护队组建，组织救护队成员的业务培训工作。（6）负责流行性疾病和食物中毒事故的调查与处理，提出防范措施。

10. 安全管理部门安全生产职责

安全管理部门安全生产职责包括：（1）宣传和贯彻国家有关安全生产法律法规和标准。（2）编制并适时更新安全生产管理制度并监督实施。（3）组织或参与企业生产安全事故应急救援预案的编制及演练。（4）组织开展安全教育培训与交流。（5）协调配备项目专职安全生产管理人员。（6）制定企业安全生产检查计划并组织实施。（7）监督在建项目安全生产费用的使用。（8）参与危险性较大的分部分项工程安全专项施工方案专家论证会。（9）通报在建项目违规违章查处情况，组织开展安全生产评优评先表彰工作。（10）建立企业在建项目安全生产管理档案。（11）考核评价分包企业安全生产业绩及项目安全生产管情况。（12）参加生产安全事故的调查和处理工作。

3.2.2 各级管理人员的安全责任

建筑施工企业应按照国家有关安全生产的法律、法规，建立和健全各级安全生产责任制度，明确各岗位的责任人员、责任内容和考核要求，并在责任制中说明对责任落实情况的检查办法和对各级各岗位执行情况的考核奖罚规定。

1. 企业安全生产工作的第一责任人（对本企业安全生产负全面领导责任）的安全生产职责

企业安全生产工作的第一责任人的安全生产职责包括：（1）贯彻执行国家和地方有关安全生产的方针政策和法规、规范。（2）掌握本企业安全生产动态，定期研究安全工作。（3）组织制定安全工作目标、规划实施计划。（4）组织制定和完善各项安全生产规章制度及奖惩办法。（5）建立健全安全生产责任制，并领导、组织考核工作。（6）建立健全安全生产管理体系，保证安全生产投入。（7）督促、检查安全生产工作，及时消除生产安全事故隐患。（8）组织制定并实施生产安全事故应急救援预案。（9）及时、如实报告生产安全事故；在事故调查组的指导下，领导、组织有关部门或人员，配合事故调查处理工作，监督防范措施的制定和落实，防止事故重复发生。

2. 企业主管安全生产负责人的安全生产职责

企业主管安全生产负责人的安全生产职责包括：（1）组织落实安全生产责任制和安全生产管理制度，对安全生产工作负直接领导责任。（2）组织实施安全工作规划及实施计划，实现安全目标。（3）领导、组织安全生产宣传教育工作。（4）确定安全生产考核指标。（5）领导、组织安全生产检查。（6）领导、组织对分包（供）方的安全生产主体资格考核与审查。（7）认真听取、采纳安全生产的合理化建议，保证安全生产管理体系的正常运转。（8）发生生产安全事故时，组织实施生产安全事故应急救援。

3. 企业技术负责人的安全生产职责

企业技术负责人的安全生产职责包括：（1）贯彻执行国家和上级的安全生产方针、政策，在本企业施工安全生产中负技术领导责任。（2）审批施工组织设计和专项施工方案（措施）时，审查其安全技术措施，并作出决定性意见。（3）领导开展安全技术攻关活动，并组织技术鉴定和验收。（4）新材料、新技术、新工艺、新设备使用前，组织审查其使用和实施过程中的安全性，组织编制或审定相应的操作规程。（5）参加生产安全事故的调查和分析，从技术上分析事故原因，制定整改防范措施。

4. 企业总会计师的安全生产职责

企业总会计师的安全生产职责包括：（1）组织落实本企业财务工作的安全生产责任制，认真执行安全生产奖惩规定。（2）组织编制年度财务计划的同时，编制安全生产费用投入计划，保证经费到位和合理开支。（3）监督、检查安全生产费用的使用情况。

5. 项目经理的安全生产职责

项目经理的安全生产职责包括：（1）对承包项目工程生产经营过程中的安全生产负全面领导责任。（2）贯彻落实安全生产方针、政策、法规和各项规章制度，结合项目工程特点及施工全过程的情况，制定项目工程各项安全生产管理办法或提出要求，并监督其实施。（3）在组织项目工程业务承包，聘用业务人员时，必须本着安全工作只能加强的原则，根据工程特点确定安全工作的管理体制和人员，并明确各业务承包人的安全责任和考核指标，支持、指导安全管理人员的工作。（4）健全和完善用工管理手续，录用外包队必须及时向有关部门申报，严格执行用工制度与管理，适时组织上岗安全教育，要对外包队的健康与安全负责，加强劳动保护工作。（5）组织落实施工组织设计中的安全技术措施，组织并监督项目工程施工中安全技术交底制度和设备、设施验收制度的实施。（6）领导、组织施工现场定期的安全生产检查，发现施工生产中不安全问题，组织制定措施，及时解决。对上级提出的安全生产与管理方面的问题，要定时、定人、定措施予以解决。(7) 发生事故，要做好现场保护与抢救工作，及时上报。组织、配合事故的调查，认真落实制定的防范措施，吸取事故教训。

6. 项目技术负责人的安全生产职责

项目技术负责人的安全生产职责包括：(1) 对项目工程生产经营中的安全生产负技术责任。(2) 贯彻、落实安全生产方针、政策、严格执行安全技术规程、规范、标准，结合项目工程特点，主持项目工程的安全技术交底。(3) 参加或组织编制施工组织设计。编制、审查施工方案时，要制定、审查安全技术措施，保证其可行性与针对性，并随时检查、监督、落实。(4) 主持制定技术措施计划和季节性施工方案的同时，制定相应的安全技术措施并监督执行，及时解决执行中出现的问题。(5) 项目工程采用新材料、新技术、新工艺，要及时上报，经批准后方可实施，同时要求组织上岗人员的安全技术培训、教育，认真执行相应的安全技术措施与安全操作工艺、要求，预防施工中因化学物品引起的火灾、中毒或其他新工艺实施中可能造成的事故。(6) 主持安全防护设施和设备的验收，发现设备、设施的不正常情况后及时采取措施严格控制不符合标准要求的防护设备、设施投入使用。(7) 参加安全生产检查，对施工中存在的不安全因素，从技术方面提出整改意见和办法予以消除。(8) 参加、配合因工伤亡及重大未遂事故的调查，从技术上分析事故原因，提出防范措施、意见。

7. 分包单位负责人的安全生产职责

分包单位负责人的安全生产职责包括：(1) 认真执行安全生产的各项法规、规定、规章制度及安全操作规程，合理安排班组人员工作，对本队人员在生产中的安全和健康负责。(2) 按制度严格履行各项劳务用工手续，做好本队人员的岗位安全培训。经常组织学习安全操作规程，监督本队人员遵守劳动、安全纪律，做到不违章指挥，制止违章作业。(3) 必须保持本队人员的相对稳定。人员变更，须事先向有关部门申报，批准后新来人员应按规定办理各种手续，并经入场和上岗安全教育后方准上岗。(4) 根据上级的交底向本队各工种进行详细的书面安全交底，针对当天任务、作业环境等情况，做好班前安全讲话，监督其执行情况，发现问题，及时纠正、解决。(5) 定期和不定期组织检查本队人员作业现场安全生产状况，发现问题，及时纠正，重大隐患应立即上报有关领导。(6) 发生因工伤亡及未遂事故，保护好现场，做好伤者抢救工作，并立即上报有关部门。

8. 项目专职安全生产管理人员的安全生产职责

项目专职安全生产管理人员的安全生产职责包括：(1) 负责施工现场安全生产日常检查并做好检查记录。(2) 现场监督危险性较大工程安全专项施工方案实施情况。(3) 对作业人员违规违章行为有权予以纠正或查处。(4) 对施工现场存在的安全隐患有权责令立即整改。(5) 对于发现的重大安全隐患，有权向企业安全生产管理机构报告。(6) 依法报告生产安全事故情况。

3.2.3 各班组长安全生产责任

各班组长安全生产责任包括班组长安全生产责任、木工班长安全生产责任、瓦工班长安全生产责任、电焊班长安全生产责任、电工班长安全生产责任、钢筋工班长安全生产责任、架子工班长安全生产责任、安装班长安全生产责任和机械作业班长安全生产责任。

1. 班组长安全生产责任

班组长安全生产责任包括：(1) 严格执行安全生产规章制度，拒绝违章指挥，杜绝违章作业。(2) 合理安排班组人员工，对本班组人员在生产中的安全和健康负责。(3) 经常组织班组人员学习安全技术操作规程，监督班组人员正确使用防护用品。认真落实安全技术交底，做好班前讲话。(4) 经常检查班组作业现场安全生产状况，发现问题及时解决并上报有关领导。(5) 认真做好新工人的岗位教育。(6) 发生因工伤亡及未遂事故，保护好现场，立即上报有关领导。

2. 木工班长安全生产责任

木工班长安全生产责任包括：(1) 严格执行安全生产规章制度，拒绝违章指挥，杜绝违章作业。(2) 负责落实安全生产保证计划中有关木工作业施工现场安全控制的规定。(3) 组织班组人员认真学习和执行木工安全技术操作规程，熟知安全知识。(4) 安排生产任务时，认真进行安全技术交底。监督班组人员正确使用安全防护用品。(5) 上工前对所使用的机具、设备、防护用具及作业环境进行安全检查，发现问题立即采取整改措施，及时消除事故隐患。(6) 组织班组安全活动，开好班前安全生产会，并根据作业环境和职工的思想、体质、技术状况合理分配生产任务。(7) 木工间内备有的消防器材应定期检查，确保完好状态。严禁在工作场所吸烟和明火作业，不得存放易燃物品。(8) 工作场所的木料应分类堆放整齐，保持道路畅通。(9) 高空作业对材料堆放应稳妥可靠，严禁向下抛掷工具或物件。(10) 木料加工处的废料和木屑等应即时清理。(11) 发生工伤事故，应立即抢救，及时报告，并保护好现场。

3. 瓦工班长安全生产责任

瓦工班长安全生产责任包括：(1) 严格执行安全生产规章制度，拒绝违章指挥，杜绝违章作业。(2) 负责落实安全生产保证计划中有关瓦工作业施工现场安全控制的规定。(3) 组织班组人员认真学习和执行瓦工安全技术操作规程，熟知安全知识。(4) 安排生产任务时，认真进行安全技术交底。监督班组人员正确使用安全防护用品。(5) 上工前对所使用的机具、设备、防护用具及作业环境进行安全检查，发现问题立即采取整改措施，及时消除事故隐患。(6) 组织班组安全活动，开好班前安全生产会，并根据作业环境和职工的思想、体质、技术状况合理分配生产任务。(7) 经常检查工作岗位环境及脚手架、脚手板、工具使用情况，做到文明施工，不准擅自拆移防范设施。

4. 电焊班长安全生产责任

电焊班长安全生产责任包括：(1) 严格执行安全生产规章制度，拒绝违章指挥，杜绝违章作业。(2) 负责落实安全保证计划中电焊安全动火作业安全控制的规定。(3) 组织班组人员认真学习和执行电焊工安全技术操作规程，熟知安全知识。(4) 安排生产任务时，认真进行安全技术交底。监督班组人员正确使用安全防护用品。(5) 上工前对所使用的机具、设备、防护用具及作业环境进行安全检查，发现问题立即采取整改措施，及时消除事故隐患。(6) 组织班组安全活动，开好班前安全生产会，并根据作业环境和职工的思想、体质技术状况合理分配生产任务。(7) 发生工伤事故，应立即抢救，及时报告，并保护好现场。

5. 电工班长安全生产责任

电工班长安全生产责任包括：(1) 严格执行安全生产规章制度，拒绝违章指挥，杜绝违章作业。(2) 负责落实安全保证计划中电工作业施工现场安全用电控制的规定。(3) 组织班组人员认真学习和执行电工安全技术操作规程，熟知安全知识，必须做到持证上岗。(4) 安排生产任务时，认真进行安全技术交底，监督班组人员正确使用安全防护用品。(5) 上工前对所使用的机具、设备、防护用具及作业环境进行安全检查，发现问题立即采取整改措施，及时消除事故隐患。(6) 组织班组安全活动，开好班前安全生产会，并根据作业环境和职工的思想、体质、技术状况合理分配生产任务。(7) 使用设备前必须检查设备各部位的性能后方可通电使用。(8) 停用的设备必须拉闸断电，锁好开关箱。(9) 严禁带电作业，设备严禁带“病”运行。(10) 保证电气设备、移动电动工具临时用电正常、稳定运行和安全使用。(11) 发生触电工伤事故，应立即抢救，及时报告，并保护好现场。

6. 钢筋工班长安全生产责任

钢筋工班长安全生产责任包括：(1) 严格执行安全生产规章制度，拒绝违章指挥，杜绝违章作业。(2) 负责落实安全保证计划中钢筋班组施工现场安全控制的规定。(3) 组织班组人员认真学习和执行钢筋工安全技术操作规程，熟知安全知识。(4) 安排生产任务时，认真进行安全技术交底。监督班组人员正确使用安全防护用品。(5) 上工前对所使用的机具、设备、防护用具及作业环境进行安全检查，发现问题采取整改措施，及时消除事故隐患。技术状况合理分配生产任务。(6) 组织班组安全活动，开好班前安全生产会，并根据作业环境和职工的思想，向有关部门汇报。(7) 钢筋搬运、加工和绑扎过程中发生脆断和其他异常情况时，应立刻停止作业，向有关部门汇报。(8) 发生工伤事故时，应立即抢救，及时报告，并保护好现场。

7. 架子工班长安全生产责任

架子工班长安全生产责任包括：(1) 严格执行安全生产规章制度，拒绝违章指挥，杜绝违章作业。(2) 负责落实安全生产保证计划中脚手架防护搭设安全控制的规定。(3) 组织班组人员认真学习和执行架子工安全技术操作规程，熟知安全知识。(4) 安排生产任务时，认真进行安全技术交底。监督班组人员正确使用安全防护用品。(5) 上工前对所使用的机具、设备、防护用具及作业环境进行安全检查，发现问题立即采取整改措施，及时消除事故隐患。(6) 组织班组安全活动，开好班前安全生产会，并根据作业环境和职工的思想、体质、技术状况合理分配生产任务。(7) 脚手架的维修保养应每三个月进行一次，遇大风大雨应事先认真检查，必要时采取加固措施；脚手架搭设完毕，架子工应通知安全部门会同有关人员共同验收，合格挂牌后方可使用。(8) 拆除架子必须设置警戒范围，输送地面的杆件应及时分类堆放整齐。(9) 发生工伤事故时，应立即抢救，及时报告，并保护好现场。

8. 安装班长安全生产责任

安装班长安全生产责任包括：(1) 严格执行安全生产规章制度，拒绝违章指挥，杜绝违章作业。(2) 负责落实安全生产保证计划中安装班组施工现场安全控制的规定。(3) 组织班组人员认真学习和执行本工种安全技术操作规程，熟知安全知识。(4) 安排生产任务时，认真进行安全技术交底，监督班组人员正确使用安全防护用品。(5) 上工前对所使用的机具、设备、防护用具及作业环境进行安全检查，发现问题立即采取整改措施，及时消除事故隐患。(6) 组织班组安全活动，开好班前安全生产会，并根据作业环境和职工的思想、体质、技术状况合理分配生产任务。(7) 发生工伤事故时，应立即抢救，及时报告，并保护好现场。

9. 机械作业班长安全生产责任

机械作业班长安全生产责任包括：(1) 严格执行安全生产规章制度，拒绝违章指挥，杜绝违章作业。(2) 负责落实安全生产保证计划中施工现场机械操作安全控制的规定。(3) 组织班组人员认真学习和执行本工种安全技术操作规程，熟知安全知识。(4) 安排生产任务时，认真进行安全技术交底。监督班组人员正确使用安全防护用品。(5) 上工前对所使用的机具、设备、防护用具及作业环境进行安全检查，发现问题立即采取整改措施，及时消除事故隐患。(6) 组织班组安全活动，开好班前安全生产会，并根据作业环境和职工的思想、体质、技术状况合理分配生产任务。(7) 机械作业时，操作人员不得擅自离开工作岗位或将机械交给非本机操作人员操作。严禁无关人员进入作业区和操作室内。(8) 作业后，切断电源，锁好闸箱，进行擦拭、润滑并清除杂物。(9) 发生工伤事故时，应立即抢救，及时报告，并保护好现场。

知 识 拓 展

特种工安全生产责任与一般工种安全责任

特种工安全生产责任与一般工种安全责任。

3.3　安全生产资金保障制度

安全生产资金保障制度包括基本要求、企业安全生产费用提取和使用管理办法和安全生产费用使用和监督。

3.3.1　基本要求

1. 安全生产费用管理应包括资金的提取、申请、审核审批、支付、使用、统计、分析、审计检查等工作内容。

2. 施工企业应按规定提取安全生产所需的费用。安全生产费用应包括安全技术措施、安全教育培训、劳动保护、应急准备等，以及必要的安全评价、监测、检测、论证所需费用。

3. 施工企业各管理层应根据安全生产管理需要，编制安全生产费用使用计划，明确费用使用的项目、类别、额度、实施单位及责任者、完成期限等内容，并应经审核批准后执行。

4. 施工企业各管理层相关负责人必须在其管辖范围内，按专款专用、及时足额的要求，组织落实安全生产费用使用计划。

5. 施工企业各管理层应建立安全生产费用分类使用台账，应定期统计，并报上一级管理层。

6. 施工企业各管理层应定期对下一级管理层的安全生产费用使用计划的实施情况进

行监督审查和考核。

7. 施工企业各管理层应对安全生产费用管理情况进行年度汇总分析，并应及时调整安全生产费用的比例。

3.3.2 企业安全生产费用提取和使用管理办法

1. 安全费用的提取标准

建设工程施工企业以建筑安装工程造价为计提依据。各建设工程类别安全费用提取标准如下：(1) 房屋建筑工程、水利水电工程、电力工程、铁路工程、城市轨道交通工程为2.0%。(2) 市政公用工程、冶炼工程、机电安装工程、化工石油工程、港口与航道工程、公路工程、通信工程为1.5%。(3) 建设工程施工企业提取的安全费用列入工程造价，在竞标时，不得删减，列入标外管理。国家对基本建设投资概算另有规定的，从其规定。(4) 总包单位应当将安全费用按比例直接支付分包单位并监督使用，分包单位不再重复提取。

2. 安全费用的使用范围

建设工程施工企业安全费用应当按照以下范围使用：(1) 完善、改造和维护安全防护设施设备支出（不含“三同时”要求初期投入的安全设施），包括施工现场临时用电系统、洞口、临边、机械设备、高处作业防护、交叉作业防护、防火、防爆、防尘、防毒、防雷、防台风、防地质灾害、地下工程有害气体监测、通风、临时安全防护等设施设备支出。(2) 配备、维护、保养应急救援器材、设备支出和应急演练支出。(3) 开展重大危险源和事故隐患评估、监控和整改支出。(4) 安全生产检查、评价（不包括新建、改建、扩建项目安全评价）、咨询和标准化建设支出。(5) 配备和更新现场作业人员安全防护用品支出。(6) 安全生产宣传、教育、培训支出。(7) 安全生产适用的新技术、新标准、新工艺、新装备的推广应用支出。(8) 安全设施及特种设备检测检验支出。(9) 其他与安全生产直接相关的支出。

3.3.3 安全生产费用使用和监督

1. 安全生产费用使用

安全生产费用使用应符合下列要求：(1) 工程项目在开工前应按照项目施工组织设计或专项安全技术方案编制安全生产费用的投入计划，安全生产费用的投入应满足项目的安全生产需要。(2) 满足安全生产隐患整改支出或达到安全生产标准所需支出。(3) 工程项目按照安全生产费用的投入计划进行相应的物资采购和实物调拨，并建立项目安全用品采购和实物调拨台账。(4) 安全生产费用专款专用。安全生产费用计划不能满足安全生产实际投入需要的部分，据实计入生产成本。

2. 安全生产费用监督检查

安全生产费用使用监督检查应符合下列要求：(1) 各级企业进行安全生产检查、评审和考核时，应把安全生产费用的投入和管理作为必查内容，检查安全生产费用投入计划、安全生产费用投入额度、安全用品实物台账和施工现场安全设施投入情况，不符合规定的应立即纠正。(2) 各企业应定期对项目经理部安全生产投入的执行情况进行监督检查，及时纠正由于安全投入不足，致使施工现场存在安全隐患的问题。(3) 施工项目对分包安全生产费用的投入必须进行认真检查，防止并纠正不按照生产技术措施的标准和数量进行安全投入、现场安全设施不到位及员工防护不达标现象。

3.4 安全技术管理

安全技术管理包括基本要求、危险性较大的分部分项工程专项施工方案的编制、安全技术交底和施工现场危险源辨识及预案制定。

3.4.1 基本要求

安全技术管理应符合以下基本要求：

1. 施工企业安全技术管理应包括对安全生产技术措施的制定、实施、改进等管理。

2. 施工企业各管理层的技术负责人应对管理范围的安全技术管理负责。

3. 施工企业应定期进行技术分析，改造、淘汰落后的施工工艺、技术和设备，应推荐先进、适用的工艺、技术和装备，并应完善安全生产作业条件。

4. 施工企业应依据工程规模、类别、难易程度等明确施工组织设计、专项施工方案（措施）的编制、审核和审批的内容、权限、程序及时限。

5. 施工企业应根据施工组织设计、专项施工方案（措施）的审核、审批权限，组织相关职能部门审核，技术负责人审批。审核、审批应有明确意见并签名盖章。编制、审批应在施工前完成。

6. 施工企业应根据施工组织设计、专项安全施工方案（措施）编制和审批权限的设置分级进行安全技术交底，编制人员应参与安全技术交底、验收和检查。

7. 施工企业可结合生产实际制定企业内部安全技术标准和图集。

3.4.2 危险性较大的分部分项工程专项施工方案的编制

针对危险性较大的分部分项工程，需单独编制安全技术措施及方案，安全技术措施及方案必须有设计、有计算、有详图、有文字说明。

1. 危险性较大的分部分项工程与超过一定规模的危险性较大的分部分项工程范围（表 3-2）

危险性较大的分部分项工程与超过一定规模的危险性较大的分部分项工程范围　表 3-2

分部分项工程	危险性较大的分部分项工程	超过一定规模的危险性较大的分部分项工程
基坑工程、深基坑工程	（一）开挖深度超过 3m（含 3m）的基坑（槽）的土方开挖、支护、降水工程。（二）开挖深度虽未超过 3m，但地质条件、周围环境和地下管线复杂，或影响毗邻建（构）筑物安全的基坑（槽）的土方开挖、支护、降水工程	开挖深度超过 5m（含 5m）的基坑（槽）的土方开挖、支护、降水工程

续表

分部分项工程	危险性较大的分部分项工程	超过一定规模的危险性较大的分部分项工程
模板工程及支撑体系	（一）各类工具式模板工程：包括滑模、爬模、飞模、隧道模等工程。（二）混凝土模板支撑工程：搭设高度5m及以上，或搭设跨度10m及以上，或施工总荷载（荷载效应基本组合的设计值，以下简称设计值）$10kN/m^2$及以上，或集中线荷载（设计值）15kN/m及以上，或高度大于支撑水平投影宽度且相对独立无联系构件的混凝土模板支撑工程。（三）承重支撑体系：用于钢结构安装等满堂支撑体系	（一）各类工具式模板工程：包括滑模、爬模、飞模、隧道模等工程。（二）混凝土模板支撑工程：搭设高度8m及以上，或搭设跨度18m及以上，或施工总荷载（设计值）$15kN/m^2$及以上，或集中线荷载（设计值）20kN/m及以上。（三）承重支撑体系：用于钢结构安装等满堂支撑体系，承受单点集中荷载7kN及以上
起重吊装及起重机械安装拆卸工程	（一）采用非常规起重设备、方法，且单件起吊重量在10kN及以上的起重吊装工程。（二）采用起重机械进行安装的工程。（三）起重机械安装和拆卸工程	（一）采用非常规起重设备、方法，且单件起吊重量在100kN及以上的起重吊装工程。（二）起重量300kN及以上，或搭设总高度200m及以上，或搭设基础标高在200m及以上的起重机械安装和拆卸工程
脚手架工程	（一）搭设高度24m及以上的落地式钢管脚手架工程（包括采光井、电梯井脚手架）。（二）附着式升降脚手架工程。（三）悬挑式脚手架工程。（四）高处作业吊篮。（五）卸料平台、操作平台工程。（六）异型脚手架工程	（一）搭设高度50m及以上的落地式钢管脚手架工程。（二）提升高度在150m及以上的附着式升降脚手架工程或附着式升降操作平台工程。（三）分段架体搭设高度20m及以上的悬挑式脚手架工程
拆除工程	可能影响行人、交通、电力设施、通信设施或其他建（构）筑物安全的拆除工程	（一）码头、桥梁、高架、烟囱、水塔或拆除中容易引起有毒有害气（液）体或粉尘扩散、易燃易爆事故发生的特殊建、构筑物的拆除工程。（二）文物保护建筑、优秀历史建筑或历史文化风貌区影响范围内的拆除工程
暗挖工程	采用矿山法、盾构法、顶管法施工的隧道、洞室工程	采用矿山法、盾构法、顶管法施工的隧道、洞室工程
其他	（一）建筑幕墙安装工程。（二）钢结构、网架和索膜结构安装工程。（三）人工挖孔桩工程。（四）水下作业工程。（五）装配式建筑混凝土预制构件安装工程。（六）采用新技术、新工艺、新材料、新设备可能影响工程施工安全，尚无国家、行业及地方技术标准的分部分项工程	（一）施工高度50m及以上的建筑幕墙安装工程。（二）跨度36m及以上的钢结构安装工程，或跨度60m及以上的网架和索膜结构安装工程。（三）开挖深度16m及以上的人工挖孔桩工程。（四）水下作业工程。（五）重量1000kN及以上的大型结构整体顶升、平移、转体等施工工艺。（六）采用新技术、新工艺、新材料、新设备可能影响工程施工安全，尚无国家、行业及地方技术标准的分部分项工程

2. 危险性较大的分部分项工程安全技术措施及方案应包括的内容

根据《危险性较大的分部分项工程安全管理办法》第七条规定，专项方案编制应当包括以下内容：（1）工程概况：危险性较大的分部分项工程概况、施工平面布置、施工要求和技术保证条件。（2）编制依据：相关法律、法规、规范性文件、标准、规范及图纸（国标图集）、施工组织设计等。（3）施工计划：包括施工进度计划、材料与设备计划。（4）施工工艺技术：技术参数、工艺流程、施工方法、检查验收等。（5）施工安全保证措施：组织保障、技术措施、应急预案、监测监控等。（6）劳动力计划：专职安全生产管理人员、特种作业人员等。（7）计算书及相关图纸。

3. 专项安全技术措施及方案的编制和审批（表 3-3）

专项安全技术措施及方案的编制和审批　　表 3-3

安全技术措施及方案	编制	审核	审批
一般工程的安全技术措施及方案	项目技术负责人	项目技术负责人	项目总工程师
危险性较大工程的安全技术措施及方案	项目技术负责人（或企业技术管理部）	企业技术、安全、质量等管理部门	企业总工程师（或总工授权）
超过一定规模的危险性较大工程的安全技术措施及方案	项目总工（或企业技术管理部门）	企业技术、安全、质量等管理部门并聘请有关专家进行论证	企业总工程师（或总工授权）

3.4.3 安全技术交底

安全技术交底应符合下列要求：

1. 各项目经理部必须建立健全和落实安全技术交底制度。

2. 安全技术交底必须按工种分部分项交底。施工条件发生变化时，应有针对性的补充交底内容；冬雨期施工应有针对季节气候特点的安全技术交底。工程因故停工，复工时应重新进行安全技术交底。

3. 安全技术交底必须在工序施工前进行，并且要保证交底逐级下达到施工作业班组全体作业人员。施工组织设计交底顺序为：项目总工程师→项目技术人员→责任工程师；分部分项施工方案交底顺序为：项目技术人员→责任工程师→班组长；分项施工方案（作业指导书）交底顺序为：责任工程师→班组长→作业人员。

4. 安全技术交底必须有针对性、指导性及可操作性，交底双方需要书面签字确认，并各持有一套书面资料。

5. 安全技术交底文字资料来源于施工组织设计和专项施工方案，交底资料应接受项目安全总监监督。安全总监应审核安全技术交底资料的准确性、全面性和针对性并存档。

3.4.4 施工现场危险源辨识及预案制定

1. 基本要求

（1）建筑施工项目应当制定具体的应急预案，并对生产经营场所及周边环境开展隐患排查，及时采取措施消除隐患，防止发生突发事件。

（2）建筑施工项目对重大危险源应当登记建档，进行定期检测、评估、监控，并制定应急预案，告知从业人员和相关人员在紧急情况下应当采取的应急措施。登记建档应当包括重大危险源的名称、地点、性质和可能造成的危害等内容。

2. 危险源辨识

建筑施工项目应成立由项目经理任组长的危险源辨识评价小组，在工程开工前由危险源辨识评价小组对施工现场的主要和关键工序中的危险因素进行辨识。

(1) 危险源分类

建筑施工项目的危险源大概可分为以下几类：高处坠落、物体打击、触电、坍塌、机械伤害、起重伤害、中毒和窒息、火灾和爆炸、车辆伤害、粉尘、噪声、灼烫、其他等。

施工现场内的危险源主要与施工部位、分部分项（工序）工程、施工装置（设施机械）及物质有关。如：脚手架（包括落地架、悬挑架、爬架等）、模板支撑体系、起重装备、物料提升机、施工电梯安装与运行，基坑（槽）施工，局部结构工程或临时建筑（棚、围墙等）失稳，造成坍塌、倒塌；高度大于 2m 的作业面（包括高空、洞口、临边作业），因安全防护设施不符合或无防护设施、人员未配备劳动保护用品造成人员踏空、倒塌、失稳等意外；焊接、金属切割、冲击钻孔（凿岩）等施工及各种施工电器设备的安全保护（如漏电保护、绝缘、接地保护等）不符合要求，造成人员触电、局部火灾等意外；工程材料、构件及设备的堆放与搬（吊）运等发生高空坠落、堆放散落、撞击人员等意外，人工挖孔桩（井）、室内涂料（油漆）及粘贴等因通风排气不畅造成人员窒息或气体中毒，施工用易燃易爆化学物品临时存放或使用不符合、防护不到位，造成火灾或人员中毒意外，工地饮食卫生不符合要求，造成集体食物中毒或疾病。

(2) 危险源识别

在对危险源进行识别时应充分考虑正常、异常、紧急三种状态以及过去、现在、将来三种时态。主要从以下作业活动进行辨识：施工准备、施工阶段、关键工序、工地地址、工地内平面布局、建筑物构造、所使用的机械设备装置、有害作业部位（粉尘、毒物、噪声、振动、高低温）、各项制度（女工劳动保护、体力劳动强度等）、生活设施和应急、外出工作人员和外来工作人员。重点放在工程施工的基础、主体、装饰装修阶段及危险品的控制及影响上，并考虑国家法律、法规的要求，特种作业人员、危险设施、经常接触有毒有害物质的作业活动和情况；具有易燃、易爆特性的作业活动和情况；具有职业性健康伤害、损害的作业活动和情况；曾经发生或行业内经常发生事故的作业活动和情况。

(3) 风险评价

风险评价是评估危险源所带来的风险大小及确定风险是否可容许的全过程，根据评价的结果对风险进行分级，按不同级别的风险有针对性地采取风险控制措施。

安全风险的大小可采用事故后果的严重程度与事故发生可能性的乘积来衡量，见表 3-4。

风险的评价分级确定表 **表 3-4**

可能性	后果				
	1	2	3	4	5
A	低	低	低	中	高
B	低	低	中	高	极高

续表

可能性	后果				
	1	2	3	4	5
C	低	中	高	极高	极高
D	中	高	高	极高	极高
E	高	高	极高	极高	极高

（4）风险控制

风险应根据不同级别分别进行相应控制。极高：作为重点的控制对象，制定方案实施控制。高：直至风险降低后才能开始工作，为降低风险有时必须配备大量资源，当风险涉及正在进行中的工作时，应采取应急措施。在方案和规章制度中制定控制办法，并对其实施控制。中：应努力降低风险，但应仔细测定并限定预防成本，在规章制度内进行预防和控制。低：是指风险减低到合理可行的范围，最低水平不需要另外的控制措施，应考虑投资效果更佳的解决方案或不增加额外成本的改进措施，需要监测来确保控制措施得以维持。

建筑施工项目应当根据建设工程施工的特点、范围，对施工现场易发生重大事故的部位、环节进行监控，制定施工现场生产安全事故应急救援预案。实行施工总承包的，由总承包单位统一组织编制建设工程生产安全事故应急救援预案，工程总承包单位和分包单位按照应急救援预案，各自建立应急救援组织或者配备应急救援人员，配备救援器材、设备，并定期组织演练。主要预案应包括：生产安全事故应急救援预案；大模板工程专项应急预案；脚手架工程专项应急预案；深基础土方工程专项应急预案；起重机械专项应急预案；电动吊篮应急预案；消防安全应急预案；防汛应急预案；法定传染病暴发与流行事件应急预案；高温、低温作业应急预案；集体食堂食物中毒事故应急预案；急性职业中毒事故应急预案等。

3.5 安全检查

根据《建筑施工安全检查标准》JGJ 59—2011，施工企业安全检查应包括安全检查的内容和要求、安全隐患的处理、安全检查评定项目、检查评定方法和检查评定等级。

3.5.1 安全检查的内容和要求

1. 安全检查内容

施工企业安全检查应包括下列内容：（1）安全管理目标的实现程度。（2）安全生产职责的履行情况。（3）各项安全生产管理制度的执行情况。（4）施工现场管理行为和实物状况。（5）生产安全事故、未遂事故和其他违规违法事件的报告调查、处理情况。（6）安全生产法律法规、标准规范和其他要求的执行情况。

2. 安全检查的方式

安全检查的方式包括定期安全生产检查、专业性安全生产检查、季节性安全生产检查、节假日前后安全生产检查与自检、互检和交接检查。具体如下：

（1）定期安全生产检查

定期安全生产检查应符合下列要求：①工程项目部每天应结合施工动态，实行安全巡查。②总承包工程项目部应组织各分包单位每周进行安全检查。③施工企业每月应对工程项目施工现场安全生产情况至少进行一次检查，并针对检查中发现的倾向性问题、安全生产状况较差的工程项目，组织专项检查。

（2）专业性安全生产检查

专业性安全生产检查内容包括对深基坑物料提升机、脚手架、施工用电、塔式起重机等的安全生问题和普遍性安全问题进行单项专业检查。这类检查专业性强，也可以结合单项评比进行，专业安全生产检查组应由技术负责人、专业技术人员、专项作业负责人参加。

（3）季节性安全生产检查

季节性安全生产检查是针对施工所在地气候的特点，可能给施工带来危害而组织的安全生产检查。

（4）节假日前后安全生产检查

节假日前后安全生产检查是针对节假日前后职工思想松懈而进行的安全生产检查。

（5）自检、互检和交接检查

自检、互检和交接检查应符合的要求：①自检。班组作业前、后对自身所处的环境和工作程序要进行安全生产检查，可随时消除安全隐患。②互检。班组之间开展的安全生产检查。可以做到互相监督、共同遵章守纪。③交接检查。上道工序完毕，交给下道工序使用或操作前，应由工地负责人组织工长、安全员、班组长及其他有关人员参加，进行安全生产检查和验收，确认无安全隐患，达到合格要求后，方能交给下道工序使用或操作。

3.5.2 安全隐患的处理

安全隐患的处理应符合下列要求：

1. 对检查中存在的问题和隐患，应定人、定时间、定措施组织整改，并应跟踪复查直至整改完毕。

2. 施工企业对安全检查中发现的问题，宜按隐患类别分类记录，定期统计，并应分析确定多发和重大隐患类别，制定实施治理措施。

3. 安全检查应建立检查台账，将每次检查和整改的情况详细记录在案，便于一旦发生事故时追溯原因和责任。

4. 对凡是有即发性事故危险的隐患、违章指挥、违章作业行为，检查人员应责令立即停止该项作业，被查单位必须立即整改。

5. 对检查发现的重大安全隐患有可能立即导致人员伤亡或财产损失时，安全检查人员有权责令立即全部或局部停工，由项目经理组织制定并落实事故隐患合理整改方案，待整改验收合格后方可恢复施工。对由施工企业能力不能消除或超出其职责范围的隐患，要及时以书面形式报工程项目建设单位，由工程建设相关方进行共同研究整改方案。

6. 项目经理部根据检查的结果，对存在的问题进行分析研究，提出改进的措施和要求，并与目标管理、责任制考核及奖罚等相结合。

7. 施工企业应定期对安全生产管理的适宜性、符合性和有效性进行评估。应确定改进措施。并对其有效性进行跟踪验证和评价。发生下列情况时，企业应及时进行安全生产管理评估：（1）适用法律法规发生变化。（2）企业组织机构和体制发生重大变化。（3）发生生产安全事故。（4）其他影响安全生产管理的重大变化。

8. 施工企业应建立并保存安全检查相关改进活动的资料与记录。

3.5.3 安全检查评定项目

根据《建筑施工安全检查标准》JGJ 59—2011，施工企业安全检查评定项目包括：安全管理、文明施工、扣件式钢管脚手架、门式钢管脚手架、碗扣式钢管脚手架、承插型盘扣式钢管脚手架、满堂脚手架、悬挑脚手架、附着式升降脚手架、高处作业吊篮、基坑工程、模板支架、高处作业、施工用电、物料提升机、施工升降机、塔式起重机和施工机具等。

3.6 安全生产评价

安全检查评定项目

根据《施工企业安全生产评价标准》JGJ/T 77—2010 规定，安全生产评价包括评价内容、评价方法和评价等级。

3.6.1 安全生产评价内容

安全生产评价内容包括：安全生产管理评价、安全技术管理评价、设备设施管理评价、企业市场行为评价和施工现场安全管理评价，具体如下：

1. 安全生产管理评价

（1）施工企业安全生产条件应按安全生产管理、安全技术管理、设备和设施管理、企业市场行为和施工现场安全管理等 5 项内容进行考核，并应按《施工企业安全生产评价标准》JGJ/T 77 附录 A 中的内容具体实施考核评价。

（2）每项考核内容应以评分表的形式和量化的方式，根据其评定项目的量化评分标准及其重要程度进行评定。

（3）安全生产管理评价应为对企业安全管理制度建立和落实情况的考核，其内容应包括安全生产责任制度、安全文明资金保障制度、安全教育培训制度、安全检查及隐患排查制度、生产安全事故报告处理制度、安全生产应急救援制度等 6 个评定项目。

（4）施工企业安全生产责任制度的考核评价应符合下列要求：1）未建立以企业法人为核心分级负责的各部门及各类人员的安全生产责任制，则该评定项目不应得分。2）未建立各部门、各级人员安全生产责任落实情况考核的制度及未对落实情况进行检查的，则该评定项目不应得分。3）未实行安全生产的目标管理、制定年度安全生产目标计划、落实责任和责任人及未落实考核的，则该评定项目不应得分。4）对责任制和目标管理等的内容和实施，应根据具体情况评定折减分数。

（5）施工企业安全文明资金保障制度的考核评价应符合下列要求：1）制度未建立且每年未对与本企业施工规模相适应的资金进行预算和决算，未“专款专用”，则该评定项目不应得分。2）未明确安全生产、文明施工资金使用、监督及考核的责任部门或责任人，应根据具体情况评定折减分数。

（6）施工企业安全教育培训制度的考核评价应符合下列要求：1）未建立制度且每年

未组织对企业主要负责人、项目经理、安全专职人员及其他管理人员的继续教育的，则该评定项目不应得分。2）企业年度安全教育计划的编制、职工培训教育的档案管理，各类人员的安全教育，应根据具体情况评定折减分数。

（7）施工企业安全检查及隐患排查制度的考核评价应符合下列要求：1）未建立制度且未对所属的施工现场、后方场站、基地等组织定期和不定期安全检查的，则该评定项目不应得分。2）隐患的整改、排查及治理，应根据具体情况评定折减分数。

（8）施工企业生产安全事故报告处理制度的考核评价应符合下列要求：1）未建立制度且未及时、如实上报施工生产中发生伤亡事故的，则该评定项目不应得分。2）对已发生的和未遂事故，未按照“四不放过”原则进行处理的，则该评定项目不得分。3）未建立生产安全事故发生及处理情况事故档案的，则该评定项目不应得分。

（9）施工企业安全生产应急救援制度的考核评价应符合下列要求：1）未建立制度且未按照本企业经营范围，并结合本企业的施工特点，制定易发事故部位、工序、分部、分项工程的应急救援预案，未对各项应急预案组织实施演练的则该评定项目不应得分。2）应急救援预案的组织、机构、人员和物资的落实，应根据具体情况评定折减分数。

2. 安全技术管理评价

安全技术管理评价包括的内容及考核评价应符合的要求如下：

（1）安全技术管理评价应为对企业安全技术管理工作的考核，其内容应包括法规、标准和操作规程配置，施工组织设计，专项施工方案（措施），安全技术交底，危险源控制等5个评定项目。

（2）施工企业法规、标准和操作规程配置及实施情况的考核评价应符合下列要求：1）未配置与企业生产经营内容相适应的、现行的有关安全生产方面的法规、标准，以及各工种安全技术操作规程，并未及时组织学习和贯彻的，则该评定项目不应得分。2）配置不齐全，应根据具体情况评定折减分数。

（3）施工企业施工组织设计编制和实施情况的考核评价应符合下列要求：1）未建立施工组织设计编制、审核、批准制度的，则该评定项目不应得分。2）安全技术措施的针对性及审核、审批程序的实施情况等，应根据具体情况评定折减分数。

（4）施工企业专项施工方案（措施）编制和实施情况的考核评价应符合下列要求：1）未建立对危险性较大的分部、分项工程专项施工方案编制、审核、批准制度的，则该评定项目不应得分。2）制度的执行，应根据具体情况评定折减分数。

（5）施工企业安全技术交底制定和实施情况的考核评价应符合下列要求：1）未制定安全技术交底规定的，则该评定项目不应得分。2）安全技术交底资料的内容、编制方法及交底程序的执行，应根据具体情况评定折减分数。

（6）施工企业危险源控制制度的建立和实施情况的考核评价应符合下列要求：1）未根据本企业的施工特点，建立危险源监管制度的，则该评定项目不应得分。2）危险源公示、告知及相应的应急预案编制和实施，应根据具体情况评定折减分数。

3. 设备和设施管理评价

设备和设施管理评价包括的内容及考核评价应符合的要求如下：

（1）设备和设施管理评价应为对企业设备和设施安全管理工作的考核，其内容应包括设备安全管理、设施和防护用品、安全标志、安全检查测试工具等4个评定项目。

（2）施工企业设备安全管理制度的建立和实施情况的考核评价应符合下列要求：1）未建立机械、设备（包括应急救援器材）采购、租赁、安装、拆除、验收、检测、检查、保养、维修、改造和报废制度的，则该评定项目不应得分。2）设备的管理台账、技术档案、人员配备及制度落实，应根据具体情况评定折减分数。

（3）施工企业设施和防护用品制度的建立及实施情况的考核评价应符合下列要求：1）未建立安全设施及个人劳保用品的发放、使用管理制度的，则该评定项目不应得分；2）安全设施及个人劳保用品管理的实施及监管，应根据具体情况评定折减分数。

（4）施工企业安全标志管理规定的制定和实施情况的考核评价应符合下列要求：1）未制定施工现场安全警示、警告标识、标志使用管理规定的，则该评定项目不应得分。2）管理规定的实施、监督和指导，应根据具体情况评定折减分数。

（5）施工企业安全检查测试工具配备制度的建立和实施情况的考核评价应符合下列要求：1）未建立安全检查检验仪器、仪表及工具配备制度的，则该评定项目不应得分。2）配备及使用，应根据具体情况评定折减分数。

4. 企业市场行为评价

企业市场行为评价包括的内容及考核评价应符合的要求如下：

（1）企业市场行为评价应为对企业安全管理市场行为的考核，其内容包括安全生产许可证、安全生产文明施工、安全质量标准化达标、资质机构与人员管理制度等4个评定项目。

（2）施工企业安全生产许可证许可状况的考核评价应符合下列要求：1）未取得安全生产许可证而承接施工任务的、在安全生产许可证暂扣期间承接工程的、企业承发包工程项目的规模和施工范围与本企业资质不相符的，则该评定项目不应得分。2）企业主要负责人、项目负责人和专职安全管理人员的配备和考核，应根据具体情况评定折减分数。

（3）施工企业安全生产文明施工动态管理行为的考核评价应符合下列要求：1）企业资质因安全生产、文明施工受到降级处罚的，则该评定项目不应得分。2）其他不良行为，视其影响程度、处理结果等，应根据具体情况评定折减分数。

（4）施工企业安全质量标准化达标情况的考核评价应符合下列要求：1）本企业所属的施工现场安全质量标准化年度达标合格率低于国家或地方规定的，则该评定项目不应得分。2）安全质量标准化年度达标优良率低于国家或地方规定的，应根据具体情况评定折减分数。

（5）施工企业资质、机构与人员管理制度的建立和人员配备情况的考核评价应符合下列要求：1）未建立安全生产管理组织体系、未制定人员资格管理制度、未按规定设置专职安全管理机构、未配备足够的安全生产专管人员的，则该评定项目不应得分。2）实行分包的，总承包单位未制定对分包单位资质和人员资格管理制度并监督落实的，则该评定项目不应得分。

5. 施工现场安全管理评价

施工现场安全管理评价包括的内容及考核评价应符合的要求如下：

（1）施工现场安全管理评价应为对企业所属施工现场安全状况的考核，其内容应包括施工现场安全达标、安全文明资金保障、资质和资格管理、生产安全事故控制、设备设施选用、保险等6个评定项目。

（2）施工现场安全达标考核，企业应对所属的施工现场按现行规范标准进行检查，有一个工地未达到合格标准的，则该评定项目不应得分。

（3）施工现场安全文明资金保障，应对企业按规定落实其所属施工现场安全生产、文明施工资金的情况进行考核，有一个施工现场未将施工现场安全生产、文明施工所需资金编制计划并实施、未做到专款专用的，则该评定项目不应得分。

（4）施工现场分包资质和资格管理规定的制定以及施工现场控制情况的考核评价应符合下列要求：1）未制定对分包单位安全生产许可证、资质、资格管理及施工现场控制的要求和规定，且在总包与分包合同中未明确参建各方的安全生产责任，分包单位承接的施工任务不符合其所具有的安全资质，作业人员不符合相应的安全资格，未按规定配备项目经理、专职或兼职安全生产管理人员的，则该评定项目不应得分。2）对分包单位的监督管理，应根据具体情况评定折减分数。

（5）施工现场生产安全事故控制的隐患防治、应急预案的编制和实施情况的考核评价应符合下列要求：1）未针对施工场实际情况制定事故应急救援预案的，则该评定项目不应得分。2）对现场常见、多发或重大隐患的排查及防治措施的实施，应急救援组织和救援物资的落实，应根据具体情况评定折减分数。

（6）施工现场设备、设施、工艺管理的考核评价应符合下列要求：1）使用国家明令淘汰的设备或工艺，则该评定项目不应得分。2）使用不符合国家现行标准的且存在严重安全隐患的设施，则该评定项目不应得分。3）使用超过使用年限或存在严重隐患的机械、设备、设施、工艺的，则该评定项目不应得分。4）对其余机械、设备、设施以及安全标识的使用情况，应根据具体情况评定折减分数。5）对职业病的防治，应根据具体情况评定折减分数。

（7）施工现场保险办理情况的考核评价应符合下列要求：1）未按规定办理意外伤害保险的，则该评定项目不应得分。2）意外伤害保险的办理实施，应根据具体情况评定折减分数。

3.6.2 安全生产评价方法

根据《施工企业安全生产评价标准》JGJ/T 77—2010（以下简称标准）规定，安全生产评价方法具体如下：

1. 施工企业每年度应至少进行一次自我考核评价。发生下列情况之一时，企业应再进行复核评价：（1）适用法律、法规发生变化时。（2）企业组织机构和体制发生重大变化后。（3）发生生产安全事故后。（4）其他影响安全生产管理的重大变化。

2. 施工企业考核自评应由企业负责人组织，各相关管理部门均应参与。

3. 评价人员应具备企业安全管理及相关专业能力，每次评价不应少于3人。

4. 对施工企业安全生产条件的量化评价应符合下列要求：（1）当施工企业无施工现场时，应采用本标准附录A中表A-1～表A-4进行评价。（2）当施工企业有施工现场时，应采用本标准附录A中表A-1～表A-5进行评价。（3）施工企业的安全生产情况应依据自评价之月起前12个月以来的情况，施工现场应依据自开工日起至评价时的安全管理情况。（4）施工现场评价结论，应取抽查及核验的施工现场评价结果的平均值，且其中不得有一个施工现场评价结果为不合格。

5. 抽查及核验企业在建施工现场，应符合下列要求：（1）抽查在建工程实体数量，对特级资质企业不应少于8个施工现场；对一级资质企业不应少于5个施工现场；对一级资质以下企业不应小于 3 个施工现场；企业在建工程实体少于上述规定数量的，则应全数检查。(2) 核验企业所属其他在建施工现场安全管理状况，核验总数不应少于企业在建工程项目总数的 50%。

6. 抽查发生因工死亡事故的企业在建施工现场，应按事故等级或情节轻重程度，在本标准第 4.0.5 条规定的基础上分别增加 2～4 个在建工程项目；应增加核验企业在建工程项目总数的 10%～30%。

7. 对评价时无在建工程项目的企业，应在企业有在建工程项目时，再次进行跟踪评价。

8. 安全生产条件和能力评分应符合下列要求：(1) 施工企业安全生产评价应按评定项目、评分标准和评分方法进行，并应符合本标准附录 A 的规定，满分分值均应为 100 分。(2) 在评价施工企业安全生产条件能力时，应采用加权法计算，权重系数应符合表 3-5的规定，并应按本标准附录 B 进行评价。

权重系数 **表 3-5**

<table>
<tr><th colspan="3">评价内容</th><th>权重系数</th></tr>
<tr><td rowspan="4">无施工项目</td><td>1</td><td>安全生产管理</td><td>0.3</td></tr>
<tr><td>2</td><td>安全技术管理</td><td>0.2</td></tr>
<tr><td>3</td><td>设备和设施管理</td><td>0.2</td></tr>
<tr><td>4</td><td>企业市场行为</td><td>0.3</td></tr>
<tr><td rowspan="2">有施工项目</td><td colspan="2">1+2+3+4</td><td>0.6</td></tr>
<tr><td>5</td><td>施工现场安全管理</td><td>0.4</td></tr>
</table>

9. 各评分表的评分应符合下列要求：(1) 评分表的实得分数应为各评定项目实得分数之和。(2) 评分表中的各个评定项目应采用扣减分数的方法，扣减分数总和不得超过该项目的应得分数。(3) 项目遇有缺项的，其评分的实得分应为可评分项目的实得分之和与可评分项目的应得分之和比值的百分数。

3.7 安全生产教育管理

安全生产教育管理包括基本要求、培训对象和培训时间以及安全教育档案管理。

3.7.1 基本要求

安全生产教育管理基本要求包括：

1. 施工企业安全生产教育培训应贯穿于生产经营的全过程，教育培训应包括计划编制、组织实施和人员持证审核等工作内容。

2. 施工企业安全生产教育培训计划应依据类型、对象、内容、时间安排、形式等需求进行编制。

3. 安全教育和培训的类型应包括各类上岗证书的初审、复审增训，二级教育（企业、项目、班组）、岗前教育、日常教育、年度继续教育。

4. 安全生产教育培训的对象应包括企业各管理层的负责人、管理人员、特殊工种以及新上岗、待岗复工、转岗、换岗的作业人员。

5. 施工企业的从业人员上岗应符合下列要求：（1）企业主要负责人、项目负责人和专职安全生产管理人员必须经安全生产知识和管理能力考核合格，依法取得安全生产考核合格证书。（2）企业的各类管理人员必须具备与岗位相适应的安全生产知识和管理能力，依法取得必要的岗位资格证书。（3）特殊工种作业人员必须经安全技术理论和操作技能考核合格，依法取得建筑施工特种作业人员操作资格证书。

6. 施工企业新上岗操作工人必须进行岗前教育培训，教育培训应包括下列内容：（1）安全生产法律法规和规章制度。（2）安全操作规程。（3）针对性的安全防范措施。（4）违章指挥、违章作业、违反劳动纪律产生的后果。（5）预防、减少安全风险以及紧急情况下应急救援的基本知识、方法和措施。

7. 施工企业应结合季节施工要求及安全生产形势对从业人员进行日常安全生产教育培训。

8. 施工企业每年应按规定对所有从业人员进行安全生产继续教育，教育培训应包括下列内容：（1）新颁布的安全生产法律法规、安全技术标准规范和规范性文件。（2）先进的安全生产技术和管理经验。（3）典型事故案例分析。

9. 施工企业应定期对从业人员持证上岗情况进行审核、检查，并应及时统计、汇总从业人员的安全教育培训和资格认定等相关记录。

3.7.2 培训对象和培训时间

1. 安全类证书上岗培训（表 3-6）

安全类证书上岗培训　　表 3-6

<table>
<tr><th colspan="2">培训对象</th><th>理论培训时间</th><th>发证单位</th><th>有效期限</th></tr>
<tr><td rowspan="5">安全生产考核三类人员</td><td>建筑施工企业主要负责人</td><td rowspan="2">32 学时</td><td rowspan="5">建设行业行政主管部门</td><td rowspan="5">3 年</td></tr>
<tr><td>建筑施工企业项目负责人</td></tr>
<tr><td>机械类专职安全生产管理人员 C1</td><td rowspan="3">40 学时</td></tr>
<tr><td>土建类专职安全生产管理人员 C2</td></tr>
<tr><td>综合类专职安全生产管理人员 C3</td></tr>
<tr><td rowspan="11">特种作业人员</td><td>建筑电工</td><td rowspan="8">32 学时</td><td rowspan="8">建设行业行政主管部门</td><td rowspan="8">2 年</td></tr>
<tr><td>建筑架子工（P）</td></tr>
<tr><td>建筑起重司机（T）</td></tr>
<tr><td>建筑起重司机（S）</td></tr>
<tr><td>建筑起重司机（W）</td></tr>
<tr><td>起重设备拆装工</td></tr>
<tr><td>吊篮安装拆卸工</td></tr>
<tr><td>建筑起重信号指挥工</td></tr>
<tr><td>架子工</td><td rowspan="3">32 学时</td><td rowspan="3">安全生产监督管理部门</td><td rowspan="3">3 年</td></tr>
<tr><td>电工</td></tr>
<tr><td>焊工</td></tr>
</table>

2. 安全教育（表3-7）

三级安全教育 表3-7

培训对象	培训内容	培训时间
公司级教育	（1）安全生产法律、法规。（2）事故发生的一般规律及典型事故案例。（3）预防事故的基本知识，急救措施	不少于15学时
工程项目（施工队）级教育	（1）各级管理部门有关安全生产的标准。（2）在施工程基本情况和必须遵守的安全事项。（3）施工用化工产品的用途，防毒、防火知识	不少于15学时
班组级教育	（1）本班组生产工作概况，工作性质及范围。（2）本人从事工作的性质，必要的安全知识，各种机具设备及其安全防护设施的性能和作用。（3）本工种的安全操作规程。（4）本工程容易发生事故的部位及劳动防护用品的使用要求	不少于20学时

3. 安全继续教育（表3-8）

安全继续教育 表3-8

人员类别	培训教育内容	培训时间
企业主要负责人	国家安全生产方针、政策和有关安全生产的法律、法规、规章及标准；安全生产管理基本知识、安全生产技术、安全生产专业知识；国内外先进的安全生产管理经验；典型事故和应急救援案例分析；其他需要培训的内容	不少于12学时
项目负责人	国家安全生产方针、政策和有关安全生产的法律、法规、规章及标准；安全生产管理基本知识、安全生产技术、安全生产专业知识，重大危险源管理、重大事故防范、应急管理、组织救援以及事故调查处理的有关规定；职业危害及其预防措施；国内外先进的安全生产管理经验；典型事故和应急救援案例分析；其他需要培训的内容	不少于16学时
专职安全生产管理人员	国家安全生产方针、政策和有关安全生产的法律、法规、规章及标准；安全生产管理、安全生产技术、职业卫生等知识；伤亡事故统计、报告及职业危害的调查处理方法；应急管理、应急预案编制以及应急处置的内容和要求；国内外先进的安全生产管理经验；典型事故和应急救援案例分析；其他需要培训的内容	不少于30学时
关键岗位管理人员	安全生产有关法律法规、安全生产方针和目标；安全生产基本知识；安全生产规章制度和劳动纪律；施工现场危险因素及危险源、危害后果及防范对策；个人防护用品的使用和维护；自救互救、急救方法和现场紧急情况的处理；岗位安全知识；有关事故案例；其他需要培训的内容	不少于20学时
特种作业人员	（1）安全生产有关法律法规、本岗位安全操作规程。（2）安全生产规章制度、危险源辨识。（3）个人防护技能。（4）相关事故案例	不少于24学时
转场人员	（1）本工程项目安全生产状况及施工条件。（2）施工现场中危险部位的防护措施及典型事故案例。（3）本工程项目的安全管理体系、规定及制度	不少于20学时
变换工种人员	（1）新工作岗位或生产班组安全生产概况、工作性质和职责。（2）新工作岗位必要的安全知识，各种机具设备及安全防护设施的性能和要求。（3）新工作岗位、新工种的安全技术操作规程。（4）新工作岗位容易发生事故及有毒有害的地方。（5）新工作岗位个人防护用品的使用和保管	不少于20学时

3.7.3 安全教育档案管理

安全教育档案管理包括建立“职工安全教育卡”、教育卡的管理和考核规定。

1. 建立“职工安全教育卡”

职工的安全教育档案管理应由企业安全管理部门统一规范，为每位在职员工建立“职工安全教育卡”。

2. 教育卡的管理

教育卡的管理实行分级管理和跟踪管理，并进行职工日常安全教育，新入场职工安全教育应符合相应规定。

(1) 分级管理：“职工安全教育卡”由职工所属的安全管理部门负责保存和管理。班组人员的“职工安全教育卡”由所属项目负责保存和管理；机关人员的“职工安全教育卡”由企业安全管理部门负责保存和管理。

(2) 跟踪管理：“职工安全教育卡”实行跟踪管理，职工调动单位或变换工种时，交由职工本人带到新单位，由新单位的安全管理人员保存和管理。

(3) 职工日常安全教育：职工的日常安全教育由公司安全管理部门负责组织实施，日常安全教育结束后，安全管理部门负责在职工的“职工安全教育卡”中作出相应的记录。

(4) 新入场职工安全教育规定：新入场职工必须按规定经公司、项目、班组三级安全教育，分别由公司安全部门、项目安全部门、班组安全员在“职工安全教育卡”中作出相应的记录并签名。

3. 考核规定

安全教育档案管理考核应符合以下规定：(1) 公司安全管理部门每月抽查“职工安全教育卡”一次。(2) 对丢失“职工安全教育卡”的部门进行相应考核。(3) 未按规定对本部门职工进行安全教育的进行相应考核。(4) 未按规定对本部门职工的安全教育情况进行登记的部门进行相应考核。

3.7.4 《建筑施工企业主要负责人、项目负责人和专职安全生产管理人员安全生产管理规定》(建设部第17号令)(节选)

第一章 总 则

第二条 在中华人民共和国境内从事房屋建筑和市政基础设施工程施工活动的建筑施工企业的“安管人员”，参加安全生产考核，履行安全生产责任，以及对其实施安全生产监督管理，应当符合本规定。

第三条 企业主要负责人，是指对本企业生产经营活动和安全生产工作具有决策权的领导人员。项目负责人，是指取得相应注册执业资格，由企业法定代表人授权，负责具体工程项目管理的人员。专职安全生产管理人员，是指在企业专职从事安全生产管理工作的人员，包括企业安全生产管理机构的人员和工程项目专职从事安全生产管理工作的人员。

第四条 国务院住房城乡建设主管部门负责对全国“安管人员”安全生产工作进行监督管理。县级以上地方人民政府住房城乡建设主管部门负责对本行政区域内“安管人员”安全生产工作进行监督管理。

第二章　考　核　发　证

第五条　“安管人员”应当通过其受聘企业，向企业工商注册地的省、自治区、直辖市人民政府住房城乡建设主管部门（以下简称考核机关）申请安全生产考核，并取得安全生产考核合格证书。安全生产考核不得收费。

第六条　申请参加安全生产考核的“安管人员”，应当具备相应文化程度、专业技术职称和一定安全生产工作经历，与企业确立劳动关系，并经企业年度安全生产教育培训合格。

第七条　安全生产考核包括安全生产知识考核和管理能力考核。安全生产知识考核内容包括：建筑施工安全的法律法规、规章制度、标准规范，建筑施工安全管理基本理论等。安全生产管理能力考核内容包括：建立和落实安全生产管理制度、辨识和监控危险性较大的分部分项工程、发现和消除安全事故隐患、报告和处置生产安全事故等方面的能力。

第九条　安全生产考核合格证书有效期为3年，证书在全国范围内有效。证书式样由国务院住房城乡建设主管部门统一规定。

第十条　安全生产考核合格证书有效期届满需要延续的，“安管人员”应当在有效期届满前3个月内，由本人通过受聘企业向原考核机关申请证书延续。准予证书延续的，证书有效期延续3年。对证书有效期内未因生产安全事故或者违反本规定受到行政处罚，信用档案中无不良行为记录，且已按规定参加企业和县级以上人民政府住房城乡建设主管部门组织的安全生产教育培训的，考核机关应当在受理延续申请之日起20个工作日内，准予证书延续。

第十一条　“安管人员”变更受聘企业的，应当与原聘用企业解除劳动关系，并通过新聘用企业到考核机关申请办理证书变更手续。考核机关应当在受理变更申请之日起5个工作日内办理完毕。

第十二条　“安管人员”遗失安全生产考核合格证书的，应当在公共媒体上声明作废，通过其受聘企业向原考核机关申请补办。考核机关应当在受理申请之日起5个工作日内办理完毕。

第十三条　“安管人员”不得涂改、倒卖、出租、出借或者以其他形式非法转让安全生产考核合格证书。

第三章　安　全　责　任

第十四条　主要负责人对本企业安全生产工作全面负责，应当建立健全企业安全生产管理体系，设置安全生产管理机构，配备专职安全生产管理人员，保证安全生产投入，督促检查本企业安全生产工作，及时消除安全事故隐患，落实安全生产责任。

第十五条　主要负责人应当与项目负责人签订安全生产责任书，确定项目安全生产考核目标、奖惩措施，以及企业为项目提供的安全管理和技术保障措施。工程项目实行总承包的，总承包企业应当与分包企业签订安全生产协议，明确双方安全生产责任。

第十六条　主要负责人应当按规定检查企业所承担的工程项目，考核项目负责人安全生产管理能力。发现项目负责人履职不到位的，应当责令其改正；必要时，调整项目负责人。检查情况应当记入企业和项目安全管理档案。

第十七条 项目负责人对本项目安全生产管理全面负责，应当建立项目安全生产管理体系，明确项目管理人员安全职责，落实安全生产管理制度，确保项目安全生产费用有效使用。

第十八条 项目负责人应当按规定实施项目安全生产管理，监控危险性较大分部分项工程，及时排查处理施工现场安全事故隐患，隐患排查处理情况应当记入项目安全管理档案；发生事故时，应当按规定及时报告并开展现场救援。工程项目实行总承包的，总承包企业项目负责人应当定期考核分包企业安全生产管理情况。

第十九条 企业安全生产管理机构专职安全生产管理人员应当检查在建项目安全生产管理情况，重点检查项目负责人、项目专职安全生产管理人员履责情况，处理在建项目违规违章行为，并记入企业安全管理档案。

第二十条 项目专职安全生产管理人员应当每天在施工现场开展安全检查，现场监督危险性较大的分部分项工程安全专项施工方案实施。对检查中发现的安全事故隐患，应当立即处理；不能处理的，应当及时报告项目负责人和企业安全生产管理机构。项目负责人应当及时处理。检查及处理情况应当记入项目安全管理档案。

第二十一条 建筑施工企业应当建立安全生产教育培训制度，制定年度培训计划，每年对“安管人员”进行培训和考核，考核不合格的，不得上岗。培训情况应当记入企业安全生产教育培训档案。

第二十二条 建筑施工企业安全生产管理机构和工程项目应当按规定配备相应数量和相关专业的专职安全生产管理人员。危险性较大的分部分项工程施工时，应当安排专职安全生产管理人员现场监督。

第四章 监 督 管 理

第二十三条 县级以上人民政府住房城乡建设主管部门应当依照有关法律法规和本规定，对“安管人员”持证上岗、教育培训和履行职责等情况进行监督检查。

第二十四条 县级以上人民政府住房城乡建设主管部门在实施监督检查时，应当有两名以上监督检查人员参加，不得妨碍企业正常的生产经营活动，不得索取或者收受企业的财物，不得谋取其他利益。有关企业和个人对依法进行的监督检查应当协助与配合，不得拒绝或者阻挠。

第二十五条 县级以上人民政府住房城乡建设主管部门依法进行监督检查时，发现“安管人员”有违反本规定行为的，应当依法查处并将违法事实、处理结果或者处理建议告知考核机关。

第二十六条 考核机关应当建立本行政区域内“安管人员”的信用档案。违法违规行为、被投诉举报处理、行政处罚等情况应当作为不良行为记入信用档案，并按规定向社会公开。“安管人员”及其受聘企业应当按规定向考核机关提供相关信息。

第五章 法 律 责 任

第二十七条 “安管人员”隐瞒有关情况或者提供虚假材料申请安全生产考核的，考核机关不予考核，并给予警告；“安管人员”1年内不得再次申请考核。“安管人员”以欺骗、贿赂等不正当手段取得安全生产考核合格证书的，由原考核机关撤销安全生产考核合格证书；“安管人员”3年内不得再次申请考核。

第二十八条 “安管人员”涂改、倒卖、出租、出借或者以其他形式非法转让安全生产考核合格证书的，由县级以上地方人民政府住房城乡建设主管部门给予警告，并处1000元以上5000元以下的罚款。

第二十九条 建筑施工企业未按规定开展“安管人员”安全生产教育培训考核，或者未按规定如实将考核情况记入安全生产教育培训档案的，由县级以上地方人民政府住房城乡建设主管部门责令限期改正，并处二万元以下的罚款。

第三十条 建筑施工企业有下列行为之一的，由县级以上人民政府住房城乡建设主管部门责令限期改正；逾期未改正的，责令停业整顿，并处二万元以下的罚款；导致不具备《安全生产许可证条例》规定的安全生产条件的，应当依法暂扣或者吊销安全生产许可证：(一）未按规定设立安全生产管理机构的；（二）未按规定配备专职安全生产管理人员的；（三）危险性较大的分部分项工程施工时未安排专职安全生产管理人员现场监督的；（四）“安管人员”未取得安全生产考核合格证书的。

第三十一条 “安管人员”未按规定办理证书变更的，由县级以上地方人民政府住房城乡建设主管部门责令限期改正，并处1000元以上5000元以下的罚款。

第三十二条 主要负责人、项目负责人未按规定履行安全生产管理职责的，由县级以上人民政府住房城乡建设主管部门责令限期改正；逾期未改正的，责令建筑施工企业停业整顿；造成生产安全事故或者其他严重后果的，按照《生产安全事故报告和调查处理条例》的有关规定，依法暂扣或者吊销安全生产考核合格证书；构成犯罪的，依法追究刑事责任。主要负责人、项目负责人有前款违法行为，尚不够刑事处罚的，处二万元以上二十万元以下的罚款或者按照管理权限给予撤职处分；自刑罚执行完毕或者受处分之日起，5年内不得担任建筑施工企业的主要负责人、项目负责人。

第三十三条 专职安全生产管理人员未按规定履行安全生产管理职责的，由县级以上地方人民政府住房城乡建设主管部门责令限期改正，并处1000元以上5000元以下的罚款；造成生产安全事故或者其他严重后果的，按照《生产安全事故报告和调查处理条例》的有关规定，依法暂扣或者吊销安全生产考核合格证书；构成犯罪的，依法追究刑事责任。

3.7.5《建筑施工企业主要负责人、项目负责人和专职安全生产管理人员安全生产管理规定实施意见》(建质〔2015〕206号)

1. 企业主要负责人的范围

企业主要负责人包括法定代表人、总经理（总裁)、分管安全生产的副总经理（副总裁)、分管生产经营的副总经理（副总裁)、技术负责人、安全总监等。

2. 专职安全生产管理人员的分类

专职安全生产管理人员分为机械、土建、综合三类。机械类专职安全生产管理人员可以从事起重机械、土石方机械、桩工机械等安全生产管理工作。土建类专职安全生产管理人员可以从事除起重机械、土石方机械、桩工机械等安全生产管理工作以外的安全生产管理工作。综合类专职安全生产管理人员可以从事全部安全生产管理工作。

新申请专职安全生产管理人员安全生产考核只可以在机械、土建、综合三类中选择一类。机械类专职安全生产管理人员在参加土建类安全生产管理专业考试合格后，可以申请取得综合类专职安全生产管理人员安全生产考核合格证书。土建类专职安全生产管理人员在参加机械类安全生产管理专业考试合格后，可以申请取得综合类专职安全生产管理人员安全生产考核合格证书。

3. 申请安全生产考核应具备的条件

（1）申请建筑施工企业主要负责人安全生产考核，应当具备下列条件：1）具有相应的文化程度、专业技术职称（法定代表人除外）；2）与所在企业确立劳动关系；3）经所在企业年度安全生产教育培训合格。

（2）申请建筑施工企业项目负责人安全生产考核，应当具备下列条件：1）取得相应注册执业资格；2）与所在企业确立劳动关系；3）经所在企业年度安全生产教育培训合格。

（3）申请专职安全生产管理人员安全生产考核，应当具备下列条件：1）年龄已满18周岁未满60周岁，身体健康；2）具有中专（含高中、中技、职高）及以上文化程度或初级及以上技术职称；3）与所在企业确立劳动关系，从事施工管理工作两年以上；4）经所在企业年度安全生产教育培训合格。

4. 安全生产考核的内容与方式

安全生产考核包括安全生产知识考核和安全生产管理能力考核，安全管理人员考核要点及权重比例分配见表3-9。

建筑施工企业安全管理人员考核要点及权重比例　　表3-9

考核要点	安全管理人员类别与考核要点及权重比例				
	企业主要负责人	项目负责人	专职安全生产管理人员		
			机械类（C1）	土建类（C2）	综合类（C3）
法律法规	48	30	20	22	25
安全管理	20	25	32	22	25
安全技术	15	25	—	34	35
机械设备安全技术	—	—	40	—	—
劳动保护与事故急救	5	8	8	11	7
绿色施工与环境保护	12	12	—	11	8
合计	100	100	100	100	100

安全生产知识考核可采用书面或计算机答卷的方式；安全生产管理能力考核可采用现场实操考核或通过视频、图片等模拟现场考核方式。

机械类专职安全生产管理人员及综合类专职安全生产管理人员安全生产管理能力考核内容必须包括攀爬塔式起重机及起重机械隐患识别等。

5. 安全生产考核合格证书的样式

建筑施工企业主要负责人、项目负责人和专职安全生产管理人员的安全生产考核合格证书由住房和城乡建设部统一规定样式。主要负责人证书封皮为红色，项目负责人证书封皮为绿色，专职安全生产管理人员证书封皮为蓝色。

6. 安全生产考核合格证书的编号

建筑施工企业主要负责人、项目负责人安全生产考核合格证书编号应遵照《关于建筑施工企业主要负责人、项目负责人和专职安全生产管理人员安全生产考核合格证书有关问题的通知》(建办质〔2004〕23号) 有关规定。

专职安全生产管理人员安全生产考核合格证书按照下列规定编号：

(1) 机械类专职安全生产管理人员，代码为C1，编号组成：省、自治区、直辖市简称＋建安＋C1＋(证书颁发年份全称)＋证书颁发当年流水次序号(7位)，如青建安C1(2023) 0000001；

(2) 土建类专职安全生产管理人员，代码为C2，编号组成：省、自治区、直辖市简称＋建安＋C2＋(证书颁发年份全称)＋证书颁发当年流水次序号(7位)，如青建安C2(2023) 0000001；

(3) 综合类专职安全生产管理人员，代码为C3，编号组成：省、自治区、直辖市简称＋建安＋C3＋(证书颁发年份全称)＋证书颁发当年流水次序号(7位)，如青建安C3(2023) 0000001。

7. 安全生产考核合格证书的延续

建筑施工企业主要负责人、项目负责人和专职安全生产管理人员应当在安全生产考核合格证书有效期届满前3个月内，经所在企业向原考核机关申请证书延续。

符合下列条件的准予证书延续；(1) 在证书有效期内未因生产安全事故或者安全生产违法违规行为受到行政处罚；(2) 信用档案中无安全生产不良行为记录；(3) 企业年度安全生产教育培训合格，且在证书有效期内参加县级以上住房城乡建设主管部门组织的安全生产教育培训时间满24学时。

不符合证书延续条件的应当申请重新考核。不办理证书延续的，证书自动失效。

8. 安全生产考核合格证书的换发

在本意见实施前已经取得专职安全生产管理人员安全生产考核合格证书且证书在有效期内的人员，经所在企业向原考核机关提出换发证书申请，可以选择换发土建类专职安全生产管理人员安全生产考核合格证书或者机械类专职安全生产管理人员安全生产考核合格证书。

9. 安全生产考核合格证书的跨省变更

建筑施工企业主要负责人、项目负责人和专职安全生产管理人员跨省更换受聘企业的，应到原考核发证机关办理证书转出手续。原考核发证机关应为其办理包含原证书有效期限等信息的证书转出证明。建筑施工企业主要负责人、项目负责人和专职安全生产管理人员持相关证明通过新受聘企业到该企业工商注册所在地的考核发证机关办理新证书。新证书应延续原证书的有效期。

10. 专职安全生产管理人员的配备

建筑施工企业应当按照《建筑施工企业安全生产管理机构设置及专职安全生产管理人员配备办法》(建质〔2008〕91号) 的有关规定配备专职安全生产管理人员。建筑施工企业安全生产管理机构和建设工程项目中，应当既有可以从事起重机械、土石方机械、桩工机械等安全生产管理工作的专职安全生产管理人员，也有可以从事除起重机械、土石方机械、桩工机械等安全生产管理工作以外的安全生产管理工作的专职安全生产管理人员。

11. 安全生产考核合格证书的暂扣和撤销

建筑施工企业专职安全生产管理人员未按规定履行安全生产管理职责，导致发生一般生产安全事故的，考核机关应当暂扣其安全生产考核合格证书六个月以上一年以下。建筑施工企业主要负责人、项目负责人和专职安全生产管理人员未按规定履行安全生产管理职责，导致发生较大及以上生产安全事故的，考核机关应当撤销其安全生产考核合格证书。

12. 安全生产考核费用

建筑施工企业主要负责人、项目负责人和专职安全生产管理人员安全生产考核不得收取费用，考核工作所需相关费用，由省级人民政府住房城乡建设主管部门商同级财政部门予以保障。

安全生产考核要点

3.8 施工环境与卫生管理

施工环境与卫生管理包括环境保护岗位责任制和《建设工程施工现场环境与卫生标准》JGJ 146—2013 相关规定。

3.8.1 环境保护岗位责任制

1. 主要职能部门岗位责任

主要职能部门岗位责任包括：工会职责、项目经理部职责、质量部职责、工程部职责和技术部职责。

（1）工会职责

工会职责包括：1）负责公司环境、安全方针的宣传、教育，负责有关法律法规的宣传教育工作。2）每季度组织有关人员进行现场环境安全检查工作。

（2）项目经理部职责

项目经理部职责包括：1）是公司环境保证体系的具体落实者，负责执行公司环境安全方针和相关的法律法规。2）对环境保证体系的实施进行连续监控。3）负责项目部环境因素、重大环境因素的识别、危险源、重大安全风险的识别与评定，建立项目部环境因素台账、重大环境因素清单，危险源台账和重大安全风险清单及控制计划。4）负责建立项目环境保证管理方案，作业指导书、应急响应预案及安全技术交底。5）负责配备满足要求的各类管理人员，建立健全项目各级人员环境职责分工，明确各级人员的责任。6）组织进行三级安全教育，进行环境安全交底，进行分包方环境管理的考核和评定。7）负责配备足够的工程项目施工管理过程的环境保证资源，进行生产进度、成本的管理，保证项目环境，保证体系的运行。8）负责组织项目每月进行环境管理体系的运行自检，进行内部沟通，负责纠正措施的制定、实施与跟踪验证。

（3）质量部职责

质量部职责包括：1）负责公司环境保证体系的策划、建立与实施。2）组织编制公司环境保证体系文件。3）负责环境管理文件和记录的控制管理。4）负责公司环境管理体系的内、外部信息交流。5）负责每季度组织公司有关部门监督检查公司的体系运行情况。6）协助人力资源部组织举办环境保证体系标准、相关法律法规、专业知识和文件要求的培训或讲座。7）负责审核各部门下发的环境管理方面的文件。

（4）工程部职责

工程部职责包括：1）负责施工全过程环境保证体系的控制。2）负责环境因素的识别、评价、更新管理。3）负责公司环境目标指标管理方案的制定与实施跟踪。4）负责公司环境管理的具体运作，负责施工场界噪声的监测和控制管理。5）负责公司安全监视和测量装置管理。6）参加质量管理部组织的体系运行季度考核，重点检查环境运行控制绩效。

（5）技术部职责

技术部职责包括：1）负责获取、评价、更新公司适用的环境、安全法律法规与其他要求。2）负责组织环境、安全管理的数据收集与分析，指导进行统计技术的应用，建立和保持数据分析程序。3）负责组织环境、安全严重不合格的纠正与预防措施的制定，并跟踪验证其实施的结果。

2. 施工现场管理人员岗位职责

施工现场管理人员岗位职责包括：项目经理岗位职责、技术负责人岗位职责、环境管理员岗位职责、工长岗位职责、质量员岗位职责、试验员岗位职责、安全员岗位职责、库管员岗位职责和班组长岗位职责。

（1）项目经理岗位职责

项目经理岗位职责包括：1）负责贯彻执行国家环境方面的法律、法规、方针、政策。2）负责本项目部环境管理体系的建立、保持和实施。3）负责组织进行环境因素和危险源的识别，控制重大环境因素和安全风险。4）保障环境管理体系运行所需资源。

（2）技术负责人岗位职责

技术负责人岗位职责包括：1）对项目经理负责，贯彻实施环境方针和环境目标，协助建立、完善环境管理体系，确保其有效运行。2）负责施工过程所涉及的有关环境的法律、法规及其他要求的识别与传递。3）负责运行程序和对有关环境人员的培训、意识和能力的评价。4）负责制定纠正和预防措施，并验证结果。

（3）环境管理员岗位职责

环境管理员岗位职责包括：1）对项目经理负责，贯彻实施环境方针和环境目标，协助建立、完善环境管理体系，确保其有效运行。2）负责制定环境管理方案，并保存记录。3）负责环境管理体系文件收发工作，及时传递到有关人员手中，保证运行有效。4）负责与外部、本部门各层次之间的信息交流，并保持渠道畅通。5）负责收集整理有关记录，以备查阅。

（4）工长岗位职责

工长岗位职责包括：1）识别环境因素，并协助制定环境管理方案。2）负责对本专业人员及相关方的环境意识培训，并施加直接影响。3）保存有关活动记录以备查阅。4）及时反馈该专业所涉及的有关环保方面的信息，以便做出响应。

（5）质检员岗位职责

质检员岗位职责包括：1）遵守有关环境方面的法律法规，贯彻执行总公司的环境方针，保证目标和指标的顺利实现。2）协助识别本工程的环境因素，制定环境管理方案。3）负责工程劳务分包方对环境管理协议的履行监督工作，并施加直接影响。4）协助做好体系运行控制工作。5）协助本部门各层次人员的工作并做出响应。

（6）试验员岗位职责

试验员岗位职责包括：1）遵守有关环境方面的法律法规，贯彻执行总公司的环境方针，保证目标和指标的顺利实现。2）识别本岗位的环境因素并进行控制。3）协助本部门各层次人员的工作并做出响应。

（7）安全员岗位职责

安全员岗位职责包括：1）对项目经理负责，贯彻实施环境方针和环境目标，协助建立、完善环境管理体系，确保其有效运行。2）负责对有关环境方面法律、法规及其他要求等的识别与传递。3）负责制定环境管理方案。4）负责制定纠正和预防措施。

（8）库管员岗位职责

库管员岗位职责包括：1）遵守有关环境方面的法律法规，贯彻执行总公司的环境方针，保证目标和指标的顺利实现。2）负责对油漆类、化学危险品、油类等物资的妥善保存，并做好应急准备与响应。3）协助本部门各层次人员的工作，并做出响应。4）参加环境管理体系审核。

（9）班组长岗位职责

班组长岗位职责包括：1）遵守工地各项有关环境方面的规章制度。2）负责向职工传达有关环保方面的知识，协助做好培训工作。3）协助各层次人员工作，对异常事件做出应急准备和响应，如火灾、地震等。

3.8.2《建设工程施工现场环境与卫生标准》

1. 基本规定

《建设工程施工现场环境与卫生标准》基本规定包括以下12条：

（1）建设工程总承包单位应对施工现场的环境与卫生负总责，分包单位应服从总承包单位的管理。参建单位及现场人员应有维护施工现场环境与卫生的责任和义务。

（2）建设工程的环境与卫生管理应纳入施工组织设计或编制专项方案，应明确环境与卫生管理的目标和措施。

（3）施工现场应建立环境与卫生制度，落实管理责任制，应定期检查并记录。

（4）建设工程的参与建设单位应根据法律的规定，针对可能发生的环境、卫生等突发事件建立应急管理体系，制定相应的应急预案并组织演练。

（5）当施工现场发生有关环境、卫生等突发事件时，应按相关规定及时向施工现场所在地建设行政主管部门和相关部门报告，并应配合调查处置。

（6）施工人员的教育培训、考核应包括环境与卫生等有关内容。

（7）施工现场临时设施、临时道路的设置应科学合理，并应符合安全、消防、节能、环保等有关规定。施工区、材料加工及存放区应与办公区、生活区划分清楚，并应采取相应的隔离措施。

（8）施工现场应实行封闭管理，并应采用硬质围挡。市区主要路段的施工现场围挡高度不应低于2.5m，一般路段围挡高度不应低于1.8m，围挡应牢固、稳定、整洁。距离交通路口20m范围内占据道路施工设置的围挡，其0.8m以上部分应采用通透性围挡，并应采取交通疏导和警示措施。

（9）施工现场出入口应标有企业名称或企业标识。主要出入口明显处应设置工程概况牌，施工现场大门内应有施工现场总平面图和安全管理、环境保护与绿色施工、消防保卫等制度牌和宣传栏。

（10）施工单位应采取有效的安全防护措施。参建单位必须为施工人员提供必备的劳动防护用品，施工人员应正确使用劳动防护用品。劳动防护用品应符合现行行业标准《建筑施工作业劳动防护用品配备及使用标准》JGJ 184 的规定。

（11）有毒有害作业场所应在醒目位置设置安全警示标识，并应符合现行国家标准《工作场所职业病危害警示标识》GBZ 158 的规定，施工单位应依据有关规定对从事有职业病危害作业的人员定期进行体检和培训。

（12）施工单位应根据季节气候特点，做好施工人员的饮食卫生和防暑降温、防寒保暖、防中毒、卫生防疫等工作。

2. 绿色施工

绿色施工包括节约能源资源、大气污染防治、水土污染防治和施工噪声及光污染防治的规定。

（1）节约能源资源

节约能源资源应符合以下规定：1）施工总平面布置、临时设施的布置设计及材料选用应科学合理，节约能源。临时用电设备及器具应选用节能型产品。施工现场宜利用新能源和可再生能源。2）施工现场宜利用拟建道路路基作为临时道路路基。临时设施应利用既有建筑物、构筑物和设施。土方施工应优化施工方案，减少土方开挖和回填量。3）施工现场周转材料宜采用金属、化学合成材料等可回收再利用产品代替，并应加强保养维护，提高周转率。4）施工现场应合理安排材料进场计划，减少二次搬运，并应实行限额领料。5）施工现场办公应利用信息化管理，减少办公用品的使用及消耗。6）施工现场生产生活用水用电等资源能源的消耗应实行计量管理。7）施工现场应保护地下水资源。采取施工降水是应执行国家及当地有关水资源保护的规定，并应综合利用抽排出的地下水。8）施工现场应采用节水器具，并应设置节水标识。9）施工现场宜设置废水回收、循环再利用设施、宜对雨水进行收集利用。10）施工现场应对可回收再利用物资及时分拣、回收、再利用。

（2）大气污染防治

大气污染防治应符合以下规定：1）施工现场的主要道路要进行硬化处理。裸露的场地和堆放的土方应采取覆盖、固化或绿化等措施。2）施工现场土方作业应采取防止扬尘措施，主要道路应定期清扫、洒水。3）拆除建筑物或者构筑物时，应采用隔离、洒水等降噪、降尘措施，并及时清理废弃物。4）土方和建筑垃圾的运输必须采用封闭式运输车辆或采取覆盖措施。施工现场出口处应设置车辆冲洗设施，并应对驶出的车辆进行清洗。5）建筑物内垃圾应采用容器或搭设专用封闭式垃圾道的方式清运，严禁凌空抛掷。6）施工现场严禁焚烧各类废弃物。7）在规定区域内的施工现场应使用预拌制混凝土及预拌砂浆。采用现场搅拌混凝土或砂浆的场所应采取封闭、降尘、降噪措施。水泥和其他易飞扬的细颗粒建筑材料应密闭存放或采取覆盖等措施。8）当市政道路施工进行铣刨、切割等作业时，应采取有效的防扬尘措施。灰土和无机料应采用预拌进场，碾压过程中应洒水降尘。9）城镇、旅游景点、重点文物保护区及人口密集区的施工现场应使用清洁能源。

10）施工现场的机械设备、车辆的尾气排放应符合国家环保排放标准。11）当环境空气质量指数达到中度及以上的污染时，施工现场应增加洒水频次，加强覆盖措施，减少宜造成大气污染的施工作业。

（3）水土污染防治

水土污染防治应符合以下规定：1）施工现场应设置排水管及沉淀池，施工污水应经沉淀处理达到排放标准后，方可排入市政污水管网。2）废弃的降水井应及时回填，并应封闭井口，防止污染地下水。3）施工现场临时厕所的化粪池应进行防渗漏处理。4）施工现场存放的油料和化学溶剂等物品应设置专用库房，地面应进行防渗漏处理。5）施工现场的危险废物应按国家有关规定处理，严禁填满。

（4）施工噪声及光污染防治

施工噪声及光污染防治应符合以下规定：1）施工现场场界噪声排放应符合现行国家标准《建筑施工场界环境噪声排放标准》GB 12523 的规定。施工现场应对场界噪声排放进行监测、记录和控制，并应采取降低噪声的措施。2）施工现场宜选用低噪声、低振动的设备，强噪声设备宜设置在远离居民区的一侧，并应采用隔声、吸声材料搭设的防护棚或屏障。3）进入施工现场的车辆禁止鸣笛。装卸材料应轻拿轻放。4）因生产工艺要求或其他特殊要求，确需进行夜间施工的，施工单位因加强噪声控制，并减少人为噪声。5）施工现场应对强光作业和照明灯具采取遮挡措施，减少对周边居民和环境的影响。

3. 环境卫生

环境卫生包括对临时设施和卫生防疫的规定。

（1）临时设施

临时设施应符合以下规定：1）施工现场应设置办公室、宿舍、食堂、厕所、盥洗设施、淋浴房、开水间、文体活动室、职工夜校等临时设施。文体活动室应配备文体活动设施和用品。尚未竣工的建筑物内严禁设置宿舍。2）生活区、办公区的通道、楼梯处应设置应急疏散、逃生指示标识和应急照明灯。宿舍内宜设置烟感报警装置。3）施工现场应设置封闭式建筑垃圾站。办公区和生活区应设置封闭式垃圾容器。生活垃圾应分类存放，并应及时清运、消纳。4）施工现场应配备常用药及绷带、止血带、担架等急救器材。5）宿舍内应保证必要的生活空间，室内净高不得小于 2.5m，通道宽度不得小于 0.9m，宿舍人员人均面积不得小于 2.5m^2，每间宿舍居住人员不得超过 16 人。宿舍应有专人负责管理，床头宜设置姓名卡。6）施工现场生活区宿舍、休息室必须设置可开启式外窗，床铺不得超过 2 层，不得使用通铺。7）施工现场宜采用集中供暖，使用炉火取暖时应采取防止一氧化碳中毒的措施。彩钢活动板房严禁使用炉火或明火取暖。8）宿舍内应有防暑降温措施。宿舍应设生活用品专柜、鞋柜或鞋架、垃圾桶等生活设施。生活区应提供晾晒衣物的场所和晾衣架。9）宿舍照明电源宜选用安全电压，采用强电照明的宜使用限流器。生活区宜单独设置手机充电柜或充电房间。10）食堂应设置在远离厕所、垃圾站、有毒有害场所等有污染源的地方。11）食堂应设置隔油池，并应定期清理。12）食堂应设置独立的制作间、储藏间，门扇下方应设不低于 0.2m 的防鼠挡板。制作间灶台及周边应采取易清洁、耐擦洗措施，墙面处理高度大于 1.5m，地面应做硬化和防滑处理，并保持墙面、地面整洁。13）食堂应配备必要的排风和冷藏设施，宜设置通风天窗和油烟净化装置，油烟净化装置应定期清理。14）食堂宜使用电炊具。使用燃气的食堂，燃气罐应单独设置存放间并应加装燃气报警装置，存放间应通风良好并严禁存放其他物品。供气单位资质应齐全，气源应有可追溯性。15）食堂制作间的炊具宜存放在封闭的橱柜内，刀、盆、案板等炊具应生熟分开。16）食堂制作间、锅炉房、可燃材料库房及易燃易爆危险品库房等应采用单层建筑，应与宿舍和办公用房分别设置，并应按相关规定保持安全距离。临时用房内设置的食堂、库房和会议室应设在首层。17）易燃易爆危险品库房应使用不燃材料搭建，面积不应超过 200m^2。18）施工现场应设置水冲式或移动式厕所，厕所地面应硬化，门窗应齐全并通风良好。侧位宜设置门及隔板，高度不应小于 0.9m。19）厕所面积应根据施工人员数量设置。厕所应设专人负责，定期清扫、消毒，化粪池应及时清掏。高层建筑施工超过 8 层时，宜每隔 4 层设置临时厕所。20）淋浴间内应设置满足需要的淋浴喷头，并应设置储衣柜或挂衣架。21）施工现场应设置满足施工人员使用的盥洗设施。盥洗设施的下水管口应设置过滤网，并应与市政污水管线连接，排水应畅通。22）生活区应设置开水炉、电热水器或保温水桶，施工区应配备流动保温水桶。开水炉、电热水器、保温水桶应上锁由专人负责管理。23）未经施工总承包单位批准，施工现场和生活区不得使用电热器具。

（2）卫生防疫

卫生防疫应符合以下规定：1）办公区和生活区应设专职或兼职保洁员，并应采取灭鼠、灭蚊蝇、灭蟑螂等措施。2）食堂应取得相关部门颁发的许可证，并应悬挂在制作间醒目位置。炊事人员必须经体检合格并持证上岗。3）炊事人员上岗应穿戴整洁的工作服、工作帽和口罩，并应保持个人卫生。非炊事人员不得随意进入食堂制作间。4）食堂的炊具、餐具和公共饮水器具应及时清洗定期消毒。5）施工现场应加强食品、原料的进货管理，建立食品、原料采购台账，保存原始采购单据。严禁购买无照、无证商贩的食品和原料。食堂应按许可范围经营，严禁销售易导致食物中毒食品和变质食品。6）生熟食品应分开加工和保管，存放成品或半成品的器皿应有耐擦洗的生熟标识。成品或半成品应遮盖，遮盖物品应有正反面标识。各种调料和副食应存放在密闭器皿内，并应有标识。7）存放食品原料的储藏间或库房应有通风、防潮、防虫、防鼠等措施，库房不得兼作他用。粮食存放台、距墙和地面应大于 0.2m。8）当事故现场遇突发疫情时，应及时上报，并应按卫生防疫部门的相关规定进行处理。

3.9 劳动保护管理

劳动保护管理包括劳动防护用品管理制度、安全帽、安全带和安全网安全使用要求和建筑施工作业劳动保护用品配备及使用。

3.9.1 劳动防护用品管理制度

1. 劳动防护用品使用管理基本要求

劳动防护用品使用管理基本要求包括：（1）建立健全劳动防护用品的购买、验收、保管、发放、使用、更换、报废等管理制度，并应按照劳动防护用品的使用要求，在使用前对其防护功能进行必要的检查。（2）购买的劳动防护用品须经本单位的安全技术部门验收。（3）教育本单位劳动者按照劳动防护用品使用规则和防护要求正确使用劳动防护用品。

2. 劳动防护用品选用

劳动防护用品选用规定见表 3-10。

劳动防护用品选用表 表 3-10

作业类别编号	作业类别名称	不可使用的品类	必须使用的护品	可考虑使用的护品
A01	易燃易爆场所作业	的确良、尼龙等着火焦结的衣物；聚氯乙烯塑料鞋；底面钉铁件的鞋	棉布工作服；防静电服；防静电鞋	
A02	可燃性粉尘场所作业	的确良、尼龙等着火焦结的衣物；底面钉铁件的鞋	棉布工作服；防毒口罩	防静电服；防静电鞋
A03	高温作业	的确良、尼龙等着火焦结的衣物；聚氯乙烯塑料鞋	白帆布类隔热服；耐高温鞋；防强光、紫外线、红外线护目镜或面罩	镀反射膜类隔热服；其他零星护品的披肩、鞋罩、围裙、袖套等
A04	低温作业	底面钉铁件的鞋	防寒服、防寒手套、防寒鞋	防寒帽、防寒工作鞋
A05	低压带电作业		绝缘手套、绝缘鞋	安全帽、防异物伤害护目镜
A06	高压带电作业		绝缘手套、绝缘鞋、安全帽	等电位工作服、防异物伤害护目镜
A07	吸入性气相毒物作业		防毒口罩	有相应滤毒罐的防毒面罩；供应空气的呼吸保护器
A08	吸入性气溶胶毒物作业		防毒口罩或防尘口罩、护发罩	防化学液眼镜；有相应滤毒罐的防毒面罩；供应空气的呼吸保护器防毒物渗透工作服
A09	沾染性毒物作业		防化学液眼镜、防毒口罩；防毒物渗透工作服、防毒物渗透手套；护发帽	有相应滤毒罐的防毒面罩；相应的皮肤保护剂；供应空气的呼吸保护器
A10	生物性毒物作业		防毒口罩；防毒物渗透工作服、防毒物渗透手套；护发帽；防异物伤害护目镜	有相应滤毒罐的防毒面罩；相应的皮肤保护剂
A11	腐蚀性作业		防化学液眼镜、防毒口罩、防酸（碱）工作服；耐酸（碱）手套、耐酸（碱）鞋、护发帽	供应空气的呼吸保护器
A12	易污作业		防尘口罩、护发帽、一般性工作服；其他零星护品如披肩帽、鞋罩、围裙、套袖等	相应的皮肤保护剂

续表

作业类别编号	作业类别名称	不可使用的品类	必须使用的护品	可考虑使用的护品
A13	恶味作业		一般性工作服	相应的皮肤保护剂；供应空气的呼吸保护器；护发帽
A14	密闭场所作业		供应空气的呼吸保护器	
A15	噪声作业			塞栓式耳塞；耳罩
A16	强光作业		防强光、紫外线、红外线护目镜或面罩	
A17	激光作业		防激光护目镜	
A18	荧光屏作业			荧光屏作业护目镜
A19	微波作业			防微波护目镜、屏蔽服
A20	射线作业		防射线护目镜、防射线服	
A21	高处作业	底面钉铁件的鞋	安全帽、安全带	防滑工作鞋
A22	存在物体坠落、撞击的作业		安全帽、防砸安全鞋	
A23	有碎屑飞溅的作业		防异物伤害护目镜；一般性工作服	
A24	操纵转动机械	手套	护发帽、防异物伤害护目镜；一般性工作服	
A25	人工搬运	底面钉铁件的鞋	防滑手套	安全帽、防滑工作鞋；防砸安全鞋
A26	接触使用锋利器具		一般性工作服	防割伤手套、防砸安全鞋、防刺穿鞋
A27	地面存在尖利器物的作业		防刺穿鞋	
A28	手持振动机械作业		防射线服	
A29	人承受全身震动的作业		减震鞋	
A30	野外作业		防水工作服（包括防水鞋）	防寒帽、防寒服、防寒手套、防寒鞋、防异物伤害护目镜、防滑工作鞋
A31	水上作业		防滑工作鞋、救生衣（服）	安全带、水上作业服
A32	涉水作业		防水工作服（包括防水鞋）	
A33	潜水作业		潜水服	

续表

作业类别编号	作业类别名称	不可使用的品类	必须使用的护品	可考虑使用的护品
A34	地下挖掘建筑作业		安全帽	防尘口罩、塞栓式耳塞、减震手套、防砸安全鞋、防水工作服（包括防水鞋）
A35	车辆驾驶		一般性工作服	防强光、紫外线、红外防异物伤害护目镜；线护目镜或面罩；防冲击安全头盔
A36	铲、装、吊、推机械操纵		一般性工作服	防尘口罩；防强光、紫外线、红外线护目镜或面罩；防异物伤害护目镜；防水工作服（包括防水鞋）
A37	一般性作业			一般性工作服
A38	其他作业			一般性工作服

3.9.2 安全帽、安全带和安全网安全使用要求

1. 安全帽

安全帽的使用，应注意以下安全使用要求：(1) 凡进入施工现场的所有人员，都必须戴安全帽。作业中不得将安全帽脱下、搁置一旁或当坐垫使用。(2) 国家标准中规定戴安全帽的高度，为帽箍底边至人头顶端（以试验时木质人头模型为代表）的垂直距离为80～90mm。国家标准对安全帽最主要的要求是能够承受5000N的冲击力。(3) 要正确使用安全帽，要扣好帽带，调整好帽衬间距（一般为40～50mm），勿使轻易松脱或颠动摇晃。缺衬缺带或破损的安全帽不准使用。

2. 安全带

安全带的使用，应注意以下安全使用要求：(1) 使用时要高挂低用，防止摆动碰撞，绳子不能打结，钩子要挂在连接环上。当发现有异常时要立即更换，换新绳时要加绳套。使用3m以上的长绳要加缓冲器。(2) 在攀登和悬空等作业中，必须戴安全带并有牢靠的挂钩设施，严禁只在腰间戴安全带，而不在固定的设施上拴挂钩环。(3) 安全带不使用时要妥善保管，不可接触高温、明火、强酸、强碱或尖锐物体。频繁使用的绳要经常做外观检查；使用两年后要做抽检，抽验过的样带要更换新绳。

3. 安全网

安全网的使用，应注意以下安全使用要求：(1) 网内不得存留建筑垃圾，网下不能堆积物，网身不能出现严重变形和磨损，以及是否会受化学品与酸、碱烟雾的污染及电焊火花的烧灼等。(2) 安全网支撑架不得出现严重变形和磨损，其连接部位不得有松脱现象。网与网之间及网与支撑架之间的连接点亦不允许出现松脱。所有绑拉的绳都不能使其受严重的磨损或有变形。(3) 网内的坠落物要经常清理，保持网体洁净。还要避免大量焊接或其他火星落入网内，并避免高温或蒸汽环境。当网体受到化学品的污染或网绳嵌入粗砂粒或其他可能引起磨损的异物时，即须进行清洗，洗后使其自然干燥。(4) 安全网在搬运中

不可使用铁钩或带尖刺的工具，以防损伤网绳。网体要存放在仓库或专用场所，并将其分类、分批存放在架子上，不允许随意乱堆。对仓库要求具备通风、遮光、隔热、防潮、避免化学物品的侵蚀等条件。在存放过程中，亦要求对网体做定期检验，发现问题，立即处理，以确保安全。

3.10 机械设备管理

机械设备管理包括机械设备管理责任制、建筑起重机械使用管理、机械设备安全检查和建筑起重机械安全监督管理。

3.10.1 机械设备管理责任制

机械设备管理责任制包括总公司机械设备管理责任制、项目经理部机械设备管理责任制和项目部相关负责人的机械设备管理责任制。

1. 总公司机械设备管理责任制

（1）总公司机械设备管理部

总公司机械设备管理部应履行的责任如下：1）负责贯彻执行国家、上级部门颁发的有关机械设备的法律、法规和标准规范；负责制定、修订公司设备管理制度及企业标准；负责制度、标准实施过程的检查、指导和监督，负责发布内部机械租赁费统一报价。2）根据上级及行业的有关规定，选择建筑起重机械检验检测的委托机构，评审进入施工现场的租赁机械设备。3）负责机械设备启用验收工作。4）负责企业内机械设备的检查、指导和监督等管理工作。5）负责机械设备选型、购置、验收入账、调拨、报废更新和报废处理。6）负责机械设备固定资产账务管理和设备统计汇总。7）负责机械设备事故的调查，分析及上报处理工作。8）总公司技术部门负责编制施工组织设计，包括建筑起重机械专项施工方案的审批。9）负责试验、检验、测量仪器设备的购置、使用、检测封存、报废的管理。

（2）总公司建筑机械施工分公司

总公司建筑机械施工分公司责任如下：1）负责自有和租赁机械设备的管理，业务管理受单位机械设备管理部门领导。2）负责自有和租赁机械设备的经营管理，承担施工现场机械设备的日常管理、维修检查安装启用验收和申报检测工作。3）负责贯彻执行机械设备管理的法律、法规、标准及制度，结合本单位情况制定实施细则，检查执行情况，组织改进活动。4）机械设备购置、报废及更新的申请工作。5）负责出租建筑起重机械安（拆）装工程方案的编制和实施。6）负责机械设备固定资产的账务、实物、附件管理及统计报表的上报。7）负责机械设备使用过程中的维护保养，安全使用和巡视检查工作。8）接受分包（专业分包）单位委托的机械设备的有偿管理，并履行每月不少于一次专业检查、实施监督与监视。

2. 项目经理部机械设备管理责任制

项目经理部机械设备管理责任制如下：1）设置专职或兼职的机管员，负责编制项目设备使用计划，建立设备租赁合同及安全协议台账。2）负责建立项目机械设备使用台账和机械设备租赁费用台账。3）参与机械检测机构对机械设备的检测工作，负责对检测不合格项的整改复查工作。4）参与机械设备的安（拆）装监护工作，做好机械设备进退场的协调工作。5）负责项目经理部设备定期检查和不定期巡回检查。6）负责编制并实施中小型机械设备的保养计划。7）负责对机械设备操作人员的上岗安全交底，建立特种作业人员名册，并督促操作人员持证上岗和执行安全操作规程。8）负责项目机械设备启用验收工作。

3. 项目部相关负责人的机械设备管理责任制

项目部相关负责人的机械设备管理责任制包括项目经理责任制、项目工程师责任制、机械管理人员责任制和安全员责任制。

（1）项目经理责任制：1）负责项目施工现场准备工作，保证机械设备使用条件，按要求配备管理和操作人员。2）督促有关人员做好现场机械设备的使用和管理工作。

（2）项目工程师责任制：1）选择合适的机械设备，安排适宜的机械设备作业环境，绘制机械设备现场布置图。对超性能使用机械设备应列专项说明。2）组织编制或审查建筑起重机械安（拆）装工程专项施工方案。3）组织机械设备的相关交底和验收工作。

（3）机械管理人员责任制：1）参加现场准备工作，检查机械设备使用条件，负责自有及租赁机械设备的进场验收。2）督促操作人员遵守操作规程，正确安装和操作机械设备，做好机械设备的例行保养工作。3）定期检查机械设备的安全运行情况、工地临时用电情况，按要求建立使用管理台账。4）组织或协助组织对机械设备故障的处理。5）负责监督机械设备安全使用、定期检查、整改等工作。6）参与编制或审查建筑起重机械安（拆）装专项施工方案。7）参与机械设备的检测和验收工作。

（4）安全员责任制：1）参加现场准备工作，检查机械设备使用条件，参与自有及租赁机械设备的进场验收。2）负责检查机械设备操作人员的操作资格证书。

3.10.2 建筑起重机械使用管理

1. 制定多塔作业防碰撞专项方案

多台塔式起重机在同一施工现场交叉作业时，应编制专项方案，并应采取防碰撞的安全措施。任意两台塔式起重机之间的最小架设距离应符合下列规定：①低位塔式起重机的起重臂端部与另一台塔式起重机的塔身之间的距离不得小于2m。②高位塔式起重机的最低位置的部件（或吊钩升至最高点或平衡重的最低部位）与低位塔式起重机中处于最高位置部件之间的垂直距离不得小于2m。

2. 编制建筑起重机械使用过程中应急预案

编制建筑起重机械使用过程中应急预案包括：应急处置基本原则、组织机构及职责、事故类型和危害程度分析、预防与预警、应急处置、应急物资与装备保障。

3. 建筑起重机械的使用管理

建筑起重机械的使用管理应符合以下要求：

（1）使用单位应在施工现场配备专职设备管理人员。

（2）建筑起重机械的司机、起重信号工、司索工等操作人员应取得建筑施工特种作业操作资格证书上岗，严禁无证上岗。

（3）建筑起重机械使用前应对上述作业人员进行安全教育与安全技术交底，交底资料应留存备查。

(4) 维修单位应按使用说明书的要求对需润滑部件进行全面润滑，不得使用有故障的建筑起重机械。

(5) 当遇到可能影响建筑起重机械安全技术性能的自然灾害、发生事故或停6个月以上时，应对建筑起重机械重新组织检查验收。

(6) 塔式起重机的使用要求：①应按照《建筑施工塔式起重机安装、使用、拆卸安全技术规程》JGJ 196—2010中的"塔式起重机的使用"要求进行使用。②塔式起重机的力矩限制器、重量限制器、变幅限位器、行走限位器、高度限位器等安全保护装置不得随意调整和拆除，严禁用限位装置代替操纵机构。③遇风速在12m/s及以上的大风或大雨。大雪、大雾等恶劣天气时，应停止作业；雨过后，应先经过试吊，确认制动器灵敏可靠方可进行作业；夜间施工应有足够照明，照明的安装应符合现行行业标准《施工现场临时用电安全技术规范》JGJ 46的要求。

(7) 应按照《建筑施工升降机安装、使用、拆卸安全技术规程》JGJ 215—2010中施工升降机的使用要求：①严禁施工升降机使用超过有效标定期的防坠安全器。②严禁用行程开关代为停止运行的控制开关。③钢丝绳式施工升降机的使用还应符合现行国家标准《起重机钢丝绳　保养、维护、检验和报废》GB/T 5972的规定。④施工升降机使用期间，每3个月应进行不少于一次的额定载重量坠落试验，坠落试验方法、时间间隔及评定标准应符合使用说明书和现行国家标准《吊笼有垂直导向的人货两用施工升降机》GB/T 26557的有关要求。

3.10.3 机械设备安全检查

机械设备安全检查包括基本要求、安全检查的内容和安全检查资料汇总。

1. 基本要求

(1) 各项目部机管员每月定期对本项目部的建筑起重机械进行一次安全检查，并将检查资料整理归档后备查。

(2) 企业负责人带班检查时，应将建筑起重机械列入重点检查内容。

(3) 项目部负责人带班生产时，必须对建筑起重机械的日常使用情况进行检查。

2. 安全检查的内容

安全检查的内容包括：①各类建筑起重机械安全装置是否齐全，限位开关是否可靠有效，机械设备接地线是否符合有关规定。②塔式起重机轨道接地线、路轨顶端止挡装置是否齐全可靠。轨道铺设平整、拉杆、压板是否符合要求。③设备钢丝绳、吊具索具是否符合安全要求。④各类设备制动装置性能是否灵敏可靠。⑤固定使用设备的布局搭设是否符合有关规定。⑥施工升降机限速器、扶墙装置是否符合有关规定。⑦井架、施工升降机进出口处、防护棚、门等搭设是否符合有关规定。⑧建筑起重机重要部位螺栓紧固，各类减速箱和滑轮等需要润滑部位的润滑是否符合有关规定。⑨现场用电装置是否符合有关规定。⑩操作人员是否持证上岗。⑪建筑起重机械的清洁工作是否正常开展。

3. 安全检查资料汇总

企业设备部门应汇总检查中发现的问题，督促项目部改正，并做好相应记录，将整改情况及时反馈给公司设备管理分管负责人。

3.10.4 建筑起重机械安全监督管理

建筑起重机械安全监督管理根据《建筑起重机械监督管理规定》（中华人民共和国建设部令第166号）进行监督管理。

3.11 安全生产标准化考评

根据住房和城乡建设部《建筑施工安全生产标准化考评暂行办法》规定，安全生产标准化考评包括项目考评、企业考评及奖励和惩戒。

3.11.1 项目考评

项目考评包括责任分工、自评依据、监督检查、项目自评材料主要内容和建筑施工项目安全生产标准化评定为不合格的情形。

1. 责任分工

建筑施工企业应当建立健全以项目负责人为第一责任人的项目安全生产管理体系，依法履行安全生产职责，实施项目安全生产标准化工作。建筑施工项目实行施工总承包的，施工总承包单位对项目安全生产标准化工作负总责。施工总承包单位应当组织专业承包单位等开展项目安全生产标准化工作。

2. 自评依据

工程项目应当成立由施工承包及专业承包单位等组成的项目安全生产标准化自评机构，在项目施工过程中每月主要依据《建筑施工安全检查标准》JGJ 59等开展安全生产标准化自评工作。

3. 监督检查

项目考评监督检查应按下列要求进行：

（1）建筑施工企业安全生产管理机构应当定期对项目安全生产标准化工作进行监督检查，检查及整改情况应当纳入项目自评材料。

（2）建设监理单位应当对建筑施工企业实施的项目安全生产标准化工作进行监督检查并对建筑施工企业的项目自评材料进行审核并签署意见。

（3）对建筑施工项目实施安全生产监督的住房城乡建设主管部门或其委托的建筑施工安全监督机构（以下简称“项目考评主体”）负责建筑施工项目安全生产标准化考评工作。

（4）项目考评主体应当对已办理施工安全监督手续并取得施工许可证的建筑施工项目开展施工安全生产标准化考评。

（5）项目考评主体应当对建筑施工项目实施日常安全监督时同步开展项目考评工作，指导监督项目自评工作。

（6）项目完工后办理竣工验收前，建筑施工企业应当向项目考评主体提交项目安全生产标准化自评材料。

4. 项目自评材料主要内容

项目自评材料主要内容包括：（1）项目建设、监理、施工总承包、专业承包等单位及其项目主要负责人名册。（2）项目主要依据《建筑施工安全检查标准》JGJ 59等进行自评结果及项目建设、监理单位审核意见。(3) 项目施工期间因安全生产受到住房城乡建设主管部门奖惩情况(包括限期整改、停工整改、通报批评、行政处罚、通报表扬、表彰奖励等)。(4) 项目发生生产安全责任事故情况。(5) 住房城乡建设主管部门规定的其他材料。

5. 建筑施工项目安全生产标准化评定为不合格的情形

安全生产标准化评定为不合格的几种情形:(1) 未按规定开展项目自评工作的。(2) 发生生产安全责任事故的。(3) 因项目存在安全隐患在一年内受到住房城乡建设主管部 2 次及以上停工整改的。(4) 住房城乡建设主管部门规定的其他情形。

3.11.2 企业考评

企业考评包括责任分工、企业安全生产标准化自评工作、评定机构和考评内容、企业自评材料主要内容和建筑施工企业安全生产标准化评定为不合格的情形。

1. 责任分工

建筑施工企业应当建立健全以法定代表人为第一责任人的企业安全生产管理体系,依法履行安全生产职责,实施企业安全生产标准化工作。

2. 企业安全生产标准化自评工作

建筑施工企业应当成立企业安全生产标准化自评机构,每年主要依据《施工企业安全生产评价标准》JGJ/T 77 等开展企业安全生产标准化自评工作。

3. 评定机构和考评内容

评定机构和考评内容包括:(1) 对建筑施工企业颁发安全生产许可证的住房城乡建设主管部门或委托的建筑施工安全监督机构(以下简称"企业考评主体")负责建筑施工企业的安全生产标准化考评工作。(2) 企业考评主体应当取得安全生产许可证且许可证在有效期内的建筑施工企业施工安全生产标准化考评。(3) 企业考评主体应当对建筑施工企业安全生产许可证实施动态监管时同步开展企业安全生产标准化考评工作,指导监督建筑施工企业开展自评工作。(4) 建筑施工企业在办理安全生产许可证延期时,应当向企业考评主体提交企业自评材料。

4. 企业自评材料主要内容

企业自评材料主要内容包括:(1) 企业承建项目台账及项目考评结果。(2) 企业主要依据《施工企业安全生产评价标准》JGJ/T 77 等进行自评结果。(3) 企业近三年内因安全生产受到住房城乡建设主管部门奖惩情况(包括通报批评、行政处罚、通报表扬、表彰奖励等)。(4) 企业承建项目发生生产安全责任事故情况。(5) 省级及以上住房城乡建设主管部门规定的其他材料。

5. 建筑施工企业安全生产标准化评定为不合格的情形

建筑施工企业安全生产标准化评定为不合格的几种情形:(1) 未按规定开展企业自评工作的。(2) 企业近三年所承建的项目发生较大及以上生产安全责任事故的。(3) 企业近三年所承建已竣工项目不合格率超过 5%的(不合格率是指企业近三年作为项目考评不合格责任主体的竣工工程数量与企业承建已竣工工程数量之比)。(4) 省级及以上住房城乡建设主管部门规定的其他情形。(5) 建筑施工企业在办理安全生产许可证延期时未提交企业自评材料的,视同企业考评不合格。

3.11.3 奖励和惩戒

1. 奖励

（1）建筑施工安全生产标准化考评结果作为政府相关部门进行绩效考核、信用评级、诚信评价、评先推优、投融资风险评估、保险费率浮动等重要参考依据。

（2）政府投资项目招标投标应优先选择建筑施工安全生产标准化工作业绩突出的建筑施工企业及项目负责人。

（3）住房城乡建设主管部门应当将建筑施工安全生产标准化考评情况记入安全生产信用档案。

2. 惩戒

（1）对于安全生产标准化考评不合格的建筑施工企业，住房城乡建设主管部门应当责令限期整改，在企业办理安全生产许可证延期时，复核其安全生产条件，对整改后具备安全生产条件的，安全生产标准化考评结果为“整改后合格”，核发安全生产许可证；对不再具备安全生产条件的，不予核发安全生产许可证。

（2）对于安全生产标准化考评不合格的建筑施工企业及项目，住房城乡建设主管部门应当在企业主要负责人、项目负责人办理安全生产考核合格证书延期时，责令限期重新考核，对重新考核合格的，核发安全生产考核合格证；对重新考核不合格的，不予核发安全生产考核合格证。

经安全生产标准化考评合格或优良的建筑施工企业及项目，发现有下列情形之一的，由考评主体撤销原安全生产标准化考评结果，直接评定为不合格，并对有关责任单位和责任人员依法予以处罚：1）提交的自评材料弄虚作假的。2）漏报、谎报、瞒报生产安全事故的。3）考评过程中有其他违法违规行为的。

3.12 消防安全管理

消防安全管理包括基本要求、消防安全职责、总平面布置、建筑防火、临时消防设施、可燃物及易燃易爆危险品与用火、用电、用气管理、施工现场消防安全管理问题的认定、电气焊作业和消防教育培训。

3.12.1 基本要求

消防安全管理的基本要求包括以下七个方面的内容：施工单位消防责任、消防安全管理制度、防火技术方案、应急疏散预案、消防安全教育、消防安全交底和消防检查。

1. 施工单位消防责任

（1）施工现场的消防安全管理应由施工单位负责。实行施工总承包时，应由总承包单位负责。分包单位应向总承包单位负责，并应服从总承包单位的管理，同时应承担国家法律、法规规定的消防责任和义务。

（2）施工单位应根据建设项目规模、现场消防安全管理的重点，在施工现场建立消防安全管理组织机构及义务消防组织，并应确定消防安全负责人和消防安全管理人，同时应落实相关人员的消防安全管理责任。

2. 消防安全管理制度

施工单位应针对施工现场可能导致火灾发生的施工作业及其他活动，制定消防安全管理制度。消防安全管理制度应包括下列主要内容：(1) 消防安全教育与培训制度。(2) 可燃及易燃易爆危险品管理制度。(3) 用火、用电、用气管理制度。(4) 消防安全检查制度。(5) 应急预案演练制度。

3. 防火技术方案

施工单位应编制施工现场防火技术方案，并应根据现场情况变化及时对其修改、完善。防火技术方案应包括下列主要内容：(1) 施工现场重大火灾危险源辨识。(2) 施工现场防火技术措施。(3) 临时消防设施、临时疏散设施配备。(4) 临时消防设施和消防警示标识布置图。

4. 应急疏散预案

施工单位应编制施工现场灭火及应急疏散预案。灭火及应急疏散预案应包括下列主要内容：(1) 应急灭火处置机构及各级人员应急处置职责。(2) 报警、接警处置的程序和通信联络方式。(3) 扑救初起火灾的程序和措施。(4) 应急疏散及救援的程序和措施。

5. 消防安全教育

施工人员进场时，施工现场的消防安全管理人员应向施工人员进行消防安全教育和培训。消防安全教育和培训应包括下列内容：(1) 施工现场消防安全管理制度、防火技术方案、灭火及应急疏散预案的主要内容。(2) 施工现场临时消防设施的性能及使用、维护方法。(3) 扑灭初起火灾及自救逃生的知识和技能。(4) 报警、接警的程序和方法。

6. 消防安全交底

施工作业前，施工现场的施工管理人员应向作业人员进行消防安全技术交底。消防安全技术交底应包括下列主要内容：(1) 施工过程中可能发生火灾的部位或环节。(2) 施工过程应采取的防火措施及应配备的临时消防设施。(3) 初起火灾的扑救方法及注意事项。(4) 逃生方法及路线。

7. 消防检查

施工过程中，施工现场的消防安全负责人应定期组织消防安全管理人员对施工现场的消防安全进行检查。消防安全检查应包括下列主要内容：(1) 可燃物及易燃易爆危险品的管理是否落实。(2) 动火作业的防火措施是否落实。(3) 用火、用电、用气是否存在违章操作，电、气焊及保温防水施工是否执行操作。(4) 临时消防设施是否完好有效。(5) 临时消防车道及临时疏散设施是否畅通。(6) 施工单位应依据灭火及应急疏散预案，定期开展灭火及应急疏散的演练。施工单位应做好并保存施工现场消防安全管理的相关文件和记录，并应建立现场消防安全管理档案。

3.12.2 消防安全职责

消防安全职责包括项目经理、项目消防安全管理人员、专职消防管理人员、工长、班组长及班组工人等的职责。

1. 项目经理职责

“法人单位的法定代表人或者非法人单位的主要负责人是单位的消防安全责任人，对本单位的消防安全工作全面负责”。(《机关、团体、企业、事业单位消防安全管理规定》

（公安部第 61 号令）第四条）

项目经理是施工项目消防安全责任人，对本项目的消防安全工作全面负责：（1）应依法履行责任，保障消防投入，切实在检查消除火灾隐患、组织扑救初起火灾、组织人员疏散逃生和消防宣传教育培训等方面提升能力。（2）施工现场确保消防设施完好有效；不得埋压、圈占、损坏消防设施。（3）要保障疏散通道、安全出口和应急通道畅通。（4）要落实每日防火巡查检查制度，及时发现和消除火灾隐患。（5）组织开展有针对性的消防安全培训和应急演练。

2. 项目消防安全管理人员职责

单位可以根据需要确定本单位的消防安全管理人。消防安全管理人对单位的消防安全责任人负责，实施和组织落实消防安全管理工作（《机关、团体、企业、事业单位消防安全管理规定》（公安部第 61 号令）第七条）：（1）拟定年度消防工作计划，组织实施日常消防安全管理工作。（2）组织制订消防安全制度和保障消防安全的操作规程并检查督促其落实。（3）拟定消防安全工作的资金投入和组织保障方案。（4）组织实施防火检查和火灾隐患整改工作。（5）组织实施对本项目消防设施、灭火器材和消防安全标志的维护保养，确保其完好有效，确保疏散通道和安全出口畅通。（6）组织管理专职消防队和义务消防队。（7）在员工中组织开展消防知识、技能的宣传教育和培训，组织防火和应急疏散预案的实施和演练。（8）单位消防安全责任人委托的其他消防安全管理工作。

3. 专职消防管理人员职责

《机关、团体、企业、事业单位消防安全管理规定》（公安部第 61 号令）第十五条规定：消防安全重点单位应当设置或者确定消防工作的归口管理职能部门，并确定专职或者兼职的消防管理人员，其他单位应当确定专职或者兼职消防管理人员，可以确定消防工作的归口管理职能部门。归口管理职能部门和专兼职消防管理人员在消防安全责任人或者消防安全管理人的领导下开展消防安全管理工作。

专兼职消防管理人员是做好消防安全的重要力量。其应当履行下列消防安全责任：（1）掌握消防安全法律、法规，了解本单位消防安全状况，及时向上级报告。（2）提请确定消防安全重点单位，提出落实消防安全管理措施的建议。（3）实施日常防火检查、巡查，及时发现火灾隐患，落实火灾隐患整改措施。（4）管理维护消防设施、灭火器材和消防安全标志。（5）组织开展消防宣传，对全体员工进行教育培训。（6）编制灭火和应急疏散预案，组织演练。（7）记录有关消防工作的开展情况，完善消防档案。（8）完成其他消防安全管理工作。

4. 工长职责

工长应当履行下列消防安全职责：（1）认真执行上级有关消防安全生产规定，对所管辖班组的消防安全生产负直接领导责任。（2）认真执行消防安全技术措施及安全操作规程，针对生产任务的特点，向班组进行书面消防保卫安全技术交底，履行签字手续，并对规程、措施、交底的执行情况实施经常检查，随时纠正现场及作业中违章、违规行为。（3）经常检查所辖班组作业环境及各种设备、设施的消防安全状况，发现问题及时纠正、解决。对重点、特殊部位施工，必须检查作业人员及设备、设施技术状况是否符合消防保卫安全要求，严格执行消防保卫安全技术交底，落实安全技术措施，并监督其认真执行，做到不违章指挥。（4）定期组织所辖班组学习消防规章制度，开展消防安全教育活动，接受安全部门或人员的消防安全监督检查，及时解决提出的不安全问题。（5）对分管工程项目应用的符合审批手续的新材料、新工艺、新技术，要组织作业工人进行消防安全技术培训；若在施工中发现问题，必须立即停止使用，并上报有关部门或领导。（6）发生火灾或未遂事故要保护现场，立即上报。

5. 班组长职责

班组长应当履行下列消防安全职责：（1）认真执行消防保卫规章制度及安全操作规程，合理安排班组人员工作。（2）经常组织班组人员学习消防知识，监督班组人员正确使用个人劳动保护用品。（3）认真落实消防安全技术交底。（4）定期检查班组作业现场消防状况，发现问题及时解决。（5）发现火灾苗头，保护好现场，立即上报有关领导。

6. 班组工人职责

班组工人应当履行下列消防安全职责：（1）认真学习，严格执行消防保卫制度。（2）认真执行消防保卫安全交底，不违章作业，服从指导管理。（3）发扬团结友爱精神，在消防保卫安全生产方面做到相互帮助、互相监督，对新工人要积极传授消防保卫知识，维护一切消防设施和防护用具，做到正确使用，不得私自拆改、挪用。（4）对不利于消防安全的作业要积极提出意见，并有权拒绝违章指令。（5）严格遵守本岗位安全操作规程。（6）有权拒绝违章指挥。

3.12.3 总平面布置

1. 基本要求

（1）临时用房、临时设施的布置应满足现场防火、灭火及人员安全疏散的要求。

下列临时用房和临时设施应纳入施工现场总平面布局：1）施工现场的出入口、围墙、围挡。2）场内临时道路。3）给水管网或管路和配电线路敷设或架设的走向、高度。4）施工现场办公用房、宿舍、发电机房、变配电房、可燃材料库房、易燃易爆危险品库房、可燃材料堆场及其加工场、固定动火作业场等。5）临时消防车道、消防救援场地和消防水源。

（2）施工现场出入口的设置应满足消防车通行的要求，并宜布置在不同方向，其数量不宜少于2个。当确有困难只能设置1个出入口时，应在施工现场内设置满足消防车通行的环形道路。

（3）施工现场临时办公、生活、生产、物料存贮等功能区宜相对独立布置，防火间距应符合《建设工程施工现场消防安全技术规范》GB 50720—2011第（二）章第1条和第2条的规定。

（4）固定动火作业场应布置在可燃材料堆场及其加工场、易燃易爆危险品库房等全年最小频率风向的上风侧，并宜布置在临时办公用房、宿舍、可燃材料库房、在建工程等全年最小频率风向的上风侧。

（5）易燃易爆危险品库房应远离明火作业区、人员密集区和建筑物相对集中区。

（6）可燃材料堆场及其加工场、易燃易爆危险品库房不应布置在架空电力线下。

2. 防火间距

（1）易燃易爆危险品库房与在建工程的防火间距不应小于15m，可燃材料堆场及其加工场、固定动火作业场与在建工程的防火间距不应小于10m，其他临时用房、临时设施与在建工程的防火间距不应小于6m。

施工现场主要临时用房、临时设施的防火间距不应小于表 3-11 的规定，当办公用房、宿舍成组布置时，其防火间距可适当减小，但应符合下列规定：1）每组临时用房的栋数不应超过 10 栋，组与组间的防火间距不应小于 8m。2）组内临时用房之间的防火间距不应小于 3.3m，当建筑构件燃烧性能等级为 A 级时，其防火间距可减小到 3m。

施工现场主要临时用房、临时设施的防火间距（m）　　表 3-11

房间、设施	A	B	C	D	E	F	G
A	4	4	5	5	7	7	10
B	4	4	5	5	7	7	10
C	5	5	5	5	7	7	10
D	5	5	5	5	7	7	10
E	7	7	7	7	7	10	10
F	7	7	7	7	10	10	12
G	10	10	10	10	10	12	12
主要临时用房、临时设施名称：A. 办公用房、宿舍；B. 发电机房、变配电房；C. 可燃材料库房；D. 厨房操作间、锅炉房；E. 可燃材料堆场及其加工场；F. 固定动火作业场；G. 易燃易爆危险品库房。							

注：1. 临时用房、临时设施的防火间距应按临时用房外墙外边线或堆场、作业场、作业棚边线间的最小距离计算，如临时用房外墙有突出可燃构件时，应从其突出可燃构件的外缘算起。2. 两栋临时用房相邻较高一面的外墙为防火墙时，防火间距不限。3. 本表未规定的，可按同等火灾危险性的临时用房、临时设施的防火间距确定。

3. 消防车道

消防车道的设置应符合下列要求：

（1）施工现场内应设置临时消防车道，临时消防车道与在建工程、临时用房、可燃材料堆场及其加工场的距离不宜小于 5m，且不宜大于 40m；施工现场周边道路满足消防车通行及灭火救援要求时，施工现场内可不设置临时消防车道。

临时消防车道的设置应符合下列规定：1）临时消防车道宜为环形，设置环形车道确有困难时，应在消防车道尽端设置尺寸不小于 12m×12m 的回车场。2）临时消防车道的净宽度和净空高度均不应小于 4m。3）临时消防车道的右侧应设置消防车行进路线指示标识。4）临时消防车道路基、路面及其下部设施应能承受消防车通行压力及工作荷载。

以下建筑应设置环形临时消防车道，设置环形临时消防车道确有困难时，除应符合《建设工程施工现场消防安全技术规范》GB 50720—2011 第 3.3.2 条的规定设置回车场外，尚应按《建设工程施工现场消防安全技术规范》GB 50720—2011 第 3.3.4 条的规定设置临时消防救援场地：1）建筑高度大于 24m 的在建工程。2）建筑工程单体占地面积大于 3000m^2 的在建工程。3）超过 10 栋，且成组布置的临时用房。

（2）临时消防救援场地的设置应符合下列规定：1）临时消防救援场地应在在建工程装饰装修阶段设置。2）临时消防救援场地应设置在成组布置的临时用房场地的长边一侧及在建工程的长边一侧。3）临时救援场地宽度应满足消防车正常操作要求，且不应小于 6m，与在建工程外脚手架的净距不宜小于 2m，且不宜超过 6m。

3.12.4　建筑防火

建筑防火包括临时用房防火和在建工程防火。

1. 临时用房防火

（1）宿舍、办公用房的防火设计应符合下列规定：1）建筑构件的燃烧性能等级应为A级。当采用金属夹芯板材时，其芯材的燃烧性能等级应为A级。2）建筑层数不应超过3层，每层建筑面积不应大于300m²。3）层数为3层或每层建筑面积大于200m²时，应设置至少2部疏散楼梯，房间疏散门至疏散楼梯的最大距离不应大于25m。4）单面布置用房时，疏散走道的净宽度不应小于1.0m；双面布置用房时，疏散走道的净宽度不应小于1.5m。5）疏散楼梯的净宽度不应小于疏散走道的净宽度。6）宿舍房间的建筑面积不应大于30m²，其他房间的建筑面积不宜大于100m²。7）房间内任一点至最近疏散门的距离不应大于15m，房门的净宽度不应小于0.8m；房间建筑面积超过50m²时，房门的净宽度不应小于1.2m。8）隔墙应从楼地面基层隔断至顶板基层底面。

（2）发电机房、变配电房、厨房操作间、锅炉房、可燃材料库房及易燃易爆危险品库房的防火设计应符合下列规定：1）建筑构件的燃烧性能等级应为A级。2）层数应为1层，建筑面积不应大于200m²。3）可燃材料库房单个房间的建筑面积不应超过30m²，易燃易爆危险品库房单个房间的建筑面积不应超过20m²。4）房间内任一点至最近疏散门的距离不应大于10m，房门的净宽度不应小于0.8m。

（3）其他防火设计应符合下列规定：1）宿舍、办公用房不应与厨房操作间、锅炉房、变配电房等组合建造。2）会议室、文化娱乐室等人员密集的房间应设置在临时用房的第一层，其疏散门应向疏散方向开启。

2. 在建工程防火

（1）在建工程作业场所的临时疏散通道应使用不燃、难燃材料建造，并应与在建工程结构施工同步设置，也可利用在建工程施工完毕的水平结构、楼梯。

在建工程作业场所临时疏散通道的设置应符合下列规定：1）耐火极限不应低于0.5h。2）设置在地面上的临时疏散通道，其净宽度不应小于1.5m；利用在建工程施工完毕的水平结构、楼梯作临时疏散通道时，其净宽度不宜小于1.0m；用于疏散的爬梯及设置在脚手架上的临时疏散通道，其净宽度不应小于0.6m。3）临时疏散通道，且坡度大于25°时，应修建楼梯或台阶踏步或设置防滑条。4）临时疏散通道不宜采用爬梯，确需采用时，采取可靠固定措施。5）临时疏散通道的侧面为临空面时，应沿临空面设置高度不小于1.2m的防护栏杆。6）临时疏散通道设置在脚手架上时，脚手架应采用不燃材料搭设。7）临时疏散通道应设置明显的疏散指示标识。8）临时疏散通道应设置照明设施。

（2）既有建筑进行扩建、改建施工时，必须明确划分施工区和非施工区。施工区不得营业、使用和居住；非施工区继续营业、使用和居住时，应符合下列规定：1）施工区和非施工区之间应采用不开设门、窗、洞口的耐火极限不低于0.3h的不燃烧体隔墙进行防火分隔。2）非施工区内的消防设施应完好和有效，疏散通道应保持畅通，并应落实日常值班及消防安全管理制度。3）施工区的消防安全应配有专人值守，发生火情应能立即处置。4）施工单位应向居住和使用者进行消防宣传教育，告知建筑消防设施、疏散通道的位置及使用方法，同时应组织疏散演练。5）外脚手架搭设不应影响安全疏散、消防车正常通行及灭火救援操作，外脚手架搭设长度不应超过该建筑物外立面周长的1/2。

（3）外脚手架、支模架的架体宜采用不燃或难燃材料搭设，以下工程的外脚手架、支模架的架体应采用不燃材料搭设：1）高层建筑。2）既有建筑改造工程。

(4) 以下安全防护网应采用阻燃型安全防护网：1）高层建筑外脚手架的安全防护网。2）既有建筑外墙改造时，其外脚手架的安全防护网。3）临时疏散通道的安全防护网。

(5) 作业场所应设置明显的疏散指示标志，其指示方向应指向最近的临时疏散通道入口。

(6) 作业层的醒目位置应设置安全疏散示意图。

3.12.5 临时消防设施

临时消防设施的规定包括基本要求以及对灭火器、临时消防给水系统和应急照明的规定。

1. 基本要求

临时消防设施应符合以下基本要求：

(1) 施工现场应设置灭火器、临时消防给水系统和应急照明等临时消防设施。

(2) 临时消防设施应与在建工程的施工同步设置。房屋建筑工程中，临时消防设施的位置与在建工程主体结构施工进度的差距不应超过3层。

(3) 在建工程可利用已具备使用条件的永久性消防设施作为临时消防设施。当永久消防设施无法满足使用要求时，应增设临时消防设施，并应符合《建设工程施工现场消防安全技术规范》GB 50720—2011第二章～第四章的有关规定：1）施工现场的消火栓泵应采用专用消防配电线路。专用消防配电线路应自施工现场总配电箱的总断路器上端接入，且应保持不间断供电。2）地下工程的施工作业场所宜配备防毒面具。3）临时消防给水系统的贮水池、消火栓泵、室内消防竖管及水泵接合器等应设置醒目标识。

2. 灭火器

(1) 在建工程及临时用房的下列场所应配置灭火器：1）易燃易爆危险品存放及使用场所。2）动火作业场所。3）可燃材料存放、加工及使用场所。4）厨房操作间、锅炉房、发电机房、变配电房、设备用房、办公用房、宿舍等临时用房。5）其他具有火灾危险的场所。

(2) 施工现场灭火器配置应符合下列规定：1）灭火器的类型应与配备场所可能发生的火灾类型相匹配。2）灭火器的最低配置标准应符合表3-12的规定。3）灭火器的配置数量应按现行国家标准《建筑灭火器配置设计规范》GB 50140的有关规定经计算确定，且每个场所的灭火器数量不应少于2具。4）灭火器的最大保护距离应符合表3-13的规定。

灭火器的最低配置标准 **表3-12**

项目	固体物质火灾		液体或可熔化固体物质火灾、气体火灾	
	单具灭火器最小灭火级别	单位灭火级别最大保护面积（m^2/A）	单具灭火器最小灭火级别	单位灭火级别最大保护面积（m^2/B）
易燃易爆危险品存放及使用场所	3A	50	89B	0.5
固定动火作业场所	3A	50	89B	0.5
临时动火作业场所	2A	50	55B	0.5
可燃材料存放、加工及使用场所	2A	75	55B	1.0
厨房操作间、锅炉房	2A	75	55B	1.0
自备发电机房	2A	75	55B	1.0
变配电房	2A	75	55B	1.0
办公用房、宿舍	1A	100	—	—

灭火器的最大保护距离（m）　　　　表 3-13

灭火器配置场所	固体物质火灾（m）	液体或可熔化固体物质火灾、气体火灾（m）
易燃易爆危险品存放及使用场所	15	9
固定动火作业场	15	9
临时动火作业场	10	6
可燃材料存放、加工及使用场所	20	12
厨房操作间、锅炉房	20	12
发电机房、变配电房	20	12
办公用房、宿舍等	25	—

3. 临时消防给水系统

（1）施工现场或其附近应设置稳定、可靠的水源，并应能满足施工现场临时消防用水的需要。消防水源可采用市政给水管网或天然水源。当采用天然水源时，应采取确保冰冻季节、枯水期最低水位时顺利取水的措施，并应满足临时消防用水量的要求。

（2）临时消防用水量应为临时室外消防用水量与临时室内消防用水量之和。

（3）临时室外消防用水量应按临时用房和在建工程的临时室外消防用水量的较大者确定，施工现场火灾次数可按同时发生 1 次确定。

（4）临时用房建筑面积之和大于 1000m^2 或在建工程单体体积大于 10000m^3 时，应设置临时室外消防给水系统。当施工现场处于市政消火栓 150m 保护范围内，且市政消火栓的数量满足室外消防用水量要求时，可不设置临时室外消防给水系统。

（5）临时用房的临时室外消防用水量不应小于表 3-14 的规定。

临时用房的临时室外消防用水量　　　　表 3-14

临时用房的建筑面积之和	火灾延续时间（h）	消火栓用水量（L/s）	每支水枪最小流量（L/s）
1000m^2＜面积≤5000m^2	1	10	5
面积≥5000m^2		15	5

（6）在建工程的临时室外消防用水量不应小于表 3-15 的规定。

在建工程的临时室外消防用水量　　　　表 3-15

在建工程（单体）体积	火灾延续时间（h）	消火栓用水量（L/s）	每支水枪最小流量（L/s）
10000m^3＜体积≤30000m^3	1	15	5
体积≥30000m^3	2	20	5

（7）施工现场临时室外消防给水系统的设置应符合下列规定：1）给水管网宜布置成环状。2）临时室外消防给水干管的管径，应根据施工现场临时消防用水量和干管内水流计算速度计算确定，且不应小于 *DN*100。3）室外消火栓应沿在建工程、临时用房和可燃材料堆场及其加工场均匀布置。与在建工程、临时用房和可燃材料堆场及其加工场的外边线的距离不应小于 5m。4）消火栓的间距不应大于 120m。5）消火栓的最大保护半径不应

大于150m。

(8) 建筑高度大于24m或单体体积超过30000m³的在建工程，应设置临时室内消防给水系统。

(9) 在建工程的临时室内消防用水量不应小于表3-16的规定。

在建工程的临时室内消防用水量 **表3-16**

建筑高度及单体体积	火灾延续时间(h)	消火栓用水量(L/s)	每支水枪最小流量(L/s)
24m<建筑高度≤50m 30000m³<体积≤50000m³	1	10	5
建筑高度>50m体积≥50000m³	1	15	5

(10) 在建工程临时室内消防竖管的设置应符合下列规定：1) 消防竖管的设置位置应便于消防人员操作，其数量不应少于2根，当结构封顶时，应将消防竖管设置成环状。2) 消防竖管的管径应根据在建工程临时消防用水量、竖管内水流计算速度计算确定，且不应小于*DN*100。

(11) 设置室内消防给水系统的在建工程，应设置消防水泵接合器。消防水泵接合器应设在室外便于消防车取水的部位，与室外消火栓或消防水池取水口的距离宜为15～40m。

(12) 设置临时室内消防给水系统的在建工程，各结构层均应设置室内消火栓接口及消防软管接口，并应符合下列规定：1) 消火栓接口及软管接口应设置在位置明显且易于操作的部位。2) 消火栓接口的前端应设置截止阀。3) 消火栓接口或软管接口的间距，多层建筑不应大于50m，高层建筑不应大于30m。

(13) 在建工程结构施工完毕的每层楼梯处应设置消防水枪、水带及软管，且每个设置点不应少于2套。

(14) 高度超过100m的在建工程，应在适当楼层增设临时中转水池及加压水泵。中转水池的有效容积不应少于10m³，上、下两个中转水池的高差不宜超过100m。

(15) 临时消防给水系统的给水压力应满足消防水枪充实水柱长度不小于10m的要求；给水压力不能满足要求时，应设置消火栓泵，消火栓泵不应少于2台，且应互为备用；消火栓泵宜设置自动启动装置。

(16) 当外部消防水源不能满足施工现场的临时消防用水量要求时，应在施工现场设置临时贮水池。临时贮水池宜设置在便于消防车取水的部位，其有效容积不应小于施工现场火灾延续时间内一次灭火的全部消防用水量。

(17) 施工现场临时消防给水系统应与施工现场生产、生活给水系统合并设置，但应设置将生产、生活用水转为消防用水的应急门。应急门不应超过2个，且应设置在易于操作的场所，并应设置明显标识。

(18) 严寒和寒冷地区的现场临时消防给水系统应采取防冻措施。

4. 应急照明

施工现场的下列场所应配备临时应急照明：(1) 自备发电机房及变配电房。(2) 水泵房。(3) 无天然采光的作业场所及疏散通道。(4) 高度超过100m的在建工程的室内疏散通道。(5) 发生火灾时仍需坚持工作的其他场所。

作业场所应急照明的照度不应低于正常工作所需照度的 90%，疏散通道的照度值不应小于 0.51lx。

临时消防应急照明灯具宜选用自备电源的应急照明灯具，自备电源的连续供电时间不应小于 60min。

3.12.6 可燃物及易燃易爆危险品与用火、用电、用气管理

1. 可燃物及易燃易爆危险品管理

可燃物及易燃易爆危险品管理应符合下列规定：(1) 用于在建工程的保温、防水、装饰及防腐等材料的燃烧性能等级应符合设计要求。(2) 可燃材料及易燃易爆危险品应按计划限量进场。进场后，可燃材料宜存放于库房内，露天存放时，应分类成垛堆放，垛高不应超过 2m，单垛体积不应超过 $50m^3$，垛与垛之间的最小间距不应小于 2m，且应采用不燃或难燃材料覆盖；易燃易爆危险品应分类专库储存，库房内应通风良好，并应设置严禁明火标志。(3) 室内使用油漆及其有机溶剂、乙二胺、冷底子油等易挥发产生易燃气体的物资作业应保持良好通风，作业场所严禁明火，并应避免产生静电。(4) 施工产生的可燃、易燃建筑垃圾或余料，应及时清理。

2. 用火管理

施工现场用火应符合下列规定：(1) 动火作业应办理动火许可证；动火许可证的签发人收到动火申请后，应前往现场查验并确认动火作业的防火措施落实后，再签发动火许可证。(2) 动火操作人员应具有相应资格。(3) 焊接、切割、烘烤或加热等动火作业前，应对作业现场的可燃物进行清理；作业现场及其附近无法移走的可燃物应采用不燃材料对其覆盖或隔离。(4) 施工作业安排时，宜将动火作业安排在使用可燃建筑材料的施工作业前进行。确需在使用可燃建筑材料的施工作业之后进行动火作业时，应采取可靠的防火措施。(5) 裸露的可燃材料上严禁直接进行动火作业。(6) 焊接、切割、烘烤或加热等动火作业应配备灭火器材，并应设置动火监护人进行现场监护，每个动火作业点均应设置 1 个监护人。(7) 五级（含五级）以上风力时，应停止焊接、切割等室外动火作业；确需动火作业时，应采取可靠的挡风措施。(8) 动火作业后，应对现场进行检查，并应在确认无火灾危险后，动火操作人员再离开。(9) 具有火灾、爆炸危险的场所严禁明火。(10) 施工现场不应采用明火取暖。(11) 厨房操作间炉灶使用完毕后，应将炉火熄灭，排油烟机及油烟管道应定期清理油垢。

3. 用电管理

用电管理应符合下列规定：(1) 施工现场供用电设施的设计、施工、运行和维护应符合现行国家标准《建设工程施工现场供用电安全规范》GB 50194 的有关规定。(2) 电气线路应具有相应的绝缘强度和机械强度，严禁使用老化或失去绝缘性能的电气线路，严禁在电气线路上悬挂物品。破损、烧焦的插座、插头应及时更换。(3) 电气设备与可燃、易燃易爆危险品和腐蚀性物品应保持一定的安全距离。(4) 有爆炸和火灾危险的场所，应按危险场所等级选用相应的电气设备。(5) 配电屏上每个电气回路应设置漏电与过载保护器，距配电屏 2m 范围内不应堆放可燃物，5m 范围内不应设置可能产生较多易燃、易爆气体、粉尘的作业区。(6) 可燃材料库房不应使用高热灯具，易燃易爆危险品库房内应使用防爆灯具。(7) 普通灯具与易燃物的距离不宜小于 300mm，聚光灯、碘钨灯等高热灯具

与易燃物的距离不宜小于500mm。(8)电气设备不应超负荷运行或带故障使用。(9)严禁私自改装现场供用电设施。(10)应定期对电气设备和线路的运行及维护情况进行检查。

4. 用气管理

施工现场用气管理应符合下列规定:(1)储装气体的罐瓶及其附件应合格、完好和有效。严禁使用减压器及其他附件缺损的氧气瓶,严禁使用乙炔专用减压器、回火防止器及其他附件缺损的乙炔瓶。(2)气瓶运输、存放、使用时,应符合下列规定:1)气瓶应保持直立状态,并采取防倾倒措施,乙炔瓶严禁横躺卧放。2)严禁碰撞、敲打、抛掷、滚动气瓶。3)气瓶应远离火源,与火源的距离不应小于10m,并应采取避免高温和防止暴晒措施。4)燃气储装瓶罐应设置防静电装置。(3)气瓶应分类储存,库房内应通风良好;空瓶和实瓶同库存放时,应分开放置,空瓶和实瓶的间距不应小于1.5m。(4)气瓶使用时,应符合下列规定:1)使用前,应检查气瓶及气瓶附件的完好性,检查连接气路的气密性,并采取避免气体泄漏的措施,严禁使用已老化的橡皮气管。2)氧气瓶与乙炔瓶的工作间距不应小于5m,气瓶与明火作业点的距离不应小于10m。3)冬季使用气瓶,气瓶的瓶阀、减压器等发生冻结时,严禁用火烘烤或用铁器敲击瓶阀,严禁猛拧减压器的调节螺栓。4)氧气瓶内剩余气体的压力不应小于0.1MPa。5)气瓶用后应及时归库。

3.12.7 施工现场消防安全管理问题的认定

施工现场消防安全管理问题的认定类别包括严重违章行为和重大隐患。

1. 严重违章行为

凡有下列行为之一为严重违章:(1)施工组织设计中未编制消防方案或危险性较大的作业(如防水施工、保温材料安装使用、施工暂设搭建和冷却塔的安装及其他易燃、易爆物品的)未编制防火措施。(2)进行电焊作业、油漆粉刷或从事防水、保温材料、冷却塔安装等危险作业时,无防火要求的措施,也未进行安全交底。明火作业与防水施工、外墙保温材料等较大危险性作业进行违章交叉作业,存在较大火灾隐患的。(3)明火作业无审批手续,非焊工从事电气焊、割作业,动火前未清理易燃物。(4)施工暂设搭建未按防火规定使用非燃材料而采用易燃、可燃材料作围护结构的。(5)在建筑工程主体内设置员工集体宿舍,设置的非燃品库房内住宿人员。 (6)在建筑物或库房内调配油漆、稀料。(7)将建筑物作为仓库使用,或长期存放大量易燃、可燃材料。(8)施工现场吸烟。(9)工程内使用液化石油气钢瓶。(10)冬期施工工程内来用炉火作取暖保温措施的。(11)将住宿或办公区或安全出口上锁、遮挡,或者占用、堆放物品,或者影响疏散通道畅通的。

2. 重大隐患

凡有下列问题为重大隐患:(1)施工现场未设消防车道。(2)施工现场的消防重点部位(木工加工场所、油料及其他仓库等)未配备消防器材。(3)施工现场无消防水源,或消火栓严重不足,未采取其他措施的。(4)消火栓被埋、压、圈、占。因消火栓开启工具不匹配,不能及时开启出水的。(5)施工现场进水干管直径小于100mm,无其他措施的。(6)高度超过24m以上的建筑未设置消防竖管,或在正式消防给水系统投入使用前,拆除或者停用临时消防竖管的。(7)消防竖管未设置水泵结合器,或设置水泵接合器,消防车无法靠近,不能起灭火作用的。(8)消防泵的专用配电线路,未引自施工现场总断路器的上端,不能保证连续不间断供电。(9)冬期施工消火栓、消防泵房、竖管无防冻保温措施，造成设备、管路被冻，不能出水起到灭火作用的。（10）将安全出口上锁、遮挡，或者占用、堆放物品，或者影响疏散通道畅通的。（11）消防设施管理、值班人员和防火巡查人员脱岗的。（12）生活区食堂使用液化气瓶到期未检验，无安全供气协议；工程内或生产区域使用液化石油气的。

3.12.8 电气焊作业

电气焊作业要求包括电气焊作业安全交底和焊接机械基本要求。

1. 电气焊作业安全交底

电气焊作业安全交底分为一般事项交底、特殊事项交底、逃生自救事项交底和面临行政处罚事项交底。

（1）一般事项交底应符合的要求：1）电气焊作业人员应持证上岗。2）动火必须开具用火证，用火证当日有效。用火地点变换，应重新办理。3）清理可燃物，作业现场及其附近无移走的可燃物应采用不燃材料对其覆盖或隔离。4）设专人看护，备足灭火器材和灭火用水，作业后确认无火源后方可离开。5）五级以上风力时应停止焊接、切割等室外动火作业。

（2）特殊事项交底应符合的要求：1）焊、割存放过易燃易爆化学危险物品的容器或设备，在处于危险状态时，不得进行焊割。必须采取安全清洗措施后，方准进行焊割。2）焊割等明火作业不准与防水施工、外墙保温材料、冷却塔、油漆粉刷等作业同部位、同时间上下交叉作业。3）高层、外檐及孔洞周围作业必须有接挡、封堵措施。严禁在有火灾爆炸危险场所进行焊割作业。4）电焊机必须设立专用地线，不准将地线搭接在建筑物、机器设备或各种管道、金属架上。5）氧气瓶导管、软管、瓶等不得与油脂、沾油物品接触。氧气瓶和乙炔瓶应分开放置，两瓶之间工作间距不小于5m，两瓶与明火作业距离不小于10m，并不得倾倒和受热。

（3）逃生自救事项交底：1）初起火灾的扑救方法及注意事项：灭火器的使用，离操作点最近的消火栓位置及使用方法。2）逃生方法及路线。

（4）面临行政处罚事项交底：1）未取得相应的特种作业操作岗位资格进行电、气焊作业的人员一律行政拘留。2）依据《中华人民共和国消防法》（以下简称《消防法》）第二十一条，第六十三条第二款规定，未经施工现场防火负责人审查批准，未开具动火证，动火作业时未清除周边可燃物，未配置消防器材，未设专人监护，未在指定用火时间、地点进行电、气焊作业的一律处罚款或拘留。3）消防监督检查中发现施工现场的消防通道、消防水源、消防设施和灭火器材等，不符合公安部《关于进一步加强建设工程施工现场消防安全工作的通知》（公消〔2009〕131号）、住房和城乡建设部《建设工程施工现场消防安全技术规范》GB 50720—2011等规定的消防安全条件，施工单位仍然进行施工作业的，可视为施工现场负责人指使、强令他人冒险作业，依照《消防法》第六十四条第二款的规定，对施工现场负责人处10日以上15日以下拘留，可以并处五百元以下罚款。4）消防监督检查中发现施工现场动用明火，违反《建设工程施工现场消防安全技术规范》GB 50720—2011有关用火、用电、用气管理规定，情节严重的，可根据《消防法》第六十二条第二款的规定，处5日以下拘留。

2. 焊接机械基本要求

（1）焊接前必须先进行动火审查，配备灭火器材和监护人员，后开动火证。

（2）焊接设备应有完整的防护外壳，一、二次接线柱处应有保护罩。

（3）焊接操作及配合人员必须按规定穿戴劳动防护用品，并必须采取防止触电、高空坠落、中毒和火灾等事故的安全措施。

（4）现场使用的电焊机，应设有防雨、防潮、防晒、防砸的机棚，并应装设相应的消防器材。

（5）焊割现场10m范围内及高空作业下方，不得堆放油类、木材、氧气瓶、乙炔发生器等易燃、易爆物品。

（6）电焊机绝缘电阻不得小于0.5MΩ，电焊机导线绝缘电阻不得小于1MΩ，电焊机接地电阻不得大于40MΩ。

（7）电焊机导线和接地线不得搭在易燃、易爆及带有热源的和有油的物品上；不得利用建筑物的金属结构、管道、轨道或其他金属物体搭接起来形成焊接回路，并不得将电焊机和工件双重接地；严禁使用氧气、天然气等易燃易爆气体管道作为接地装置。

（8）电焊机械的二次线应采用防水橡皮护套铜芯软电缆，电缆长度不应大于30m，二次线接头不得超过3个，二次线应双线到位，不得采用金属构件或结构钢筋代替二次线的地线。当需要加长导线时，应相应增加导线的截面面积。当导线通过道路时，必须架高或穿入防护管内埋设在地下；当通过轨道时，必须从轨道下面通过。当导线绝缘受损或断股时，应立即更换。

（9）电焊钳应有良好的绝缘和隔热能力。电焊钳握柄必须绝缘良好，握柄与导线连接应牢靠，接触良好，连接处应采用绝缘布包好并不得外露。操作人员不得用胳膊夹持电焊钳，也不得在水中冷却电焊钳。

（10）对压力容器和装有剧毒、易燃、易爆物品的容器及带电结构严禁进行焊接和切割。

（11）当需施焊受压容器、密封容器、油桶、管道、沾有可燃气体和溶液的工件时，应先清除容器及管道内压力，消除可燃气体和溶液，然后冲洗有毒、有害、易燃物质；对存有残余油脂的容器，应先用蒸汽、碱水冲洗，并打开盖门，确认容器清洗干净后，再灌满清水方可进行焊接。在容器内焊接应采取防止触电、中毒和窒息的措施，焊、割密封容器应留出气孔，必要时在进、出气口处装设通风设备；容器内照明电压不得超过12V，焊工与焊件间应绝缘；容器外应设专人监护。严禁在已喷涂过油漆和塑料的容器内焊接。

（12）焊接铜、铝、锌、锡等有色金属时，应通风良好，焊接人员应戴防毒面罩、呼吸滤清器或采取其他防毒措施。

（13）当预热焊件温度达150～700℃时，应设挡板隔离焊件发出的辐射热，焊接人员应穿戴隔热的石棉服装和鞋、帽等。

（14）高空焊接或切割时，必须系好安全带，焊接周围和下方应采取防火措施，并应有专人监护。

（15）雨天不得在露天电焊。在潮湿地带作业时，操作人员应站在铺有绝缘物品的地方，并应穿绝缘鞋。

（16）应按电焊机额定焊接电流和暂载率操作，严禁过载。在运行中，应经常检查电焊机的温升，当喷漆电焊机金属外壳温升超过35℃时，必须停止运转并采取降温措施。

（17）当清除焊缝焊渣时，应戴护目镜，头部应避开敲击焊渣飞溅方向。

3.12.9　消防教育培训

1. 公安部《社会消防安全培训大纲》规定

（1）消防安全责任人、管理人和专职消防安全管理人员：掌握常用灭火设施、器材的种类及使用方法；掌握消防设施、器材特点、用途及检查、维护、保养的基本要求。（2）义务消防队人员：掌握常用消防设施、器材的种类及使用方法。掌握常用消防设施、器材的种类及使用方法。（3）保安员：掌握灭火器的种类、适用范围、使用方法、设置及日常维护保养要求。掌握消火栓工作原理、操作方法及日常维护保养要求。（4）单位员工：掌握常用消防设施、器材的种类及使用方法。（5）在建设工地醒目位置、施工人员集中住宿场所设置消防安全宣传栏，悬挂消防安全挂图和消防安全警示标识。（6）对明火作业人员进行经常性的消防安全教育。（7）施工现场每半年应组织一次灭火和应急疏散演练。

2. 总承包单位进行全员消防安全教育培训

总承包单位要组织分包单位管理人员、保安、成品保护人员以及施工人员等进行全员消防安全教育培训。教育培训应当包括：（1）有关消防法规、消防安全制度和保障消防安全的操作规程。（2）本岗位的火灾危险性和防火措施。（3）有关消防设施的性能、灭火器材的使用方法。（4）报火警、扑救初起火灾以及自救逃生的知识和技能。

3. 施工单位应落实的制度与措施

施工单位应落实电焊、气焊、电工等特殊工种作业人员持证上岗制度，电焊、气焊等危险作业前，应对作业人员进行消防安全教育，强化消防安全意识，落实危险作业施工安全措施。

4. 通过消防宣传应达到的效果

通过消防宣传，职工要做到“三知三会”，即知道本岗位的火灾危险性、知道消防安全措施、知道灭火方法；会正确报火警、会扑救初期火灾、会组织疏散人员。

3.12.10　消防资料

施工单位应建立健全消防档案。消防档案应包括消防安全基本情况和消防安全管理情况，消防档案应详实，全面反映施工单位消防工作的基本情况，并附有必要的图表，根据情况变化及时更新。施工单位应对消防档案统一保管、备查。

1. 消防安全基本资料

消防安全基本资料包括：（1）施工现场的基本情况和消防安全重点部位情况。（2）工程消防审批有关资料。（3）消防管理组织机构和各级消防安全责任人。（4）消防安全责任协议。（5）消防安全制度。（6）消防设施灭火器材情况。（7）义务消防队情况。（8）与消防有关的重点工种人员情况。（9）新增消防产品、防火材料的合格证明材料（施工现场一般是指对临建房屋围护结构的保温材料及现场使用的安全网、围网和施工保温材料的检测情况）。（10）灭火和应急疏散方案。

其中，工程消防审批有关资料包括：送审报告（施工单位加盖公章的书面申请）《××市消防局建筑设计消防审核意见书》《××市建筑工程施工现场消防安全审核申请表》、施工现场消防安全措施方案、防火负责人和消防保卫人员名单、施工组织设计和方案及保卫消防方案。

2. 消防安全管理情况

消防安全管理情况应当包括以下内容：（1）公安消防机构填发的各种法律文书。（2）防火检查、巡查记录。（3）火灾隐患及其整改记录。（4）消防设施定期检查记录，灭火器材维修保养记录，燃气、电气设备监测（包括防雷防静电）等记录资料。（5）消防安全培训记录及措施。（6）明火作业审批手续。（7）易燃、易爆化学危险物品，防水施工、保温材料安装、使用、存放的审批手续和措施。（8）灭火和应急疏散预案的演练记录。（9）火灾情况记录。（10）消防奖惩情况记录。

3.13 施工现场管理与文明施工

施工现场管理与文明施工包括施工现场的平面布置与划分、场地与道路、封闭管理、临时设施、材料堆放、施工现场卫生与防疫、五牌一图与两栏一报、警示标牌布置与悬挂和社区服务与环境保护。

3.13.1 施工现场的平面布置与划分

施工现场的平面布置图是施工组织设计的重要组成部分，必须科学合理地规划，绘制出施工现场平面布置图，在施工实施阶段按照施工总平面图要求、设置道路、组织排水、搭建临时设施、堆放物料和设置机械设备等。

1. 施工总平面图编制的依据

施工总平面图编制的依据包括：（1）工程所在地区的原始资料，包括建设、勘察、设计单位提供的资料；原有和拟建建筑工程的位置和尺寸；（2）施工方案、施工进度和资源需要计划；（3）全部施工设施建造方案；（4）建设单位可提供的房屋和其他设施。

2. 施工平面布置原则

施工平面布置应符合下列原则：（1）满足施工要求，场内道路畅通，运输方便，各种材料能按计划分期分批进场，充分利用场地；（2）材料尽量靠近使用地点，减少二次搬运；（3）现场布置紧凑，减少施工用地；（4）在保证施工顺利进行的条件下，尽可能减少临时设施搭设，尽可能利用施工现场附近的原有建筑物作为施工临时设施；（5）临时设施的布置，应便于工人生产和生活，办公用房靠近施工现场，福利设施应在生活区范围之内；（6）平面图布置应符合安全、消防、环境保护的要求。

3. 施工总平面图的内容

施工总平面图应包括以下内容：（1）拟建建筑的位置，平面轮廓；（2）施工用机械设备的位置；（3）塔式起重机轨道、运输路线及回转半径；（4）施工运输道路、临时供水、排水管线、消防设施；（5）临时供电线路及变配电设施位置；（6）施工临时设施位置；（7）物料堆放位置与绿化区域位置；（8）围墙与出入口位置。

4. 施工现场功能区域划分要求

施工现场按照功能可划分为施工作业区、辅助作业区、材料堆放区和办公生活区。施工现场的办公、生活区应当与作业区分开设置，并保持安全距离。办公区、生活区应当设置于在建建筑物坠落半径之外，与作业区之间设置防护措施，进行明显的划分隔离，以免人员误入危险区域；办公区、生活区如果设置在在建建筑物坠落半径之内时，必须采取可靠的防砸措施。功能区规划时还应考虑交通、水电、消防和卫生、环保等因素。

这里的生活区是指建设工程作业人员集中居住、生活的场所，包括施工现场以内和施工现场以外独立设置的生活区。施工现场以外独立设置的生活区是指施工现场内无条件建立生活区，在施工现场以外搭设的用于作业人员居住生活的临时用房或者集中居住的生活基地。

3.13.2 场地与道路

1. 场地要求

施工现场的场地应当整平，清除障碍物，无坑洼和凹凸不平，雨季不积水，暖季应适当绿化。施工现场应具有良好的排水系统，设置排水沟及沉淀池，现场废水不得直接排入市政污水管网和河流；现场存放的油料、化学溶剂等应设有专门的库房，地面应进行防渗漏处理。地面应当经常洒水，对粉尘源进行覆盖遮挡。

2. 道路要求

施工现场的道路应畅通，应当有循环干道，满足运输、消防要求；主干道应当平整坚实，且有排水措施，硬化材料可以采用混凝土、预制块或用石屑、煤渣、砂石等压实整平，保证不沉陷、不扬尘，防止泥土带入市政道路；道路应当中间起拱，两侧设排水设施，主干道宽度不宜小于 3.5m，载重汽车转弯半径不宜小于 15m，如因条件限制，应当采取措施；道路的布置要与现场的材料、构件、仓库等堆场，吊车位置相协调、配合；施工现场主要道路应尽可能利用永久性道路，或先建好永久性道路的路基，在土建工程结束之前再铺路面。

3.13.3 封闭管理

封闭管理包括对大门和围挡的要求。

1. 大门

施工现场应当有固定的出入口，出入口处应设置大门；施工现场的大门应牢固美观，大门上应标有企业名称或企业标识；出入口处应当设置专职门卫、保卫人员，制定门卫管理制度及交接班记录制度；施工现场的施工人员应当佩戴工作卡。

2. 围挡

施工现场围挡应沿工地四周连续设置，不得留有缺口，并根据地质、气候、围挡材料进行设计与计算，确保围挡的稳定性、安全性；围挡的用材应坚固、稳定、整洁、美观，宜选用砌体、金属彩板等硬质材料，不宜使用彩布条、竹笆或安全网等；施工现场的围挡一般应高于 1.8m；禁止在围挡内侧堆放泥土、砂石等散状材料以及架管、模板等，严禁将围挡作挡土墙使用。

3.13.4 临时设施

临时设施包括临时设施的种类、临时设施的设计与选址、临时设施的布置和临时设施的搭设与使用管理。

1. 临时设施的种类

临时设施的种类有办公设施、生活设施、生产设施及辅助设施，具体见表 3-17。

临时设施的类别与内容 表 3-17

序号	临时设施类别	临时设施包括的内容
1	办公设施	办公室、会议室、保卫传达室
2	生活设施	宿舍、食堂、厕所、淋浴室、阅览娱乐室、卫生保健室
3	生产设施	材料仓库、防护棚、加工棚（站、厂，如混凝土搅拌站、砂浆搅拌站、木材加工厂、钢筋加工厂、金属加工厂和机械维修）、操作棚
4	辅助设施	道路、现场排水设施、围墙、大门、供水处、吸烟处

2. 临时设施的设计与选址

（1）临时设施的设计

施工现场搭建的生活设施、办公设施、两层以上、大跨度及其他临时房屋建筑物应当进行结构计算，绘制简单施工图纸，并经企业技术负责人审批方可搭建。临时建筑物设计应符合《建筑结构可靠性设计统一标准》GB 50068、《建筑结构荷载规范》GB 50009 的规定。临时建筑物使用年限定为 5 年。临时办公用房、宿舍、食堂、厕所等建筑物结构重要性系数 $\gamma_0=1.0$。工地非危险品仓库等建筑物结构重要性系数 $\gamma_0=0.9$，工地危险品仓库按相关规定设计。临时建筑及设施设计可不考虑地震作用。

（2）临时设施的选址

办公生活临时设施的选址首先应考虑与作业区相隔离，保持安全距离，其次位置的周边环境必须具有安全性，例如不得设置在高压线下，也不得设置在沟边、崖边、河流边、强风口处、高墙下以及滑坡、泥石流等灾害地质带上和山洪可能冲击到的区域。

安全距离是指在施工坠落半径和高压线防电距离之外，建筑物高度 2～5m，坠落半径为 2m；高度 30m，坠落半径为 5m（如因条件限制，办公区和生活区设置在坠落半径区域内，必须有防护措施）。1kV 以下裸露输电线，安全距离为 4m；330～550kV，安全距离为 15m（最外线的投影距离）。

3. 临时设施的布置

临时设施的布置包括临时设施的布置应遵循的原则和临时设施的布置方式。

（1）临时设施布置应遵循以下原则：1）合理布局，协调紧凑，充分利用地形，节约用地；2）尽量利用建设单位在施工现场或附近能提供的现有房屋和设施；3）临时房屋应本着厉行节约、减少浪费的原则，充分利用当地材料，尽量采用活动式或容易拆装的房屋；4）临时房屋布置应方便生产和生活；5）临时房屋的布置应符合安全、消防和环境卫生的要求。

（2）临时设施的布置方式分以下三种：1）生活性临时房屋布置在工地现场以外，生产性临时设施按照生产的需要在工地选择适当的位置，行政管理的办公室等应靠近工地或是工地现场出入口；2）生活性临时房屋设在工地现场以内时，一般布置在现场的四周或集中于一侧；3）生产性临时房屋，混凝土搅拌站、钢筋加工厂、木材加工厂等，应全面分析比较后确定位置。

4. 临时设施的搭设与使用管理

临时设施的搭设与使用管理包括办公室、宿舍、食堂、厕所、防护棚、搅拌站和仓库的搭设与使用管理。

（1）办公室

施工现场应设置办公室，办公室内布局应合理，文件资料宜归类存放，并应保持室内清洁卫生。

（2）宿舍

宿舍应符合以下要求：1）宿舍应当选择在通风、干燥的位置，防止雨水、污水流入；2）不得在尚未竣工建筑物内设置员工集体宿舍；3）宿舍必须设置可开启式窗户，设置外开门；4）宿舍内应保证有必要的生活空间，室内净高不得小于2.4m，通道宽度不得小于0.9m，每间宿舍居住人员不应超过16人；5）宿舍内的单人铺不得超过2层，严禁使用通铺，床铺应高于地面0.3m，人均床铺面积不得小于1.9m×0.9m，床铺间距不得小于0.3m；6）宿舍内应设置生活用品专柜，有条件的宿舍宜设置生活用品储藏室；7）宿舍内严禁存放施工材料、施工机具和其他杂物；宿舍周围应当搞好环境卫生，应设置垃圾桶、鞋柜或鞋架，生活区内应为作业人员提供晾晒衣物的场地，房屋外应道路平整，晚间有充足的照明；8）寒冷地区冬季宿舍应有保暖措施、防煤气中毒措施，火炉应当统一设置、管理，炎热季节应有消暑和防蚊虫叮咬措施；9）应当制定宿舍管理使用责任制，轮流负责卫生和使用管理或安排专人管理。

（3）食堂

宿舍应符合以下要求：1）食堂应当选择在通风、干燥的位置，防止雨水、污水流入，应当保持环境卫生，远离厕所、垃圾站、有毒有害场所等污染源的地方，装修材料必须符合环保、消防要求；2）食堂应设置独立的制作间、储藏间；3）食堂应配备必要的排风设施和冷藏设施，安装纱门纱窗，室内不得有蚊蝇，门下方应设不低于0.2m的防鼠挡板；4）食堂的燃气罐应单独设置存放间，存放间应通风良好并严禁存放其他物品；5）食堂制作间灶台及其周边应贴瓷砖，瓷砖的高度不宜小于1.5m；地面应做硬化和防滑处理，按规定设置污水排放设施；6）食堂制作间的刀、盆、案板等炊具必须生熟分开，食品必须有遮盖，遮盖物品应有正反面标识，炊具宜存放在封闭的橱柜内；7）食堂内应有存放各种调料和副食的密闭器皿，并应有标识，粮食存放台距墙和地面应大于0.2m；8）食堂外应设置密闭式泔水桶，并应及时清运，保持清洁；9）应当制定并在食堂张挂食堂卫生责任制，责任落实到人，加强管理。

（4）厕所

厕所应符合以下要求：1）厕所大小应根据施工现场作业人员的数量设置；2）高层建筑施工超过8层以后，每隔四层宜设置临时厕所；3）施工现场应设置水冲式或移动式厕所，厕所地面应硬化，门窗齐全。蹲坑间宜设置隔板，隔板高度不宜低于0.9m；4）厕所应设专人负责，定时进行清扫、冲刷、消毒，防止蚊蝇孳生，化粪池应及时清掏。

（5）防护棚

施工现场的防护棚较多，如加工站厂棚、机械操作棚、通道防护棚等。

大型站厂棚可用砖混、砖木结构，并应进行结构计算，保证结构安全。小型防护棚一般采用钢管扣件脚手架搭设，并应严格按照《建筑施工扣件式钢管脚手架安全技术规范》

JGJ 130 要求搭设。

防护棚顶应当满足承重、防雨要求，在施工坠落半径之内的，棚顶应当具有抗砸能力。可采用多层结构，最上层材料强度应能承受 10kPa 的均布静荷载，也可采用 50mm 厚木板架设或采用两层竹笆，上下竹笆层间距应不小于 600mm。

（6）搅拌站

现场搅拌站应符合以下要求：1）搅拌站应有后上料场地，应当综合考虑砂石堆场、水泥库的设置位置，既要相互靠近，又要便于材料的运输和装卸；2）搅拌站应当尽可能设置在垂直运输机械附近，在塔式起重机吊运半径内，尽可能减小混凝土、砂浆水平运输距离。采用塔式起重机吊运时，应当留有起吊空间，使吊斗能方便地从出料口直接挂钩起吊和放下；采用小车、翻斗车运输时，应当设置在大路旁，以方便运输；3）搅拌站场地四周应当设置沉淀池、排水沟：①避免清洗机械时，造成场地积水；②清洗机械用水应沉淀后循环使用，节约用水；③避免将未沉淀的污水直接排入城市排水设施和河流；4）搅拌站应当搭设搅拌棚，挂设搅拌安全操作规程和相应的警示标志、混凝土配合比牌，采取防止扬尘措施，冬期施工还应考虑保温、供热等。

（7）仓库

仓库应符合以下要求：1）仓库的面积应通过计算确定，根据各个施工阶段的需要的先后进行布置；2）水泥仓库应当选择地势较高、排水方便、靠近搅拌机的地方；3）易燃易爆品仓库的布置应当符合防火、防爆安全距离要求；4）仓库内各种工具器件物品应分类集中放置，设置标牌，标明规格型号；5）易燃、易爆和剧毒物品不得与其他物品混放，并建立严格的进出库制度，由专人管理。

3.13.5 材料堆放

材料堆放要求包括一般要求和主要材料半成品的堆放。

1. 一般要求

材料堆放一般要求如下：（1）建筑材料的堆放应当根据用量大小、使用时间长短、供应与运输情况确定，用量大、使用时间长、供应运输方便的，应当分期分批进场，以减少堆场和仓库面积；（2）施工现场各种工具、构件、材料的堆放必须按照总平面图规定的位置放置；（3）位置应选择适当，便于运输和装卸，应减少二次搬运；（4）地势较高、坚实、平坦、回填土应分层夯实，要有排水措施，符合安全、防火的要求；（5）应当按照品种、规格堆放，并设明显标牌，标明名称、规格和产地等；（6）各种材料物品必须堆放整齐。

2. 主要材料半成品的堆放

主要材料半成品的堆放应符合下列要求：（1）大型工具应当一头见齐；（2）钢筋应当堆放整齐，用方木垫起，不宜放在潮湿环境和暴露在外受雨水冲淋；（3）砖应丁码成方垛，不准超高并距沟槽坑边不小于 0.5m，防止坍塌；（4）砂应堆成方，石子应当按不同粒径规格分别堆放成方；（5）各种模板应当按规格分类堆放整齐，地面应平整坚实，叠放高度一般不宜超过 1.6m；大模板存放应放在经专门设计的存架上，应当采用两块大模板面对面存放，当存放在施工楼层上时，应当满足自稳角度并有可靠的防倾倒措施；（6）混凝土构件堆放场地应坚实、平整，按规格、型号堆放，垫木位置要正确，多层构件的垫木要上下对齐，垛位不准超高；混凝土墙板宜设插放架，插放架要焊接或绑扎牢固，防止倒塌。

3.13.6 施工现场卫生与防疫

施工现场卫生与防疫主要包括卫生保健、保洁和食堂卫生。

1. 卫生保健

卫生保健应按下列要求进行：（1）施工现场应设置保健卫生室，配备保健药箱、常用药及绷带、止血带、颈托、担架等急救器材，小型工程可以用办公用房兼作保健卫生室；（2）施工现场应当配备兼职或专职急救人员，处理伤员和职工保健，对生活卫生进行监督和定期检查食堂、饮食等卫生情况；（3）要利用板报等形式向职工介绍防病的知识和方法，做好对职工卫生防病的宣传教育工作，针对季节性流行病、传染病等；（4）当施工现场作业人员发生法定传染病、食物中毒、急性职业中毒时，必须在2小时内向事故发生所在地建设行政主管部门和卫生防疫部门报告，并应积极配合调查处理；（5）现场施工人员患有法定的传染病或病源携带时，应及时进行隔离，并由卫生防疫部门进行处置。

2. 保洁

办公区和生活区应设专职或兼职保洁员，负责卫生清扫和保洁，应有灭鼠、蚊、蝇、蟑螂等措施，并应定期投放和喷洒药物。

3. 食堂卫生

食堂卫生应符合下列要求：食堂必须有卫生许可证；炊事人员必须持有身体健康证，上岗应穿戴洁净的工作服、工作帽和口罩，并应保持个人卫生；炊具、餐具和饮水器具必须及时清洗消毒；必须加强食品、原料的进货管理，做好进货登记，严禁购买无照、无证商贩经营的食品和原料，施工现场的食堂严禁出售变质食品。

3.13.7 五牌一图与两栏一报

施工现场的入口处应有整齐明显的“五牌一图”，在办公区、生活区设置“两栏一报”。

1. 五牌一图

五牌指：工程概况牌、管理人员名单及监督电话牌、消防保卫牌、安全生产牌、文明施工牌；一图指：施工现场总平面图。各地区也可根据情况再增加其他牌图，如工程效果图。五牌具体内容没有作具体规定，可结合本地区、本企业及本工程特点设置。工程概况牌内容一般应写明工程名称、面积、层数、建设单位、设计单位、施工单位、监理单位、开竣工日期、项目经理以及联系电话等。标牌是施工现场重要标志的一项内容，所以不但内容应有针对性，同时标牌制作、挂设也应规范整齐、美观，字体工整。为进一步对职工做好安全宣传工作，要求施工现场在明显处应有必要的安全内容的标语。

2. 两栏一报

施工现场应该设置“两栏一报”，即读报栏、宣传栏和黑板报，丰富学习内容，表扬好人好事。

3.13.8 警示标牌布置与悬挂

施工现场应当根据工程特点及施工的不同阶段，有针对性地设置、悬挂安全标志。

1. 安全色与安全标志

安全警示标志是指提醒人们注意的各种标牌、文学、符号以及灯光等。一般来说，安全警示标志包括安全色和安全标志。安全警示标志应当明显，便于作业人员识别。如果是灯光标志，要求明亮显眼；如果是文字图形标志，则要求明确易懂。

安全色是表达安全信息含义的颜色，安全色分为红、黄、蓝、绿四种颜色，分别表示禁止、警告、指令和提示。

根据《图形符号　安全色和安全标志　第5部分：安全标志使用原则与要求》GB/T 2893.5—2020规定，用以表达特定安全信息的标志，由图形符号、安全色、几何形状（边框）或文字构成。安全标志分为禁止标志、警告标志、指令标志和提示标志4种。安全警示标志的图形、尺寸、颜色、文字说明和制作材料等，均应符合国家标准规定。

我国规定的警告标志共有39个，禁止标志共有40个，指令标志共有16个，提示标志共有8个。

禁止标志：禁止标志的含义是不准或制止人们的某些行动。禁止标志的几何图形是带斜杠的圆环，其中圆环与斜杠相连，用红色；图形符号用黑色，背景用白色。

警告标志：警告标志的含义是警告人们可能发生的危险。警告标志的几何图形是黑色的正三角形、黑色符号和黄色背景。

指令标志：指令标志的含义是必须遵守。是强制人们必须做出某种动作或采用防范措施的图形标志。指令标志的几何图形是圆形，蓝色背景，白色图形符号。指令标志的几何图形是圆形，蓝色背景，白色图形符号。

提示标志：提示标志是向人们提供某种信息（如标明安全设施或场所等）的图形标志。提示标志的几何图形是方形，绿色背景，白色图形符号及文字。

补充标志：补充标志是对前述四种标志的补充说明，以防误解。补充标志分为横写和竖写两种。横写的为长方形，写在标志的下方，可以和标志连在一起，也可以分开；竖写的写在标志杆上部。补充标志的颜色：竖写的，均为白底黑字，横写的，用于禁止标志的用红底白字，用于警告标志的用白底黑字，用带指令标志的用蓝底白字。

2. 安全标志的平面布置

施工单位应当根据工程项目的规模、施工现场的环境、工程结构形式以及设备、机具的位置等情况，确定危险部位，有针对性地设置安全标志。施工现场应绘制安全标志布置总平面图，根据施工不同阶段的施工特点，组织人员有针对性地进行设置、悬挂或增减。

3. 安全标志设置与悬挂

根据国家有关规定，施工现场入口处、施工起重机械、临时用电设施、脚手架、出入通道口、楼梯口、电梯井口、孔洞口、桥梁口、隧道口、基坑边沿、爆破物及有害危险气体和液体存放处等属于危险部位，应当设置明显的安全警示标志。安全警示标志的类型、数量应当根据危险部位的性质不同，设置不同的安全警示标志。如：在爆破物及有害危险气体和液体存放处设置禁止烟火、禁止吸烟等禁止标志；在施工机具旁设置当心触电、当心伤手等警告标志；在施工现场入口处设置必须戴安全帽等指令标志；在通道口处设置安全通道等指示标志；在施工现场的沟、坎、深基坑等处，夜间要设置红灯示警。

安全标志设置后应当进行统计记录，并填写施工现场安全标志登记表。

3.13.9 社区服务与环境保护

1. 社区服务

施工现场应当建立不扰民措施，有责任人管理和检查，应当与周围社区定期联系，听取意见，对合理意见应当及时采纳，处理工作应当有记录。

2. 环境保护的相关法律法规

国家关于保护和改善环境，防治污染的法律、法规主要有《中华人民共和国环境保护法》《中华人民共和国大气污染防治法》《中华人民共和国固体废物污染环境防治法》《中华人民共和国环境噪声污染防治法》等，施工单位在施工时应当自觉遵守。

3. 防治大气污染

防治大气污染应符合下列要求：(1) 施工现场宜采取硬化措施，其中主要道路、料场、生活办公区域必须进行硬化处理，土方应集中堆放。裸露的场地和集中堆放的土方应采取覆盖、固化或绿化等措施。(2) 使用密目式安全网对在建建筑物、构筑物进行封闭，防止施工过程扬尘。(3) 拆除旧有建筑物时，应采用隔离、洒水等措施防止扬尘，并应在规定期限内将废弃物清理完毕。(4) 不得在施工现场熔融沥青，严禁在施工现场焚烧含有有毒、有害化学成分的装饰废料、油毡、油漆、垃圾等各类废弃物。(5) 从事土方、渣土和施工垃圾运输应采用密闭式运输车辆或采取覆盖措施。(6) 施工现场出入口处应采取保证车辆清洁的措施。(7) 施工现场应根据风力和大气湿度的具体情况，进行土方回填、转运作业。(8) 水泥和其他易飞扬的细颗粒建筑材料应密闭存放，砂石等散料应采取覆盖措施。施工现场混凝土搅拌场所应采取封闭、降尘措施。(9) 建筑物内施工垃圾的清运，应采用专用封闭式容器吊运或传送，严禁凌空抛撒。(10) 施工现场应设置密闭式垃圾站，施工垃圾、生活垃圾应分类存放，并及时清运出。(11) 城区、旅游景点、疗养区、重点文物保护地及人口密集区的施工现场应使用清洁能源。(12) 施工现场的机械设备、车辆的尾气排放应符合国家环保排放标准要求。

4. 防治水污染

防治水污染应符合下列要求：(1) 施工现场应设置排水沟及沉淀池，现场废水不得直接排入市政污水管网和河流；(2) 现场存放的油料、化学溶剂等应设有专门的库房，地面应进行防渗漏处理；(3) 食堂应设置隔油池，并应及时清理；(4) 厕所的化粪池应进行抗渗处理；(5) 食堂、盥洗室、淋浴间的下水管线应设置隔离网，并应与市政污水管线连接，保证排水通畅。

5. 防治施工噪声污染

防治施工噪声污染应符合下列要求：(1) 施工现场应按照现行国家标准《建筑施工场界环境噪声排放标准》GB 12523 制定降噪措施，并应对施工现场的噪声值进行监测和记录；(2) 施工现场的强噪声设备宜设置在远离居民区的一侧；(3) 对因生产工艺要求或其他特殊需要，确需在 22 时至次日 6 时进行强噪声施工的，施工前建设单位和施工单位应到有关部门提出申请，经批准后方可进行夜间施工，并公告附近居民；(4) 夜间运输材料的车辆进入施工现场，严禁鸣笛，装卸材料应做到轻拿轻放；(5) 对产生噪声和振动的施工机械、机具的使用，应当采取消声、吸声、隔声等措施；(6) 有效控制降低噪声。

6. 防治施工照明污染

夜间施工严格按照建设行政主管部门和有关部门的规定执行，对施工照明器具的种类、灯光亮度加以严格控制，特别是在城市市区居民居住区内，减少施工照明对城市居民的危害。

7. 防治施工固体废弃物污染

施工车辆运输砂石、土方、渣土和建筑垃圾，采取密封、覆盖措施，避免泄露、遗撒，并按指定地点倾卸，防止固体废物污染环境。

4　施工安全技术

施工安全技术的内容包括土石方工程、脚手架工程、模板工程、临时用电、高处作业和拆除工程六个分部分项工程。

4.1 土石方工程

土石方工程内容包括基本要求、基坑工程和深基坑工程。

4.1.1 基本要求

土石方工程应满足以下基本要求：(1) 土石方工程施工应由具有相应资质及安全生产许可证的企业承担。(2) 土石方工程应编制专项施工安全方案，并应严格按照方案实施。(3) 施工前应针对安全风险进行安全教育及安全技术交底。特种作业人员必须持证上岗，机械操作人员应经过专业技术培训。(4) 施工现场发现危及人身安全和公共安全的隐患时，必须立即停止作业，排除隐患后方可恢复施工。(5) 在土石方施工过程中，当发现古墓、古物等地下文物或其他不能辨认的液体、气体及异物时，应立即停止作业，做好现场保护，并报有关部门处理后方可继续施工。

4.1.2 基坑工程

基坑工程施工要求包括一般规定、基坑开挖的防护、作业要求和险情预防。

1. 一般规定

(1) 基坑工程应按现行行业标准《建筑基坑支护技术规程》JGJ 120 进行设计；必须遵循先设计后施工的原则；应按设计和施工方案要求，分层、分段、均衡开挖。(2) 土方开挖前，应查明基坑周边影响范围内建（构）筑物、上下水、电缆、燃气、排水及热力等地下管线情况，并采取措施保护其使用安全。(3) 基坑开挖深度范围内有地下水时，应采取有效的地下水控制措施。(4) 基坑工程应编制应急预案。

2. 基坑开挖的防护

(1) 开挖深度超过 2m 的基坑周边必须安装防护栏杆。防护栏杆应符合下列规定：1) 防护栏杆高度不应低于 1.2m。2) 防护栏杆应由横杆及立杆组成；横杆应设 2～3 道，下杆离地高度宜为 0.3～0.6m，上杆离地高度宜为 1.2～1.5m；立杆间距不宜大于 2.0m，立杆离坡边距离宜大于 0.5m。3) 防护栏杆宜加挂密目安全网和挡脚板；安全网应自上而下封闭设置；挡脚板高度不应小于 180mm，挡脚板下沿离地高度不应大于 10mm。4) 防护栏杆应安装牢固，材料应有足够的强度。

(2) 基坑内宜设置供施工人员上下的专用梯道。梯道应设扶手栏杆，梯道的宽度不应小于 1m。梯道的搭设应符合相关安全规范的要求。

(3) 基坑支护结构及边坡顶面等有坠落可能的物件时，应先行拆除或加以固定。

(4) 同一垂直作业面的上下层不宜同时作业。需同时作业时，上下层之间应采取隔离防护措施。

3. 作业要求

(1) 在电力管线、通信管线、燃气管线 2m 范围内及上下水管线 1m 范围内挖土时，应有专人监护。

(2) 基坑支护结构必须在达设计要求的强度后，方可开挖下层土方，严禁提前开挖和超挖。施工过程中，严禁设备或重物碰撞支撑、腰梁、锚杆等基坑支护结构，亦不得在支护结构上放置或悬挂重物。

(3) 基坑边坡的顶部应设排水措施。基坑底四周宜设排水沟和集水井，并及时排除积水。基坑挖至坑底时应及时清理基底并浇筑垫层。

(4) 对人工开挖的狭窄基槽或坑井，开挖深度较大并存在边坡塌方危险时，应采取支护措施。

(5) 地质条件良好、土质均匀且无地下水的自然放坡的坡率允许值应根据地方经验确定。当无经验时，可符合表 4-1 的规定。

自然放坡的坡率允许值 **表 4-1**

边坡土体类别	状态	坡率允许值（高宽比）	
		坡高小于 5m	坡高 5～10m
碎石土	密实	1∶0.35～1∶0.50	1∶0.50～1∶0.75
	中密	1∶0.50～1∶0.75	1∶0.75～1∶1.00
	稍密	1∶0.75～1∶1.00	1∶1.00～1∶1.25
黏性土	坚硬	1∶0.75～1∶1.00	1∶1.00～1∶1.25
	硬塑	1∶1.00～1∶1.25	1∶1.25～1∶1.50

注：1. 表中碎石土的充填物为坚硬或硬塑状态的黏性土；

2. 对于砂土填充或充填物为砂石的碎石土，其边坡坡率允许值应按自然休止角确定。

(6) 在软土场地上挖土，当机械不能正常行走和作业时，应对挖土机械行走路线用铺设渣土或砂石等方法进行硬化。

(7) 场地内有孔洞时，土方开挖前应将其填实。

(8) 遇异常软弱土层、流砂（土）、管涌，应立即停止施工，并及时采取措施。

(9) 除基坑支护设计允许外，基坑边不得堆土、堆料、放置机具。

(10) 采用井点降水时，井口应设置防护盖板或围栏，设置明显的警示标志。降水完成后，应及时将井填实。

(11) 施工现场应采用防水型灯具，夜间施工的工作面及进出道路应有足够的照明措施和安全警示标志。

4. 险情预防

(1) 深基坑开挖过程中必须进行基坑变形监测，发现异常情况应及时采取措施。

(2) 土方开挖过程中，应定期对基坑及周边环境进行巡视，随时检查基坑位移（土体裂缝）、倾斜、土体及周边道路沉陷或隆起、地下水涌出、管线开裂、不明气体冒出和基坑防护栏杆的安全性等。

(3) 在冰雹、大雨、大雪、风力六级及以上强风等恶劣天气之后，应及时对基坑和安全设施进行检查。

(4) 当基坑开挖过程中出现位移超过预警值、地表裂缝或沉陷等情况时，应及时报告有关方面。出现塌方险情等征兆时，应立即停止作业，组织撤离危险区域，并立即通知有关方面进行研究处理。

4.1.3 深基坑工程

深基坑工程的内容包括基本规定、施工安全专项方案、检查与监测和基坑安全使用与维护。

1. 基本规定

（1）建筑深基坑工程施工应根据深基坑工程地质条件、水文地质条件、周边环境保护要求、支护结构类型及使用年限、施工季节等因素，注重地区经验、因地制宜、精心组织、确保安全。

建筑深基坑工程施工安全等级划分应根据现行国家标准《建筑地基基础设计规范》GB 50007规定的地基基础设计等级，结合基坑土体安全、工程桩基与地基施工安全、基坑侧壁土层与荷载条件、环境安全等因素按表4-2确定。

建筑深基坑工程施工安全等级 **表4-2**

施工安全等级	划分条件
一级	1. 复杂地质条件及软土地区的2层及2层以上地下室的基坑工程；2. 开挖深度大于15m的基坑工程；3. 基坑支护结构与主体结构相结合的基坑工程；4. 设计使用年限超过2年的基坑工程；5. 侧壁为填土或软土，场地因开挖施工可能引起工程桩基发生倾斜、地基隆起变形等改变桩基、地铁隧道运营性能的工程；6. 基坑侧壁受水浸透可能性大或基坑工程降水深度大于6m或降水对周边环境有较大影响的工程；7. 地基施工对基坑侧壁土体状态及地基产生挤土效应较严重的工程；8. 在基坑影响范围内存在较大交通荷载或大于35kPa短期作用荷载的基坑工程；9. 基坑周边环境条件复杂、对支护结构变形控制要求严格的工程；10. 采用型钢水泥土墙支护方式、需要拔除型钢对基坑安全可能产生较大影响的基坑工程；11. 采用逆作法上下同步施工的基坑工程；12. 需要进行爆破施工的基坑工程
二级	除一级以外的其他基坑工程

（2）基坑工程施工前应具备下列资料：1）基坑环境调查报告。明确基坑周边市政管线现状及渗漏情况，邻近建（构）筑物基础形式、埋深、结构类型、使用状况；相邻区域内正在施工和使用的基坑工程情况；相邻建筑工程打桩振动及重载车辆通行情况等。2）基坑支护及降水设计施工图。对施工安全等级为一级的基坑工程，明确基坑变形控制设计指标，明确基坑变形、周围保护建筑、相关管线变形报警值。3）基坑工程施工组织设计。开挖影响范围内的塔式起重机荷载、临建荷载、临时边坡稳定性等纳入设计验算范围，施工安全等级为一级的基坑工程应编制施工安全专项方案。4）基坑安全监测方案。

（3）基坑工程设计施工图必须按有关规定通过专家评审，基坑工程施工组织设计必须按有关规定通过专家论证；对施工安全等级为一级的基坑工程，应进行基坑安全监测方案的专家评审。

（4）当基坑施工过程中发现地质情况或环境条件与原地质报告、环境调查报告不相符合，或环境条件发生变化时，应暂停施工，及时会同相关设计、勘察单位经过补充勘察，设计验算或设计修改后方可恢复施工。对涉及方案选型等重大设计修改的基坑工程，应重新组织评审和论证。

（5）在支护结构未达设计强度前进行基坑开挖时，严禁在设计预计的滑（破）裂面范围内堆载；临时土石方的堆放应进行包括自身稳定性、邻近建筑物地基承载力、变形、稳定性和基坑稳定性验算。

（6）膨胀土、冻胀土、高灵敏土等场地深基坑工程施工安全应符合《建筑深基坑工程施工安全技术规范》JGJ 311—2013 第 9 章的规定，湿陷性黄土基坑工程应符合现行行业标准《湿陷性黄土地区建筑基坑工程安全技术规程》JGJ 167 的规定。

（7）基坑工程应实施信息施工法，并应符合下列规定：1）施工准备阶段应根据设计要求和相关规范要求建立基坑安全监测系统。2）土方开挖、降水施工前，监测设备与元器件应安装、调试完成。3）高压旋喷注浆帷幕、三轴搅拌帷幕、土钉、锚杆等注浆类施工时，应通过对孔隙水压力、深层土体位移等监测与分析，评估水下施工对基坑周边环境影响，必要时应调整施工速度、工艺或工法。4）对同时进行土方开挖、降水、支护结构、截水帷幕、工程桩等施工的基坑工程，应根据现场施工和运行的具体情况，通过试验与实测，区分不同危险源对基坑周边环境造成的影响，并应采取相应的控制措施。5）应对变形控制指标按实施阶段性和工况节点进行控制目标分解；当阶段性控制目标或工况节点控制目标超标时，应立即采取措施在下一阶段或工况节点时实现累加控制目标。6）应建立基坑安全巡查制度，及时反馈，并应有专业技术人员参与。

（8）对特殊条件下的施工安全等级为一级、超过设计使用年限的基坑工程应进行基坑安全评估。基坑安全评估原则应能确保不影响周边建（构）筑物及设施等的正常使用、不破坏景观、不造成环境污染。

2. 施工安全专项方案

（1）一般规定

1）应根据施工、使用与维护过程的危险源分析结果编制基坑工程施工安全专项方案。

2）基坑工程施工安全专项方案应符合下列规定：①应针对危险源及其特征制定具体安全技术措施。②应按消除、隔离、减弱危险源的顺序选择基坑工程安全技术措施。③对重大危险源应论证安全技术方案的可靠性和可行性。④应根据工程施工特点，提出安全技术方案实施过程中的控制原则、明确重点监控部位和监控指标要求。⑤应包括基坑安全使用与维护全过程。⑥设计和施工发生变更或调整时，施工安全专项方案应进行相应的调整和补充。

3）应根据施工图设计文件、危险源识别结果、周边环境与地质条件、施工工艺设备、施工经验等进行安全分析，选择相应的安全控制、监测预警、应急处理技术，制定应急预案并确定应急响应措施。

4）施工安全专项方案应通过专家论证。

（2）安全专项方案编制

1）基坑工程施工安全专项方案应与基坑工程施工组织设计同步编制。

2）基坑工程施工安全专项方案应包括下列主要内容：①工程概况，包含基坑所处位置、基坑规模、基坑安全等级及现场勘查及环境调查结果、支护结构形式及相应附图。②工程地质与水文地质条件，包含对基坑工程施工安全的不利因素分析。③危险源分析，包含基坑工程本体安全、周边环境安全、施工设备及人员生命财产安全的危险源分析。④各施工阶段与危险源控制相对应的安全技术措施，包含围护结构施工、支撑系统施工及拆除、土方开挖、降水等施工阶段危险源控制措施；各阶段施工用电、消防、防台风、防汛等安全技术措施。⑤信息施工法实施细则，包含对施工监测成果信息的发布、分析、决策与指挥系统。⑥安全控制技术措施、处理预案。⑦安全管理措施，包含安全管理组织及人员教育培训等措施。⑧对突发事件的应急响应机制，包含信息报告、先期处理、应急启动和应急终止。

（3）危险源分析

1）危险源分析应根据基坑工程周边环境条件和控制要求、工程地质条件、支护设计与施工方案、地下水与地表水控制方案、施工能力与管理水平、工程经验等进行，并应根据危险程度和发生的频率，识别为重大危险源和一般危险源。

2）符合下列特征之一的必须列为重大危险源：①开挖施工对邻近建（构）筑物、设施必然造成安全影响或有特殊保护要求的。②达到设计使用年限拟继续使用的。③改变现行设计方案，进行加深、扩大及改变使用条件的。④邻近的工程建设，包括打桩、基坑开挖降水施工影响基坑支护安全的。⑤邻水的基坑。

3）下列情况应列为一般危险源：①存在影响基坑工程安全性、适用性的材料低劣、质量缺陷、构件损伤或其他不利状态。②支护结构、工程桩施工产生的振动、剪切等可能产生流土、土体液化、渗流破坏。③截水幕可能发生严重渗漏。④交通主干道位于基坑开挖影响范围内，或基坑周围建筑物管线、市政管线可能产生渗漏、管沟存水，或存在渗漏变形敏感性强的排水管等可能发生的水作用产生的危险源。⑤雨期施工，土钉墙、浅层设置的预应力锚杆可能失效或承载力严重下降。⑥侧壁为杂填土或特殊性岩土。⑦基坑开挖可能产生过大隆起。⑧基坑侧壁存在振动荷载。⑨内支撑因各种原因失效或发生连续破坏。⑩对支护结构可能产生横向冲击荷载。⑪台风、暴雨或强降雨降水致使施工用电中断，基坑降排水系统失效。⑫土钉、锚杆蠕变产生过大变形及地面裂缝。

4）危险源分析应采用动态分析方法，并应在施工安全专项方案中及时对危险源进行更新和补充。

（4）应急预案

1）应通过组织演练检验和评价应急预案的适用性和可操作性。

2）基坑工程发生险情时，应采取下列应急措施：①基坑变形超过报警值时，应调整分层、分段土方开挖等施工方案，并宜采取坑内回填反压后增加临时支撑、锚杆等。②周围地表或建筑物变形速率急剧加大，基坑有失稳趋势时，宜采取卸载、局部或全部回填反压，待稳定后再进行加固处理。③坑底隆起变形过大时，应采取坑内加载反压、调整分区、分步开挖、及时浇筑快硬混凝土垫层等措施。④坑外地下水位下降速率过快引起周边建筑物与地下管线沉降速率超过警戒值，应调整抽水速度减缓地下水位下降速度或采用回灌措施。⑤围护结构渗水、流土，可采用坑内引流、封堵或坑外快速注浆的方式进行堵漏；情况严重时应立即回填，再进行处理。⑥开挖底面出现流砂、管涌时，应立即停止挖土施工，根据情况采取回填、降水法降低水头差、设置反滤层封堵流土点等方式进行处理。

3）基坑工程施工引起邻近建筑物开裂及倾斜事故时，应根据具体情况采取下列处置措施：①立即停止基坑开挖，回填反压。②增设锚杆或支撑。③采取回灌、降水等措施调整降深。④在建筑物基础周围采用注浆加固土体。⑤制定建筑物的纠偏方案并组织实施。⑥情况紧急时应及时疏散人员。

4）基坑工程引起邻近地下管线破裂，应采取下列应急措施：①立即关闭危险管道阀门，采取措施防止产生火灾、爆炸、冲刷、渗流破坏等安全事故。②停止基坑开挖，回填反压、基坑侧壁卸载。③及时加固、修复或更换破裂管线。

5）基坑工程变形监测数据超过报警值，或出现基坑、周边建（构）筑物、管线失稳破坏征兆时，应立即停止施工作业，撤离人员。待险情排除后方可恢复施工。

（5）应急响应

1）应急响应应据应急预案采取抢险准备、信息报告、应急启动和应急终止四个程序统一执行。

2）应急响应前的抢险准备，应包括下列内容：①应急响应需要的人员、设备、物资准备。②增加基坑变形监测手段与频次的措施。③储备防水堵漏的必要器材。④清理应急通道。

3）当基坑工程发生险情时，应立即启动应急响应，并向上级和有关部门报告以下信息：①险情发生的时间、地点。②险情的基本情况及抢救措施。③险情伤亡及抢救情况。

4）基程工程施工与使用中，应对下列情况启动安全应急响应：①基坑支护结构水平位移或周围建（构）筑物、周路道路（地面）出现裂缝、沉降、地下管线不均匀沉降或支护结构构件内力等指标超过限值时。②建筑物裂缝超过限值或土体分层竖向位移或地表裂缝宽度突然超过报警值时。③施工过程出现大量涌水、涌砂时。④基坑底部隆起变形超过报警值时。⑤基坑施工过程遭遇大雨或暴雨天气，出现大量积水时。⑥基坑降水设备发生突发性停电或设备损坏造成地下水位升高时。⑦基坑施工过程因各种原因导致人身伤亡事故出现时。⑧遭受自然灾害、事故或其他突发事件影响的基坑。⑨其他有特殊情况可能影响安全的基坑。

5）应急终止应满足下列要求：①引起事故的危险源已经消除或险情得到有效控制。②应急救援行动已完全转化为社会公共救援。③局面已无法控制和挽救，场内相关人员已全部撤离。④应急总指挥根据事故的发展状态认为终止的。⑤事故已经在上级主管部门结案。

6）应急终止后，应针对事故发生及抢险救援经过、事故原因分析、事故造成的后果、应急预案效果及评估情况提出书面报告，并应按有关程序上报。

（6）安全技术交底

1）施工前应进行技术交底，并应做好交底记录。

2）施工过程中各工序开工前，施工技术管理人员必须向所有参加作业的人员进行施工组织与安全技术交底，如实告知危险源、防范措施、应急预案，形成文件并签署。

3）安全技术交底应包括下列内容：①现场勘查与环境调查报告。②施工组织设计。③主要施工技术、关键部位施工工艺工法、参数。④各阶段危险源分析结果与安全技术措施。⑤应急预案及应急响应等。

3. 检查与监测

（1）一般规定

1）基坑工程施工应对原材料质量、施工机械、施工工艺、施工参数等进行检查。

2）基坑土方开挖前，应符合设计条件，对已经施工的围护结构质量进行检查，检查合格后方可进行土方开挖。

3）基坑土方开挖及地下结构施工过程中，每个工序施工结束后，应对该工序的施工质量进行检查；检查发现的质量问题应进行整改，整改合格后方可进入下道施工工序。

4）施工现场平面、竖向布置应与支护设计要求一致，布置的变更应经设计认可。

5）基坑施工过程除应按现行国家标准《建筑基坑工程监测技术标准》GB 50497 的规定进行专业监测外，施工方应同时编制包括下列内容的施工监测方案并实施：①工程概况。②监测依据和项目。③监测人员配备。④监测方法、精度和主要仪器设备。⑤测点布置与保护。⑥监测频率、监测报警值。⑦异常情况下的处理措施。⑧数据处理和信息反馈。

6）应根据环境调查结果，分析评估基坑周边环境的变形敏感度，宜根据基坑支护设计单位提出的各个施工阶段变形设计值和报警值，在基坑工程施工前对周边敏感的建筑物及管线设施采取加固措施。

7）施工过程中，应根据第三方专业监测和施工监测结果，及时分析评估基坑的安全状况，对可能危及基坑安全的质量问题，应采取补救措施。

8）监测标志应稳固、明显，位置应避开障碍物，便于观测；对监测点应有专人负责保护，监测过程应有工作人员的安全保护措施。

9）当遇到连续降雨等不利天气状况时，监测工作不得中断；并应同时采取措施确保监测工作的安全。

（2）检查

1）基坑工程施工质量检查应包括下列内容：①原材料表观质量。②围护结构施工质量。③现场施工场地布置。④土方开挖及地下结构施工工况。⑤降水、排水质量。⑥回填土质量。⑦其他需要检查质量的内容。

2）围护结构施工质量检查应包括施工过程中原材料质量检查和施工过程检查、施工完成后的检查；施工过程应主要检查施工机械的性能、施工工艺及施工参数的合理性，施工完成后的质量检查应按相关技术标准及设计要求进行，主要内容及方法应符合表 4-3 的规定。

3）安全等级为一级的基坑工程设置封闭的截水帷幕时，开挖前应通过坑内预降水措施检查帷幕截水效果。

4）施工现场平面、竖向布置检查应包括下列内容：①出土坡道、出土口位置。②堆载位置和堆载大小。③重车行驶区域。④大型施工机械停靠点。⑤塔式起重机位置。

5）土方开挖机支护结构施工工况检查应包括下列内容：①各工况的基坑开挖深度。②坑内各部位土方高差及过渡段坡率。③内支撑、土钉、锚杆等的施工及养护时间。④土方开挖的竖向分层及平面分块。⑤拆撑之前的换撑措施。

6）混凝土内支撑在混凝土浇筑前，应对支架、模板等进行检查。

7）降排水系统质量检查应包括下列内容：①地表排水沟、集水井、地面硬化情况。②坑内外井点位置。③降水系统运行状况。④坑内临时排水措施。⑤外排通道的可靠性。

8）基坑回填后应检查回填土密实度。

（3）施工监测

1）施工监测应采用仪器监测与巡视相结合的方法。用于监测的仪器应按测量仪器有关要求定期标定。

2）基坑施工和使用中应采取多种方式进行安全监测，对有特殊要求或安全等级为一级的基坑工程，应根据基坑现场施工作业计划制定基坑施工安全监测应急预案。

围护结构质量检查的主要内容及方法 **表 4-3**

<table>
<tr><th colspan="3">质量项目与基坑安全等级</th><th>检查内容</th><th>检查方法</th></tr>
<tr><td rowspan="10">支护结构</td><td rowspan="5">一级</td><td>排桩</td><td>混凝土强度、桩位偏差、桩长、桩身完整性</td><td rowspan="23">1. 混凝土或水泥土强度可检查取芯报告；
2. 排桩完整性可查桩身低应变动力检测报告；
3. 地下连续墙墙身完整性可通过预埋声测管检查；
4. 锚杆和土钉的抗拔力查现场抗拔试验报告，锚杆与腰梁的连接节点可采用目测结合人工扭力扳手；
5. 几何参数，如桩径、桩距等用直尺量；
6. 标高由水准仪测量，桩长可通过取芯检查；
7. 坡度、中间平台宽度用直尺量测；
8. 其他可根据具体情况确定</td></tr>
<tr><td>型钢水泥土搅拌墙</td><td>桩位偏差、桩长、水泥土强度、型钢长度及焊接质量</td></tr>
<tr><td>地下连续墙</td><td>墙深、混凝土强度、墙身完整性、接头渗水</td></tr>
<tr><td>锚杆</td><td>锚杆抗拔力、平面及竖向位置、锚杆与腰梁连接节点、腰梁与后靠结构之间的结合程度</td></tr>
<tr><td>土钉墙</td><td>放坡坡度、土钉抗拔力、土钉平面及竖向位置、土钉与喷射混凝土面层连接节点</td></tr>
<tr><td rowspan="5">二级</td><td>排桩</td><td>混凝土强度、桩身完整性</td></tr>
<tr><td>型钢水泥土搅拌墙</td><td>水泥土强度、型钢长度及焊接质量</td></tr>
<tr><td>地下连续墙</td><td>混凝土强度、接头渗水</td></tr>
<tr><td>锚杆</td><td>锚杆抗拔力、平面及竖向位置、锚杆与腰梁连接节点、腰梁与后靠结构之间的结合程度</td></tr>
<tr><td>土钉墙</td><td>放坡坡度、土钉抗拔力、土钉平面及竖向位置、土钉与喷射混凝土面层连接节点</td></tr>
<tr><td rowspan="6">截水帷幕</td><td rowspan="3">一级</td><td>水泥搅拌墙</td><td rowspan="2">桩长、成桩状况、渗透性能</td></tr>
<tr><td>高压旋喷搅拌墙</td></tr>
<tr><td>咬合桩墙</td><td>桩长、桩径、桩间搭接量</td></tr>
<tr><td rowspan="3">二级</td><td>水泥搅拌墙</td><td rowspan="2">成桩状况、渗透性能</td></tr>
<tr><td>高压旋喷搅拌墙</td></tr>
<tr><td>咬合桩墙</td><td>桩间搭接量</td></tr>
<tr><td rowspan="4">地基加固</td><td rowspan="2">一级</td><td>水泥土桩</td><td rowspan="2">顶标高、底标高、水泥土强度</td></tr>
<tr><td>压密注浆</td></tr>
<tr><td rowspan="2">二级</td><td>水泥土桩</td><td rowspan="2">顶标高、水泥土强度</td></tr>
<tr><td>压密注浆</td></tr>
<tr><td rowspan="3">支撑</td><td rowspan="3">一级和二级</td><td>混凝土支撑</td><td>混凝土强度、截面尺寸、平直度等</td></tr>
<tr><td>钢支撑</td><td>支撑与腰梁连接节点、腰梁与后靠结构之间的密合程度等</td></tr>
<tr><td>竖向立柱</td><td>平面位置、顶标高、垂直度等</td></tr>
</table>

3）施工监测应包括下列主要内容：①基坑周边地面沉降。②周边重要建筑沉降。③周边建筑物、地面裂缝。④支护结构裂缝。⑤坑内外地下水位。⑥地下管线渗漏情况。⑦安全等级为一级的基坑工程施工监测尚应包含下列主要内容：A. 围护墙或临时开挖边坡面顶部水平位移。B. 围护墙或临时开挖边坡面顶部竖向位移。C. 坑底隆起。D. 支护结构与主体结构相结合时，主体结构的相关监测。

4）基坑工程施工过程中每天应有专人进行巡视检查，巡视检查应符合下列规定：①支护结构，应包含下列内容：A. 冠梁、腰梁、支撑裂缝及开展情况。B. 围护墙、支撑、立柱变形情况。C. 截水帷幕开裂、渗漏情况。D. 墙后土体裂缝、沉陷或滑移情况。E. 基坑涌土、流砂、管涌情况。②施工工况，应包含下列内容：A. 土质条件与勘察报告的一致性情况。B. 基坑开挖分段长度、分层厚度、临时边坡、支锚设置与设计要求的符合情况。C. 场地地表水、地下水排放状况，基坑降水、回灌设施的运转情况。D. 基坑周边超载与设计要求的符合情况。③周边环境，应包含下列内容：A. 周边管道破损、渗漏情况。B. 周边建筑开裂、裂缝发展情况。C. 周边道路开裂、沉陷情况。D. 邻近基坑及建筑的施工状况。E. 周边公众反应。④监测设施，应包含下列内容：A. 基准点、监测点完好状况。B. 监测元件的完好和保护情况。C. 影响观测工作的障碍物情况。⑤巡视检查宜以目视为主，可辅以锤、钎、量尺、放大镜等工具以及摄像、摄影等手段进行，并应做好巡视记录。如发现异常情况和危险情况，应对照仪器监测数据进行综合分析。

4. 基坑安全使用与维护

（1）一般规定

1）基坑开挖完毕后，应组织验收，经验收合格并进行安全使用与维护技术交底后，方可使用。基坑使用与维护过程中应按施工安全专项方案要求落实安全措施。

2）基坑使用与维护中进行工序移交时，应办理移交签字手续。

3）应进行基坑安全使用与维护技术培训，定期开展应急处置演练。

4）基坑使用中应针对暴雨、冰雹、台风等灾害天气，及时对基坑安全进行现场检查。

5）主体结构施工过程中，不应损坏基坑支护结构。当需改变支护结构工作状态时，应经设计单位复核。

（2）使用安全

1）基坑工程应按设计要求进行地面硬化，并在周边设置防水围挡和防护栏杆。对膨胀性土及冻土的坡面和坡顶 3m 以内应采取防水及防冻措施。

2）基坑周边使用荷载不应超过设计限值。

3）在基坑周边破裂面以内不宜建造临时设施；必须建造时应经设计复核，并应采取保护措施。

4）雨期施工时，应有防洪、防暴雨措施及排水备用材料和设备。

5）基坑临边、临空位置及周边危险部位，应设置明显的安全警示标识，并应安装可靠围挡和防护。

6）基坑内应设置作业人员上下坡道或爬梯，数量不应少于 2 个。作业位置的安全通道应畅通。

7）基坑使用过程中施工栈桥的设置应符合下列规定：①施工栈桥及立柱桩应根据基坑周边环境条件、基坑形状、支撑布置、施工方法等进行专项设计，立柱桩的设计间距应满足坑内小型挖土机械的移动和操作时的安全要求。②专项设计应提交设计单位进行复核。③使用中应按设计要求控制施工荷载。

8）当基坑周边地面产生裂缝时，应采取灌浆措施封闭裂缝。对于膨胀土基坑工程，应分析裂缝产生原因，及时反馈设计处理。

9）基坑使用中支撑的拆除应满足《建筑深基坑工程施工安全技术规范》JGJ 311—2013 第 6 章的规定。

（3）维护安全

1）使用单位应有专人对基坑安全进行定期巡查，雨期应增加巡查次数，并应做好记录；发现异常情况应立即报告建设、设计、监理等单位。

2）基坑工程使用与围护期间，对基坑影响范围内可能出现的交通荷载或大于35kPa的振动荷载，应评估其对基坑工程安全的影响。

3）降水系统维护应符合下列规定：①定期巡视降排水系统的运行情况，及时发现和处理系统运行的故障和隐患。②应采取措施保护降水系统，严禁损害降水井。③在更换水泵时应先量测井深，确定水泵埋置深度。④备用发电机处于准备发动状态，并宜装自动切换系统，当发生停电时，应及时切换电源，缩短停止抽水时间。⑤发现喷水、涌砂，应立即查明原因，采取措施及时处理。⑥冬期降水应采取防冻措施。

4）降水井点的拔除或封井除应满足设计要求外，应在基础及已施工部分结构的自重大于水浮力、已进行基坑回填的条件下进行，所留孔洞应用砂或土填塞，并可根据要求采用填砂注浆或混凝土封填；对地基有隔水要求时，地面下2m可用黏土填塞密实。

5）基坑围护结构出现损伤时，应编制加固修复方案并及时组织实施。

6）基坑使用与维护期间，遇有相邻基坑开挖施工时，应做好协调工作，防止相邻基坑开挖造成的安全损害。

7）邻近建（构）筑物、市政管线出现渗漏损伤时，应立即采取措施、阻止渗漏并应进行加固修复，排除危险源。

8）对预计超过设计使用年限的基坑工程应提前进行安全评估和设计复核。当设计复核不满足安全指标要求时，应及时进行加固处理。

9）基坑应及时按设计要求进行回填，当回填质量可能影响坑外建筑物或管线沉降、裂缝等发展变化时，应采用砂、砂石料回填并注浆处理，必要时可采用低强度等级混凝土回填密实。

4.2 脚手架工程

4.2.1 扣件式钢管脚手架

1. 扣件式钢管脚手架搭设与拆除

（1）扣件式钢管脚手架施工准备

扣件式钢管脚手架施工准备应符合以下要求：1）脚手架搭设前，应按专项施工方案向施工人员进行交底。2）应按《建筑施工扣件式钢管脚手架安全技术规范》JGJ 130—2011的规定和脚手架专项施工方案要求对钢管、扣件、脚手板、可调托撑等进行检查验收，不合格产品不得使用。3）经检验合格的构配件应按品种、规格分类，堆放整齐、平稳，堆放场地不得有积水。4）应清除搭设场地杂物，平整搭设场地，并应使排水畅通。

（2）扣件式钢管脚手架地基与基础

扣件式钢管脚手架地基与基础的施工应符合下列要求：1）脚手架地基与基础的施工，应根据脚手架所受荷载、搭设高度、搭设场地土质情况与现行国家标准《建筑地基基础工程施工质量验收标准》GB 50202的有关规定进行。2）压实填土地基应符合现行国家标准《建筑地基基础设计规范》GB 50007的相关规定；灰土地基应符合现行国家标准《建筑地基基础工程施工质量验收标准》GB 50202 的相关规定。3）立杆垫板或底座底面标高宜高于自然地坪 50～100mm。4）脚手架基础经验收合格后，应按施工组织设计或专项方案的要求放线定位。

（3）扣件式钢管脚手架搭设

1）单、双排脚手架必须配合施工进度搭设，一次搭设高度不应超过相邻连墙件以上两步；如果超过相邻连墙件以上两步，无法设置连墙件时，应采取撑拉固定等措施与建筑结构拉结。2）每搭完一步脚手架后，应按《建筑施工扣件式钢管脚手架安全技术规范》JGJ 130—2011 的相关规定校正步距、纵距、横距及立杆的垂直度。3）底座安放应符合下列规定：①底座、垫板均应准确地放在定位线上。②垫板应采用长度不少于 2 跨、厚度不小于 50mm、宽度不小 200mm 的木垫板。4）立杆搭设应符合下列规定：①相邻立杆的对接连接应符合《建筑施工扣件式钢管脚手架安全技术规范》JGJ 130—2011 第 6.3.6 条的规定。②脚手架开始搭设立杆时，应每隔 6 跨设置一根抛撑，直至连墙件安装稳定后，方可根据情况拆除。③当架体搭设至有连墙件的主节点时，在搭设完该处的立杆、纵向水平杆、横向水平杆后，应立即设置连墙件。5）脚手架纵向水平杆的搭设应符合下列规定：①脚手架纵向水平杆应随立杆按步搭设，并应采用直角扣件与立杆固定。②纵向水平杆的搭设应符合《建筑施工扣件式钢管脚手架安全技术规范》JGJ 130—2011 第 6.2.1 条的规定。③在封闭型脚手架的同一步中，纵向水平杆应四周交圈设置，并应用直角扣件与内外角部立杆固定。6）脚手架横向水平杆搭设应符合下列规定：①搭设横向水平杆应符合《建筑施工扣件式钢管脚手架安全技术规范》JGJ 130—2011 第 6.2.2 条的规定。②双排脚手架横向水平杆的靠墙一端至墙装饰面的距离不应大于 100mm。③单排脚手架的横向水平杆不应设置在下列部位：A. 设计上不允许留脚手眼的部位。B. 过梁上与过梁两端成 60°角的三角形范围内及过梁净跨度 1/2 的高度范围内。C. 宽度小于 1m 的窗间墙。D. 梁或梁垫下及其两侧各 500mm 的范围内。E. 砖砌体的门窗洞口两侧 200mm 和转角处 450mm 范围内，其他砌体的门窗洞口两侧 300mm 和转角处 600mm 的范围内。F. 墙体厚度小于或等于 180mm。G. 独立或附墙砖柱，空斗砖墙、加气块墙等轻质墙体。H. 砌筑砂浆强度等级小于或等于 M2.5 的砖墙。7）脚手架纵向、横向扫地杆搭设应符合《建筑施工扣件式钢管脚手架安全技术规范》JGJ 130—2011 第 6.3.2 条、第 6.3.3 条的规定。8）脚手架连墙件安装应符合下列规定：①连墙件的安装应随脚手架搭设同步进行，不得滞后安装。②当单、双排脚手架施工操作层高出相邻连墙件以上两步时，应采取确保脚手架稳定的临时拉结措施，直到上一层连墙件安装完毕后再根据情况拆除。9）脚手架剪刀撑与双排脚手架横向斜撑应随立杆、纵向和横向水平杆等同步搭设，不得滞后安装。10）脚手架门洞搭设应符合《建筑施工扣件式钢管脚手架安全技术规范》JGJ 130—2011 第 6.5 节的规定，如图 4-1 所示。11）扣件安装应符合下列规定：①扣件规格应与钢管外径相同。②螺栓拧紧扭力矩不应小于 40N・m，且不应大于 65N・m。③在主节点处固定横向水平杆、纵向水平杆、剪刀撑、横向斜撑等用的直角扣件、旋转扣件的中心点的相互距离不应大于 150mm。④对接扣件开口应朝上或朝内。⑤各杆件端头伸出扣件盖板边缘的长度不应小于 100mm。12）作业层、斜道的栏杆和挡脚板的搭设应符合下列规定（图 4-2）：①栏杆和挡脚板均应搭设在外立杆的内侧。②上栏杆上皮高度应为 1.2m。③挡脚板高度不应小于 180mm。④中栏杆应居中设置。13）脚手板的铺设应符合下列规定：①脚手板应铺满、铺稳，离墙面的距离不应大于150mm。②采用对接或搭接时均应符合《建筑施工扣件式钢管脚手架安全技术规范》JGJ 130—2011 第6.2.4条的规定；脚手板探头应用直径3.2mm的镀锌钢丝固定在支承杆件上。③在拐角、斜道平台口处的脚手板，应用镀锌钢丝固定在横向水平杆上，防止滑动。

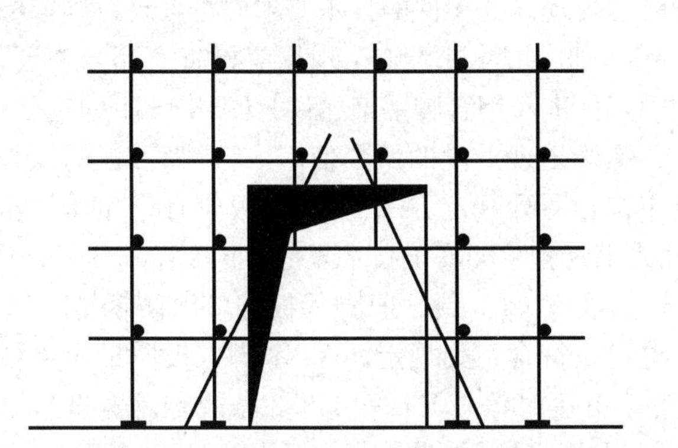

图4-1 脚手架门洞搭设示意图

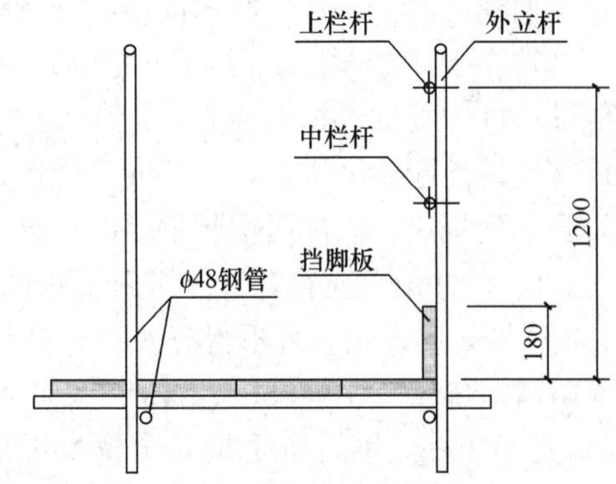

图4-2 栏杆与挡脚板构造

（4）扣件式钢管脚手架拆除

1）脚手架拆除应按专项方案施工，拆除前应做好下列准备工作：①应全面检查脚手架的扣件连接、连墙件、支撑体系等是否符合构造要求。②应根据检查结果补充完善脚手架专项方案中的拆除顺序和措施，经审批后方可实施。③拆除前应对施工人员进行交底。④应清除脚手架上杂物及地面障碍物。2）单、双排脚手架拆除作业必须由上而下逐层进行，严禁上下同时作业；连墙件必须随脚手架逐层拆除，严禁先将连墙件整层或数层拆除后再拆脚手架；分段拆除高差大于两步时，应增设连墙件加固。3）当脚手架拆至下部最后一根长立杆的高度（约6.5m）时，应先在适当位置搭设临时抛撑加固后，再拆除连墙件。当单、双排脚手架采取分段、分立面拆除时，对不拆除的脚手架两端，应按《建筑施工扣件式钢管脚手架安全技术规范》JGJ 130—2011 第6.4.4条、第6.6.4条、第6.6.5条的有关规定设置连墙件和横向斜撑加固。4）架体拆除作业应设专人指挥，当有多人同时操作时，应明确分工、统一行动，且应具有足够的操作面。5）卸料时各构配件严禁抛掷至地面。6）运至地面的构配件应按规范的规定及时检查，整修与保养，并应按品种、规格分别存放。

2. 检查与验收

（1）构配件检查与验收

1）新钢管的检查应符合下列规定：①应有产品质量合格证。②应有质量检验报告，钢管材质检验方法应符合现行国家标准《金属材料　拉伸试验　第1部分：室温试验方法》GB/T 228.1 的有关规定，其质量应符合本规范第3.1.1条的规定。③钢管表面应平直光滑，不应有裂缝、结疤、分层、错位、硬弯、毛刺、压痕和深的划道。④钢管外径、壁厚、端面等的偏差，应分别符合《建筑施工扣件式钢管脚手架安全技术规范》JGJ 130 表8.1.8的规定。⑤钢管应涂有防锈漆。2）旧钢管的检查应符合下列规定：①表面锈蚀深度应符合《建筑施工扣件式钢管脚手架安全技术规范》JGJ 130—2011 表8.1.8序号3的规定。锈蚀检查应每年一次。检查时，应在锈蚀严重的钢管中抽取三根，在每根锈蚀严重的部位横向截断取样检查，当锈蚀深度超过规定值时不得使用。②钢管弯曲变形应符合《建筑施工扣件式钢管脚手架安全技术规范》JGJ 130—2011 表 8.1.8 序号 4 的规定。3）扣件验收应符合下列规定：①扣件应有生产许可证、法定检测单位的测试报告和产品质量合格证。当对扣件质量有怀疑时，应按现行国家标准《钢管脚手架扣件》GB 15831 的规定抽样检测。②新、旧扣件均应进行防锈处理。③扣件的技术要求应符合现行国家标准《钢管脚手架扣件》GB 15831 的相关规定。4）扣件进入施工现场应检查产品合格证，并应进行抽样复试，技术性能应符合现行国家标准《钢管脚手架扣件》GB 15831 的规定。扣件在使用前应逐个挑选，有裂缝、变形、螺栓出现滑丝的严禁使用。5）脚手板的检查应符合下列规定：①冲压钢脚手板的检查应符合下列规定。A. 新脚手板应有产品质量合格证。B. 尺寸偏差应符合《建筑施工扣件式钢管脚手架安全技术规范》JGJ 130—2011 表 8.1.8 序号 5 的规定，且不得有裂纹、开焊与硬弯。C. 新、旧脚手板均应涂防锈漆。D. 应有防滑措施。②木脚手板、竹脚手板的检查应符合下列规定。A. 木脚手板质量应符合《建筑施工扣件式钢管脚手架安全技术规范》JGJ 130—2011 第 3.3.3 条规定，宽度、厚度允许偏差应符合现行国家标准《木结构工程施工质量验收规范》GB 50206 的规定，不得使用扭曲变形、劈裂、腐朽的脚手板。B. 竹笆脚手板、竹串片脚手板的材料应符合《木结构工程施工质量验收规范》GB 50206 第 3.3.4 条的规定。6）悬挑脚手架用型钢的质量应符合《建筑施工扣件式钢管脚手架安全技术规范》JGJ 130—2011 第 3.5.1 条的规定，并应符合现行国家标准《钢结构工程施工质量验收标准》GB 50205 的有关规定。7）可调托撑的检查应符下列规定：①应有产品质量合格证，其质量应符合《建筑施工扣件式钢管脚手架安全技术规范》JGJ 130—2011 第 3.4 节的规定。②应有质量检验报告，可调托撑抗压承载力应符合《建筑施工扣件式钢管脚手架安全技术规范》JGJ 130—2011 第 5.1.7 条的规定。③可调托撑支托板厚不应小于 5mm，变形不应大 1mm。④严禁使用有裂缝的支托板、螺母。8）构配件允许偏差应符合《建筑施工扣件式钢管脚手架安全技术规范》JGJ 130—2011 中表 8.1.8 的规定。

（2）脚手架检查与验收

1）脚手架及其地基基础应在下列阶段进行检查与验收：①基础完工后及脚手架搭设前。②作业层上施加荷载前。③每搭设完 6～8m 高度后。④达设计高度后。⑤遇有六级强风及以上风或大雨后，冻结地区解冻后。⑥停用超过一个月。2）应根据下列技术文件进行脚手架检查、验收：①《建筑施工扣件式钢管脚手架安全技术规范》JGJ 130—2011 第 8.2.3 条～第 8.2.5 条的规定。②专项施工方案及变更文件。③技术交底文件。④构配件质量检查表（JGJ 130—2011 附录 D 表 D）。3）脚手架使用中，应定期检查下列要求内容：①杆件的设置和连接，连墙件、支撑、门洞桁架等的构造应符合《建筑施工扣件式钢管脚手架安全技术规范》JGJ 130—2011 和专项施工方案的要求。②地基无积水，底座应无松动，立杆应无悬空。③扣件螺栓应无松动。④高度在 24m 以上的双排、满堂脚手架，其立杆的沉降与垂直度的偏差应符合《建筑施工扣件式钢管脚手架安全技术规范》JGJ 130—2011 表 4-3-3 项次 1 和 2 的规定；高度在 20m 以上的满堂支撑架，其立杆的沉降与垂直度的偏差应符合《建筑施工扣件式钢管脚手架安全技术规范》JGJ 130—2011 表 8.2.4 项次 1、3 的规定。⑤安全防护措施应符合《建筑施工扣件式钢管脚手架安全技术规范》JGJ 130—2011 的要求。⑥应无超载使用。4）脚手架搭设的技术要求、允许偏差与检验方法，应符合《建筑施工扣件式钢管脚手架安全技术规范》JGJ 130—2011 中表 8.2.4 的规定。5）安装后的扣件螺栓拧紧扭力矩应采用扭力扳手检查，抽样方法应按随机分布原则进行。抽样检查数目与质量判定标准，应按《建筑施工扣件式钢管脚手架安全技术规范》JGJ 130—2011 中表 8.2.5 的规定确定。不合格的应重新拧紧至合格。

3. 安全管理

（1）扣件式钢管脚手架安装与拆除人员必须是经考核合格的专业架子工。架子工应持证上岗。

（2）搭拆脚手架人员必须佩戴安全帽、系安全带、穿防滑鞋。

（3）脚手架的构配件质量与搭设质量，应按《建筑施工扣件式钢管脚手架安全技术规范》JGJ 130—2011 第 8 章的规定进行检查验收，并应确认合格后使用。

（4）钢管上严禁打孔。

（5）作业层上的施工荷载应符合设计要求，不得超载。不得将模板支架、缆风绳、泵送混凝土和砂浆的输送管等固定在架体上；严禁悬挂起重设备，严禁拆除或移动架体上安全防护设施。

（6）满堂支撑架在使用过程中，应设有专人监护施工，当出现异常情况时，应立即停止施工，并应迅速撤离作业面上人员。应在采取确保安全的措施后，查明原因、做出判断和处理。

（7）满堂支撑架顶部的实际荷载不得超过设计规定。

（8）当有六级强风及以上大风、浓雾、雨或雪天气时应停止脚手架搭设与拆除作业。雨、雪后上架作业应有防滑措施，并应扫除积雪。

（9）夜间不宜进行脚手架搭设与拆除作业。

（10）脚手架的安全检查与维护，应按《建筑施工扣件式钢管脚手架安全技术规范》JGJ 130—2011 第 8.2 节的规定进行。

（11）脚手板应铺设牢靠、严实，并应用安全网双层兜底。施工层以下每隔 10m 应用安全网封闭。

（12）单、双排脚手架、悬挑式脚手架沿架体外围应用密目式安全网全封闭，密目式安全网宜设置在脚手架外立杆的内侧，并应与架体绑扎牢固。

（13）在脚手架使用期间，严禁拆除下列杆件：①主节点处的纵、横向水平杆，纵、横向扫地杆。②连墙件。

（14）当在脚手架使用过程中开挖脚手架基础下的设备基础或管沟时，必须对脚手架采取加固措施。

（15）满堂脚手架与满堂支撑架在安装过程中，应采取防倾覆的临时固定措施。

（16）临街搭设脚手架时，外侧应有防止坠物伤人的防护措施。

（17）在脚手架上进行电、气焊作业时，应有防火措施和专人看守。

（18）工地临时用电线路的架设及脚手架接地、避雷措施等，应按现行行业标准《施工现场临时用电安全技术规范》JGJ 46 的有关规定执行。

（19）搭拆脚手架时，地面应设围栏和警戒标志，并应派专人看守，严禁非操作人员入内。

4.2.2 碗扣式脚手架

1. 搭设与拆除

（1）施工组织

1）双排脚手架及模板支撑架施工前必须编制专项施工方案，并经批准后，方可实施。2）双排脚手架搭设前，施工管理人员应按双排脚手架专施工方案的要求对操作人员进行技术交底。3）对进入现场的脚手架构配件，使用前应对其质量进行复检。4）对经检验合格的构配件应按品种、规格分类置在堆料区内或码放在专用架上，清点好数量备用；堆放场地排水应畅通，不得有积水。5）当连墙件采用预埋方式时，应提前与相关部门协商，按设计要求预埋。6）脚手架搭设场地必须平整、坚实、有排水措施。

（2）地基与基础处理

1）脚手架基础必须按专项施工方案进行施工，按基础承载力要求行进行验收。2）当地基高低差较大时，可利用立杆 0.6m 节点位差进行调整。3）土层地基上的立杆应采用可调底座和垫板。4）双排脚手架立杆基础验收合格后，应按专项施工方案的设计进行放线定位。

（3）双排脚手架搭设

1）底座和垫板应准确地放置在定位线上；垫板宜采用长度不少于立杆二跨、厚度不小于 50mm 的木板；底座的轴心线应与地面垂直。2）双排脚手架搭设应按立杆、横杆、斜杆、连墙件的顺序逐层搭设，底层水平框架的纵向直线度偏差应小于 1/200 架体长度；横杆间水平度偏差应小于 1/400 架体长度。3）双排脚手架的搭设应分阶段进行，每段搭设后必须经检查验收合格后，方可投入使用。4）双排脚手架的搭设应与建筑物的施工同步上升，并应高于作业面 1.5m。5）当双排脚手架高度 H 小于或等于 30m 时，垂直度偏差应小于或等于 $H/500$；当高度 H 大于 30m 时，垂直度偏差应小于或等于 $H/1000$。6）当双排脚手架内外侧加挑梁时，在一跨挑梁范围内不得超过一名施工人员操作，严禁堆放物料。双排脚手架的搭设应与建筑物的施工同步上升，并应高于作业面 1.5m。7）连墙件必须随双排脚手架升高及时在规定的位置处设置，严禁任意拆除。8）作业层设置应符合下列规定：①脚手板必须铺满、铺实，外侧应设 180mm 挡脚板及 1200mm 高两道防护栏杆。②防护栏杆应在立杆 0.6m 和 1.2m 的碗扣接头处搭设两道。③作业层下部的水平安全网设置应符合现行国家标准《建筑施工安全检查标准》JGJ 59 的规定。9）当采用钢管扣件作加固件、连墙件、斜撑时，应符合现行国家标准《建筑施工扣件式钢管脚手架安全技术规范》JGJ 130 的有关规定。

（4）双排脚手架拆除

1）双排脚手架拆除时，必须按专项施工方案，在专人统一指挥下进行。2）拆除作业前，施工管理人员应对操作人员进行安全技术交底。3）双排脚手架拆除时必须划出安全区，并设置警戒标志，派专人看守。4）拆除前应清理脚手架上的器具及多余的材料和杂物。5）拆除作业应从顶层开始，逐层向下进行，严禁上下层同时拆除。6）连墙件必须在双排脚手架拆到该层时方可拆除，严禁提前拆除。7）拆除的构配件应采用起重设备吊运或人工传递到地面，严禁抛掷。8）当双排脚手架采取分段、分立面拆除时，必须事先确定分界处的技术处理方案。9）拆除的构配件应分类堆放，以便于运输、维护和保管。

（5）模板支撑架的搭设与拆除

1）模板支撑架的搭设应按专项施工方案，在专人指挥下，统一进行。2）应按施工方案弹线定位，放置底座后应分别按先立杆后横杆再斜杆的顺序搭设。3）在多层楼板上连续设置模板支撑架时，应保证上下层支撑立杆在同一轴线上。4）模板支撑架拆除应符合现行国家标准《混凝土结构工程施工质量验收规范》GB 50204 中混凝土强度的有关规定。5）架体拆除应按施工方案设计的顺序进行。

2. 检查与验收

（1）进入现场的构配件应具备以下证明资料：1）主要构配件应有产品标识及产品质量合格证。2）供应商应配套提供钢管、零件、铸件、冲压件等材质、产品性能检验报告。

（2）构配件进场应重点检查以下部位质量：1）钢管壁厚、焊接质量、外观质量。2）可调底座和可调托撑材质及丝杆直径、与螺母配合间隙等。

（3）双排脚手架搭设应重点检查下列内容：1）保证架体几何不变形的斜杆、连墙件等设置情况。2）基础的沉降，立杆底座与基础面的接触情况。3）上碗扣锁紧情况。4）立杆连接销的安装、斜杆扣接点、扣件拧紧程度。

（4）双排脚手架搭设质量应按下列情况进行检验：1）首段高度达到 6m 时，应进行检查与验收。2）架体随施工进度升高应按结构层进行检查。3）架体高度大于 24m 时，在 24m 处或在设计高度 $H/2$ 处及达到设计高度后，进行全面检查与验收。4）遇六级及以上大风、大雨、大雪后施工前检查。5）停工超过一个月恢复使用前。

（5）双排脚手架搭设过程中，应随时检查，及时解决存在的结构缺陷。

（6）双排脚手架验收时，应具备下列技术文件：1）专项施工方案及变更文件。2）安全技术交底文件。3）周转使用的脚手架构配件使用前的复验合格记录。4）搭设的施工记录和质量安全检查记录。

（7）模板支撑架浇筑混凝土时，应由专人全过程监督。

3. 安全使用与管理

（1）作业层上的施工荷载应符合设计要求，不得超载，不得在脚手架上集中堆放模板、钢筋等物料。

（2）混凝土输送管、布料杆、缆风绳等不得固定在脚手架上。

（3）遇六级及以上大风、雨雪、大雾天气时，应停止脚手架的搭设与拆除作业。

（4）脚手架使用期间，严禁擅自拆除架体结构杆件；如需拆除必须经修改施工方案并报请原方案审批人批准，确定补救措施后方可实施。

（5）严禁在脚手架基础及邻近处进行挖掘作业。

（6）脚手架应与输电线路保持安全距离，施工现场临时用电线路架设及脚手架接地防雷措施等应按国家现行标准《施工现场临时用电安全技术规范》JGJ 46 的有关规定执行。

（7）搭设脚手架人员必须持证上岗。上岗人员应定期体检，合格者方可持证上岗。

（8）搭设脚手架人员必须戴安全帽、系安全带、穿防滑鞋。

4.2.3 附着式升降脚手架

1. 安装与拆除

（1）安装

1）附着式升降脚手架应按专项施工方案进行安装，可采用单片式主框架的架体，也可采用空间桁架式主框架的架体。2）附着式升降脚手架在首层安装前应设置安装平台，安装平台应有保障施工人员安全的防护设施，安装平台的水平精度和承载能力应满足架体安装的要求。3）安装时应符合下列规定：①相邻竖向主框架的高差不应大于20mm。②竖向主框架和防倾导向装置的垂直偏差不应大于5‰，且不得大于60mm。③预留穿墙螺栓孔和预埋件应垂直于建筑结构外表面，其中心误差应小于15mm。④连接处所需要的建筑结构混凝土强度应由计算确定，但不应小于C15。⑤升降机构连接应正确且牢固可靠。⑥安全控制系统的设置和试运行效果应符合设计要求。⑦升降动力设备工作正常。4）附着支承结构的安装应符合设计规定，不得少装和使用不合格螺栓及连接件。5）安全保险装置应全部合格，安全防护设施应齐备，且应符合设计要求，并应设置必要的消防设施。6）电源、电缆及控制柜等的设置应符合现行行业标准《施工现场临时用电安全技术规范》JGJ 46的有关规定。7）采用扣件式脚手架搭设的架体构架，其构造应符合现行行业标准《建筑施工扣件式钢管脚手架安全技术规范》JGJ 130的要求。8）升降设备、同步控制系统及防坠落装置等专项设备，均应采用同一厂家的产品。9）升降设备、控制系统、防坠落装置等应采取防雨、防砸、防尘等措施。

（2）升降

1）附着式升降脚手架可采用手动、电动和液压三种升降形式，并应符合下列规定：①单跨架体升降时，可采用手动、电动和液压三种升降形式。②当两跨以上的架体同时整体升降时，应采用电动或液压设备。2）附着式升降脚手架每次升降前，应按《建筑施工工具式脚手架安全技术规范》JGJ 202—2010表8.1.4的规定进行检查，经检查合格后，方可进行升降。3）附着式升降脚手架的升降操作应符合下列规定：①应按升降作业程序和操作规程进行作业。②操作人员不得停留在架体上。③升降过程中不得有施工荷载。④所有妨碍升降的障碍物应已拆除。⑤所有影响升降作业的约束应已解除。⑥各相邻提升点间的高差不得大于30mm，整体架最大升降差不得大于80mm。4）升降过程中应实行统一指挥、统一指令。升降指令应由总指挥一人下达；当有异常情况出现时，任何人均可立即发出停止指令。5）当采用环链葫芦作升降动力时，应严密监视其运行情况，及时排除翻链、绞链和其他影响正常运行的故障。6）当采用液压设备作升降动力时，应排除液压系统的泄漏、失压、颤动、油缸爬行和不同步等问题和故障，确保正常工作。7）架体升降到位后，应及时按使用状况要求进行附着固定；在没有完成架体固定工作前，施工人员不得擅自离岗或下班。8）附着式升降脚手架架体升降到位固定后，应按《建筑施工工具式脚手架安全技术规范》JGJ 202—2010表8.1.3进行检查，合格后方可使用；遇五级及以上大风和大雨、大雪、浓雾和雷雨等恶劣天气时，不得进行升降作业。

（3）使用

1）附着式升降脚手架应按设计性能指标进行使用，不得随意扩大使用范围；架体上的施工荷载应符合设计规定，不得超载，不得放置影响局部杆件安全的集中荷载。2）架体内的建筑垃圾和杂物应及时清理干净。3）附着式升降脚手架在使用过程中不得进行下列作业：①利用架体吊运物料。②在架体上拉结吊装缆绳（或缆索）。③在架体上推车。④任意拆除结构件或松动连接件。⑤拆除或移动架体上的安全防护设施。⑥利用架体支撑模板或卸料平台。⑦其他影响架体安全的作业。4）当附着式升降脚手架停用超过3个月时，应提前采取加固措施。5）当附着式升降脚手架停用超过 1 个月或遇六级及以上大风后复工时，应进行检查，确认合格后方可使用。6）螺栓连接件、升降设备、防倾装置、防坠落装置、电控设备、同步控制装置等应每月进行维护保养。

（4）拆除

1）附着式升降脚手架的拆除工作应按专项施工方案及安全操作规程的有关要求进行。2）应对拆除作业人员进行安全技术交底。3）拆除时应有可靠的防止人员或物料坠落的措施，拆除的材料及设备不得抛扔。4）拆除作业应在白天进行。遇五级及以上大风和大雨、大雪、浓雾和雷雨等恶劣天气时，不得进行拆除作业。

2. 安全管理

（1）附着式升降脚手架安装前，应根据工程结构、施工环境等特点编制专项施工方案，并应经总承包单位技术负责人审批、项目总监理工程师审核后实施。

（2）专项施工方案应包括下列内容：1）工程特点。2）平面布置情况。3）安全措施。4）特殊部位的加固措施。5）工程结构受力核算。6）安装、升降、拆除程序及措施。7）使用规定。

（3）总承包单位必须将附着式升降脚手架专业工程发包给具有相应资质等级的专业队伍，并应签订专业承包合同，明确总包、分包或租赁等各方的安全生产责任。

（4）附着式脚手架专业施工单位应当建立健全安全生产管理制度，制定相应的安全操作规程和检验规程，应制定设计、制作、安装、升降、使用、拆除和日常维护保养等的管理规定。

（5）附着式升降脚手架专业施工单位应设置专业技术员、安全管理人员及相应特种作业人员。特种作业人员应经专门培训，并应经建设行政主管部门考核合格，取得特种作业操作资格证书后，方可上岗作业。

（6）施工现场使用工具式脚手架应由总承包单位统一监督，并应符合下列规定：1）安装、升降、使用、拆除等作业前，应向有关作业人员进行安全教育；并应监督对作业人员的安全技术交底。2）应对专业承包人员的配备和特种作业人员的资格进行审查。3）安装、升降、拆卸等作业时，应派专人进行监督。4）应组织附着式升降脚手架的检查验收。5）应定期对附着式升降脚手架使用情况进行安全巡检。

（7）监理单位应对施工现场的工具式脚手架使用状况进行安全监理并应记录，出现隐患应要求及时整改，并应符合下列规定：1）应对专业承包单位的资质及有关人员的资格进行审查。2）在附着式升降脚手架的安装、升降、拆除等作业时应进行监理。3）应参加工具式脚手架的检查验收。4）应定期对工具式脚手架使用情况进行安全巡检。5）发现存在隐患时，应要求期限整改，对拒不整改的，应及时向建设单位和建设行政主管部门报告。

（8）附着式升降脚手架所使用的电气设施、线路及接地、避雷措施等应符合现行行业标准《施工现场临时用电安全技术规范》JGJ 46 的规定。

（9）进场施工现场的附着式升降脚手架产品应具有国务院建设行政主管部门组织鉴定或验收的合格证书，并应符合《建筑施工工具式脚手架安全技术规范》JGJ 202—2010 有关规定。

（10）附着式升降脚手架的防坠落装置应经法定检测机构标定后方可使用；使用过程

中，使用单位应定期对其有效性和可靠性进行检测。安全装置受冲击载荷后应进行解体检验。

（11）临街搭设时，外侧应有防止坠物伤人的防护措施。

（12）安装、拆除时，在地面应设围栏和警戒标志，并应派专人看守，非操作人员不得入内。

（13）在附着式升降脚手架使用期间，不得拆除下列杆件：1）架体上的杆件。2）与建筑物连接的各类杆件（如连墙件、附墙支座）等。

（14）作业层上的施工荷载应符合设计要求，不得超载。不得将模板支架、缆风绳、泵送混凝土和砂浆的输送管等固定在架体上；不得用其悬挂起重设备。

（15）遇五级以上大风和雨天，不得提升或下降附着式升降脚手架。

（16）当施工中发现附着式升降脚手架故障和存在安全隐患时，应及时排除，对可能危及人身安全的，应停止作业。应由专业人员进行整改。整改后的工具式脚手架应重新进行验收检查，合格后方可使用。

（17）剪刀撑应随立杆同步搭设。

（18）扣件的螺栓拧紧力矩不应小于40N・m，且不应大于65N・m。

（19）产权单位和使用单位应对脚手架建立设备技术档案，其内容应包含：机型、编号、出厂日期、验收、检修、试验、检修记录及故障事故情况。

（20）附着式升降脚手架在施工现场安装完成后应进行整机检测。

（21）附着式升降脚手架作业人员在施工过程中应戴安全帽、系安全带、穿防滑鞋，酒后不得上岗作业。

3. 验收

（1）附着式升降脚手架安装前应具有下列文件：1）相应资质证书及安全生产许可证。2）附着式升降脚手架的鉴定或验收证书。3）产品进场前的自检记录。4）特种作业人员和管理人员岗位证书。5）各种材料、工具的质量合格证、材质单、测试报告。6）主要部件及提升机构的合格证。

（2）附着式升降脚手架应在下列阶段进行检查和验收：1）首次安装完毕。2）提升或下降前。3）提升、下降到位，投入使用前。

（3）附着式升降脚手架首次安装完毕及使用前，应按《建筑施工工具式脚手架安全技术规范》JGJ 202—2010 表 8.1.3 的规定进行检验，合格后方可使用。

（4）附着式升降脚手架提升、下降作业前应按《建筑施工工具式脚手架安全技术规范》JGJ 202—2010 表 8.1.4 的规定进行检验，合格后方可实施提升或下降作业。

（5）在附着式升降脚手架使用、提升和下降阶段均应对防坠、防倾装置进行检查，合格后方可作业。

（6）附着式升降脚手架所使用的电气设施和线路应符合现行行业标准《施工现场临时用电安全技术规范》JGJ 46 的要求。

4.2.4 门式脚手架

1. 搭设与拆除

（1）施工准备

1）门式脚手架与模板支架搭设与拆除前，应向搭拆和使用人员进行安全技术交底。2）门式脚手架与模板支架搭拆施工的专项施工方案，应包括下列内容：①工程概况、设计依据、搭设条件、搭设方案设计。②搭设施工图：A. 架体的平、立、剖面图。B. 脚手架连墙件的布置及构造图。C. 脚手架转角、通道口的构造图。D. 脚手架斜梯布置及构造图。E. 重要节点构造图。③基础做法及要求。④架体搭设及拆除的程序和方法。⑤季节性施工措施。⑥质量保证措施。⑦架体搭设、使用、拆除的安全技术措施。⑧设计计算书。⑨悬挑脚手架搭设方案设计。⑩应急预案。3）门架与配件、加固杆等在使用前应进行检查和验收。4）经检验合格的构配件及材料应按品种、规格分类堆放整齐、平稳。5）对搭设场地应进行清理、平整，并应做好排水。

（2）地基与基础

1）门式脚手架与模板支架的地基与基础施工，应符合《建筑施工门式钢管脚手架安全技术标准》JGJ/T 128—2019 第 6.8 节的规定和专项施工方案的要求。2）在搭设前，应先在基础上弹出门架立杆位置线，垫板、底座安放位置应准确，标高应一致。

（3）搭设

1）门式脚手架与模板支架的搭设程序应符合下列规定：①门式脚手架的搭设应与施工进度同步，一次搭设高度不宜超过最上层连墙件两步，且自由高度不应大于 4m。②满堂脚手架和模板支架应采用逐列、逐排和逐层的方法搭设。③门架的组装应自一端向另一端延伸，应自下而上按步架搭设，并应逐层改变搭设方向；不应自两端相向搭设或自中间向两端搭设。④每搭设完两步门架后，应校验门架的水平度及立杆的垂直度。2）搭设门架及配件除应符合《建筑施工门式钢管脚手架安全技术标准》JGJ/T 128—2019 第 6.3 节的规定外，尚应符合下列要求：①交叉支撑、脚手板应与门架同时安装。②连接门架的锁臂、挂钩必须处于锁住状态。③钢梯的设置应符合专项施工方案组装布置图的要求，底层钢梯底部应加设钢管并应采用扣件扣紧在门架立杆上。④在施工作业层外侧周边应设置 180mm 高的挡脚板和两道栏杆，上道栏杆高度应为 1.2m，下道栏杆应居中设置。挡脚板和栏杆均应设置在门架立杆的内侧。3）加固杆的搭设除应符合《建筑施工门式钢管脚手架安全技术标准》JGJ/T 128—2019 第 6.3 节和第 6.9～6.11 节的规定外，尚应符合下列要求：①水平加固杆、剪刀撑等加固杆件必须与门架同步搭设。②水平加固杆应设于门架立杆内侧，剪刀撑应设于门架立杆外侧。4）门式脚手架连墙件的安装必须符合下列规定：①连墙件的安装必须随脚手架搭设同步进行，严禁滞后安装。②当脚手架操作层高出相邻连墙件以上两步时，在连墙件安装完毕前必须采用确保脚手架稳定的临时拉结措施。5）加固杆、连墙件等杆件与门架采用扣件连接时，应符合下列规定：①扣件规格应与所连接钢管的外径相匹配。②扣件螺栓拧紧扭力矩值应为 40～65N·m。③杆件端头伸出扣件盖板边缘长度不应小于 100mm。6）悬挑脚手架的搭设应符合《建筑施工门式钢管脚手架安全技术标准》JGJ/T 128—2019 第 6.1～6.5 节和第 6.9 节的要求，搭设前应检查预埋件和支承型钢悬挑梁的混凝土强度。7）门式脚手架通道口的搭设应符合《建筑施工门式钢管脚手架安全技术标准》JGJ/T 128—2019 第 6.6 节的要求，斜撑杆、托架梁及通道口两侧的门架立杆加强杆件应与门架同步搭设，严禁滞后安装。8）满堂脚手架与模板支架的可调底座、可调托座宜采取防止砂浆、水泥浆等污物填塞螺纹的措施。

（4）拆除

1）架体的拆除应按拆除方案施工，并应在拆除前做好下列准备工作：①应对将拆除的架体进行拆除前的检查。②根据拆除前的检查结果补充完善拆除方案。③清除架体上的材料，杂物及作业面的障碍物。2）拆除作业必须符合下列规定：①架体的拆除应从上而下逐层进行，严禁上下同步作业。②同一层的构配件和加固件必须按先上后下，先外后内的顺序进行拆除。③连墙件必须随脚手架逐层拆除，严禁先将连墙件整层或数层拆除后再拆架体。拆除作业过程中，当架体的自由高度大于两步时，必须加设临时拉结。④连接门架的剪刀撑等加固杆件必须在拆卸该门架时拆除。3）拆卸连接部件时，应先将止退装置旋转至开启位置，然后拆除，不得硬拉，严禁敲击。拆除作业中，严禁使用手锤等硬物击打、撬别。4）当门式脚手架需分段拆除时，架体不拆除部分的两端应按《建筑施工门式钢管脚手架安全技术标准》JGJ/T 128—2019 第 6.5.3 条的规定采取加固措施后再拆除。5）门架与配件应采用机械或人工运至地面，严禁抛投。6）拆卸的门架与配件、加固件等不得集中堆放在未拆架体上，并应及时检查、整修与保养，并宜按品种、规格分别存放。

2. 检查与验收

（1）搭设检查与验收

1）搭设前，对门式脚手架或模架的地基与基础应进行检查，经验收合格后方可搭设。2）门式脚手架搭设完毕或每搭设 2 个楼层高度，满堂脚手架、模板支架搭设完毕或每搭设 4 步高度，应对搭设质量及安全进行一次检查，经检验合格后方可交付使用或继续搭设。3）在门式脚手架或模板支架搭设质量验收时，应具备下列文件：①按《建筑施工门式钢管脚手架安全技术标准》JGJ/T 128—2019 第 7.1.2 条要求编制的专项施工方案。②构配件与材料质量的检验记录。③安全技术交底及搭设质量检验记录。④门式脚手架或模板支架分项工程的施工验收报告。4）门式脚手架或模板支架分项工程的验收，除应检查验收文件外，还应对搭设质量进行现场核验，在对搭设质量进行全数检查的基础上，对下列项目应进行重点检验，并应记入施工验收报告：①构配件和加固杆规格、品种应符合设计要求，应质量合格、设置齐全、连接和挂扣紧固可靠。②基础应符合设计要求，应平整坚实，底座、支垫应符合规定。③门架跨距、间距应符合设计要求，搭设方法应符合《建筑施工门式钢管脚手架安全技术标准》JGJ/T 128—2019 的规定。④连墙件设置应符合设计要求，与建筑结构、架体应连接可靠。⑤加固件的设置符合设计和《建筑施工门式钢管脚手架安全技术标准》JGJ/T 128—2019 的要求。⑥门式脚手架的通道口、转角等部位搭设应符合构造要求。⑦架体垂直度及水平度应合格。⑧悬挑脚手架的悬挑支承结构及与建筑结构的连接固定应符合设计和《建筑施工门式钢管脚手架安全技术标准》JGJ/T 128—2019 的规定。⑨安全网的张挂及防护栏杆的设置应齐全、牢固。5）门式脚手架与模板支架搭设的技术要求、允许偏差及检验方法，应符合《建筑施工门式钢管脚手架安全技术标准》JGJ/T 128—2019 的规定。6）门式脚手架与模板支架扣件拧紧力矩的检查与验收，应符合现行行业标准《建筑施工扣件式钢管脚手架安全技术规范》JGJ 130 的规定。

（2）使用过程中检查

1）门式脚手架与模板支架在使用过程中应进行日常检查，发现问题应及时处理。检查时，下列项目应进行检查：①加固杆、连墙件应无松动，架体应无明显变形。②地基应无积水，垫板及底座应无松动，门架立杆应无悬空。③锁臂、挂扣件、扣件螺栓应无松动。④安全防护设施应符合《建筑施工扣件式钢管脚手架安全技术规范》JGJ 130—2011要求。⑤应无超载使用。2）门式脚手架与模板支架在使用过程中遇有下列情况时，应进行检查，确认安全后方可继续使用：①遇有八级以上大风或大雨过后。②冻结的地基土解冻后。③停用超过1个月。④架体遭受外力撞击等作用。⑤架体部分拆除。⑥其他特殊情况。3）满堂脚手架与模板支架在施加荷载或浇筑混凝土时，应设专人看护检查，发现异常情况应及时处理。

（3）拆除前检查

1）门式脚手架在拆除前，应检查架体构造、连墙件设置、节点连接，当发现有连墙件、剪刀撑等加固杆件缺少、架体倾斜失稳或门架立杆悬空情况时，对架体应先行加固后再拆除。2）模板支架在拆除前，应检查架体各部位的连接构造、加固件的设置，应明确拆除顺序和拆除方法。3）在拆除作业前，对拆除作业场地及周围环境应进行检查，拆除作业区内应无障碍物，作业场地临近的输电线路等设施应采取防护措施。

3. 安全管理

（1）搭设门式脚手架或模板支架应由专业架子工担任，并应按住房和城乡建设部特种作业人员考核管理规定考核合格，持证上岗。上岗人员应定期进行体检，凡不适合登高作业者，不得上架操作。

（2）搭设架体时，施工作业层应铺设脚手板，操作人员应站在临时设置的脚手板上进行作业，并应按规定使用安全防护用品，穿防滑鞋。

（3）门式脚手架与模板支架作业层上严禁超载。

（4）严禁将模板支架、缆风绳、混凝土泵管、卸料平台等固定在门式脚手架上。

（5）六级及以上大风天气应停止架上作业；雨、雪、雾天应停止脚手架的搭拆作业；雨、雪、霜后上架作业应采取有效的防滑措施，并应扫除积雪。

（6）门式脚手架与模板支架在使用期间，当预见可能有强风天气所产生的风压值超出设计的基本风压值时，对架体应采取临时加固措施。

（7）在门式脚手架使用期间，脚手架基础附近严禁进行挖掘作业。

（8）满堂脚手架与模板支架的交叉支撑和加固杆，在施工期间禁止拆除。

（9）门式脚手架在使用期间，不应拆除加固杆、连墙件，转角处连接杆、通道口斜撑杆等加固杆件。

（10）当施工需要，脚手架的交叉支撑可在门架一侧局部临时拆除，但在该门架单元上下应设置水平加固杆或挂扣式脚手板，在施工完成后应立即恢复安装交叉支撑。

（11）应避免装卸物料时对门式脚手架或模板支架产生偏心、振动和冲击荷载。

（12）门式脚手架外侧应设置密目式安全网，网间应严密，防止坠物伤人。

（13）门式脚手架与架空输电线路的安全距离、工地临时用电线路架设及脚手架接地，防雷措施，应按现行行业标准《施工现场临时用电安全技术规范》JGJ 46的有关规定执行。

（14）在门式脚手架或模板支架上进行电、气焊作业时，必须有防火措施和专人看护。

（15）不得攀爬门式脚手架。

（16）搭拆门式脚手架或模板支架作业时，必须设置警戒线，警戒标志，并应派专人看守，严禁非作业人员入内。

（17）对门式脚手架与模板支架应进行日常性的检查和维护，架体上的建筑垃圾或杂物应及时清理。

4.3 模板工程

模板工程内容包括模板构造与安装、模板拆除、安全管理基本规定和《建设工程高大模板支撑系统施工安全监督管理导则》相关规定。

4.3.1 模板构造与安装

模板构造与安装包括基本规定、支架立柱构造与安装和一般模板构造与安装。

1. 基本规定

（1）模板安装前必须做好以下安全技术准备工作：

1）应审查模板结构设计与施工说明书中的荷载、计算方法、节点构造和安全措施，设计审批手续应齐全。2）应进行全面的安全技术交底，操作班组应熟悉设计与施工说明书，并应做好模板安装作业的分工准备。采用爬模、飞模、隧道模等特殊模板施工时，所有参加作业人员必须经过专门技术培训，考核合格后方可上岗。3）模板及配件应进行挑选、检测，不合格者应剔除，并应运至工地指定地点堆放。4）备齐操作所需的一切安全防护设施和器具。

（2）模板构造与安装应符合下列规定：

1）模板安装应按设计与施工说明书顺序拼装。木杆、钢管、门架等支架立柱不得混用。2）竖向模板和支架立柱支撑部分安装在基土上时，应加设垫板，垫板应有足够强度和支承面积，且应中心承载。基土应坚实，并应有排水措施。对湿陷性黄土应有防水措施；对特别重要的结构工程可采用混凝土、打桩等措施防止支架柱下沉。对冻胀性土应有防冻融措施。3）当满堂或共享空间模板支架立柱高度超过8m时，若地基土达不到承载要求，无法防止立柱下沉，则应先施工地面下的工程，再分层回填夯实基土，浇筑地面混凝土垫层，达到强度后方可支模。4）模板及其支架在安装过程中，必须设置有效防倾覆的临时固定设施。5）现浇钢筋混凝土梁、板，当跨度大于4m时，模板应起拱；当设计无具体要求时，起拱高度宜为全跨长度的1‰～3‰。6）现浇多层或高层房屋和构筑物，安装上层模板及其支架应符合下列规定：①下层楼板应具有承受上层施工荷载的承载能力，否则应加设支撑支架。②上层支架立柱应对准下层支架立柱，并应在立柱底铺设垫板。③当采用悬臂吊模板、桁架支模方法时，其支撑结构的承载能力和刚度必须符合设计构造要求。7）当层间高度大于5m时，应选用桁架支模或钢管立柱支模。当层间高度小于或等于5m时，可采用木立柱支模。

（3）安装模板应保证工程结构和构件各部分形状、尺寸和相互位置的正确性，防止漏浆，构造应符合模板设计要求。

模板应具有足够的承载能力、刚度和稳定性，应能可靠承受新浇混凝土自重和侧压力以及施工过程中所产生的荷载。

（4）拼装高度为2m以上的竖向模板，不得站在下层模板上拼装上层模板。安装过程中应设置临时固定设施。

（5）当承重焊接钢筋骨架和模板一起安装时，应符合下列规定：1）梁的侧模、底模必须固定在承重焊接钢筋骨架的节点上。2）安装钢筋模板组合体时，吊索应按模板设计的吊点位置绑扎。

（6）当支架立柱成一定角度倾斜，或其支架立柱的顶表面倾斜时，应采取可靠措施确保支点稳定，支撑底脚必须有防滑移的可靠措施。

（7）除设计图另有规定者外，所有垂直支架柱应保证其垂直。

（8）对梁和板安装二次支撑前，其上不得有施工荷载，支撑的位置必须正确。安装后所传给支撑或连接件的荷载不应超过其允许值。

（9）支撑梁、板的支架立柱构造与安装应符合下列规定：1）梁和板的立柱，其纵横向间距应相等或成倍数。2）木立柱底部应设垫木，顶部应设支撑头。钢管立柱底部应设垫木和底座，顶部应设可调支托，U形支托与楞梁两侧间如有间隙，必须揳紧，其螺杆伸出钢管顶部不得大于200mm，螺杆外径与立柱钢管内径的间隙不得大于3mm，安装时应保证上下同心。3）在立柱底距地面200mm高处，沿纵横水平方向应按纵下横上的顺序设扫地杆。可调支托底部的立柱顶端应沿纵横向设置一道水平拉杆。扫地杆与顶部水平拉杆之间的间距，在满足模板设计所确定的水平拉杆步距要求条件下，进行平均分配确定步距后，在每一步距处纵横向应各设一道水平拉杆。当层高在8～20m时，在最顶步距两水平拉杆中间应加设一道水平拉杆；当层高大于20m时，在最顶两步距水平拉杆中间应分别增加一道水平拉杆。所有水平拉杆的端部均应与四周建筑物顶紧顶牢。无处可顶时，应在水平拉杆端部和中部沿竖向设置连续式剪刀撑。4）木立柱的扫地杆、水平拉杆、剪刀撑应采用40mm×50mm木条或25mm×80mm的木板条与木立柱钉牢。钢管立柱的扫地杆、水平拉杆、剪刀撑应采用ϕ48mm×3.5mm钢管，用扣件与钢管立柱扣牢。木扫地杆、水平拉杆、剪刀撑应采用搭接，并应采用铁钉钉牢。钢管扫地杆、水平拉杆应采用对接，剪刀撑应采用搭接，搭接长度不得小于500mm，并应采用2个旋转扣件分别在离杆端不小于100mm处进行固定。

（10）施工时，在已安装好的模板上的实际荷载不得超过设计值。已承受荷载的支架和附件，不得随意拆除或移动。

（11）组合钢模板、滑升模板等的构造与安装，尚应符合现行国家标准《组合钢模板技术规范》GB/T 50214和《滑动模板工程技术标准》GB/T 50113的相应规定。

（12）安装模板时，安装所需各种配件应置于工具箱或工具袋内，严禁散放在模板或脚手板上；安装所用工具应系挂在作业人员身上或置于所佩带的工具袋中，不得掉落。

（13）当模板安装高度超过3.0m时，必须设脚手架，操作人员外，脚手架下不得站其他人。

（14）吊运模板时，必须符合下列规定：1）作业前应检查绳索、卡具、模板上的吊环，必须完整有效，在升降过程中应设专人指挥，统一信号，密切配合。2）吊运大块或整体模板时，竖向吊运不应少于2个吊点，水平吊运不应少于4个吊点。吊运必须使用卡环连接，并应稳起稳落，待模板就位连接牢固后，方可摘除卡环。3）吊运散装模板时，必须码放整齐，待捆绑牢固后方可起吊。4）严禁起重机在架空输电线路下面工作。5）遇五级及以上大风时，应停止一切吊运作业。

（15）木料应堆放在下风向，离火源不得小于30m，且料四周应设置灭火器材。

2. 支架立柱构造与安装

（1）梁式或桁架式支架的构造与安装应符合下列规定：1）下弦连接销钉规格、数量应按设计规定，并应采用不少于2个U形卡或钢销钉销紧，2个U形卡距或销距不得小于400mm。2）安装的梁式或桁式支架的间距设置应与模板设计图一致。3）支撑梁式或桁架式支架的建筑结构有足够强度，否则，应另设立柱支撑。4）若桁架采用多榀成组排放，在下弦折角处必须加设水平撑。

（2）工具式立柱支撑的构造与安装应符合下列规定：1）工具式钢管单立柱支撑的间距应符合支撑设计的规定。2）立柱不得接长使用。3）所有夹具、螺栓、销子和其他配件应处在闭合或拧紧的位置。4）立杆及水平拉杆构造应符合《建筑施工模板安全技术规范》JGJ 162—2008第6.1.9条的规定。

（3）木立柱支撑的构造与安装应符合下列规定：1）木立柱宜选用整料，当不能满足要求时，立柱的接头不宜超过1个，并应采用对接夹板接头方式。立柱底部可采用垫块垫高，但不得采用单码砖垫高，垫高高度不得超过300mm。2）木立柱底部与垫木之间应设置硬木对角楔调整标高，并应用铁钉将其固定在垫木上。3）木立柱间距、扫地杆、水平拉杆、剪刀撑的设置应符合《建筑施工模板安全技术规范》JGJ 162—2008第6.1.9条的规定，严禁使用板皮替代规定的拉杆。4）所有单立柱支撑应在底垫木和梁底模板的中心，并应与底部垫木和顶部梁底模板紧密接触，且不得承受偏心荷载。5）当仅为单排立柱时，应在单排立柱的两边每隔3m加设斜支撑，且每边不得少于2根，斜支撑与地面的夹角应为60°。

（4）当采用扣件式钢管作立柱支撑时，其构造与安装应符合下列规定：1）钢管规格、间距、扣件应符合设计要求。每根立柱底部应设置底座及垫板，垫板厚度不得小于50mm。2）钢管支架立柱间距、扫地杆、水平拉杆、剪刀撑的设置应符合《建筑施工模板安全技术规范》JGJ 162—2008第6.1.9条的规定。当立柱底部不在同一高度时，高处的纵向扫地杆应向低处延长不少于2跨，高低差不得大于1m，立柱距边坡上方边缘不得小于0.5m。3）立柱接长严禁搭接，必须采用对接扣件连接，相邻两立柱的对接接头不得在同步内，且对接接头沿竖向错开的距离不宜小于500mm，各接头中心距主节点不宜大于步距的1/3。4）严禁将上段的钢管立柱与下段钢管立柱错开固定在水平拉杆上。5）满堂模板和共享空间模板支架立柱，在外侧周圈应设由下至上的横向连续式剪刀撑；中间在纵横向应每隔10m左右设由下至上的竖向连续式剪刀撑，其宽度宜为4～6m，并在剪刀撑部位的顶部、扫地杆处设置水平剪刀撑（图4-3）。剪刀撑杆件的底端应与地应顶紧，夹角宜为45°～60°。当建筑层高在8～20m时，除应满足上述规定外，还应在纵横向相邻的两竖向连续式剪刀撑之间增加之字斜撑，在有水平剪刀撑的部位，应在每个剪刀撑中间处增加一道水平剪刀撑（图4-4）。当建筑层高超过20m时，在满足以上规定的基础上，应将所有之字斜撑全部改为连续式剪刀撑（图4-5）。

（5）当支架立柱高度超过5m时，应在立柱周圈外侧和中间有结构柱的部位，按水平间距6～9m、竖向间距2～3m与建筑结构设置一个固结点。

（6）当采用标准门架作支撑时，其构造与安装应符合下列规定：1）门架的跨距和间距应按设计规定布置，间距宜小于1.2m；支撑架底部垫木上应设固定底座或可调底座。门架、调节架及可调底座，其高度应按其支撑的高度确定。2）门架支撑可沿梁轴线垂直

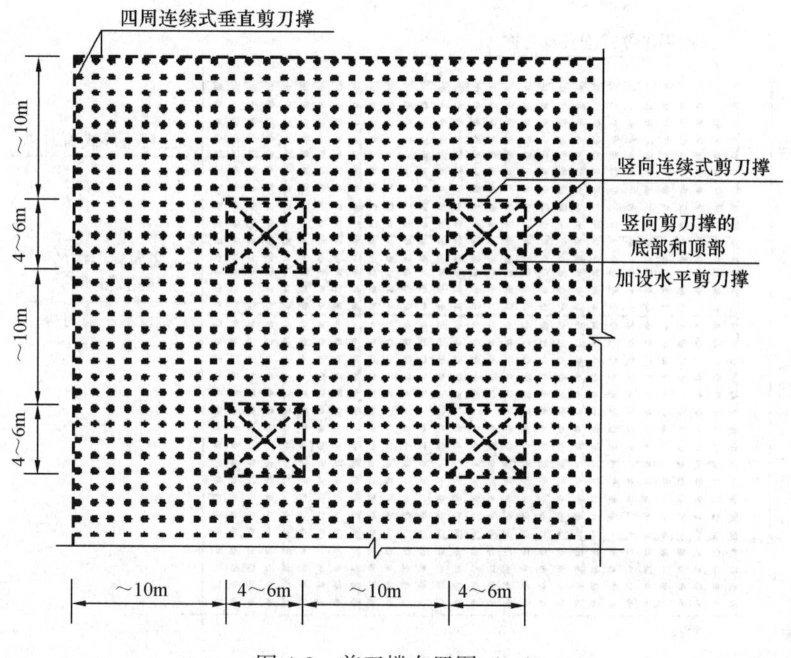

图 4-3 剪刀撑布置图（一）

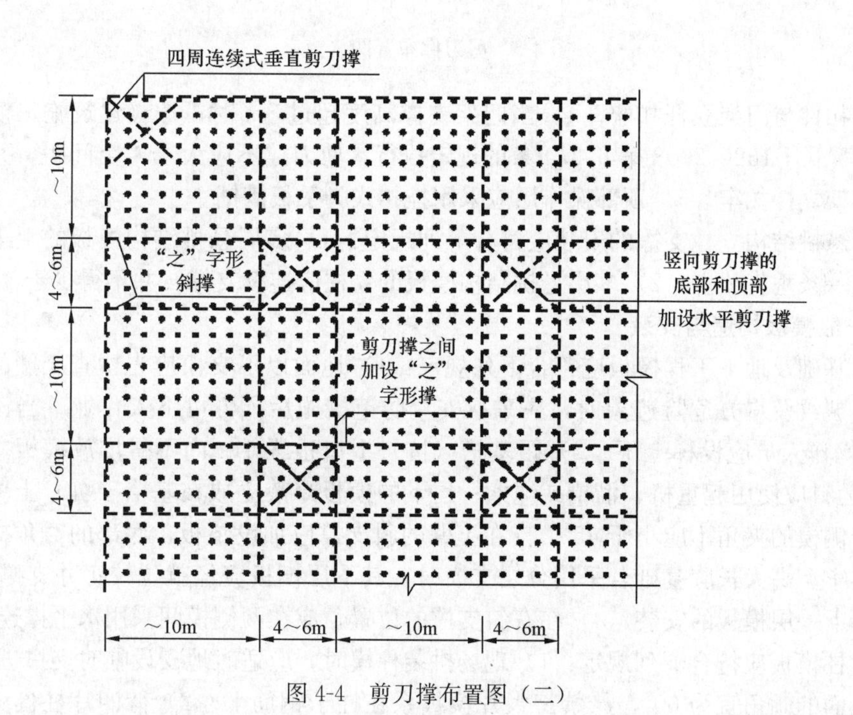

图 4-4 剪刀撑布置图（二）

和平行布置。当垂直布置时，在两门架间的两侧应设置交叉支撑；当平行布置时，在两门架间的两侧亦应设置交叉支撑，交叉支撑应与立杆上的锁销锁牢，上下门架的组装连接必须设置连接棒及锁臂。3）当门架支撑宽度为 4 跨及以上或 5 个间距及以上时，应在周边底层、顶层、中间每 5 列、5 排在每门架立杆根部设 ϕ48mm×3.5mm 通长水平加固杆，

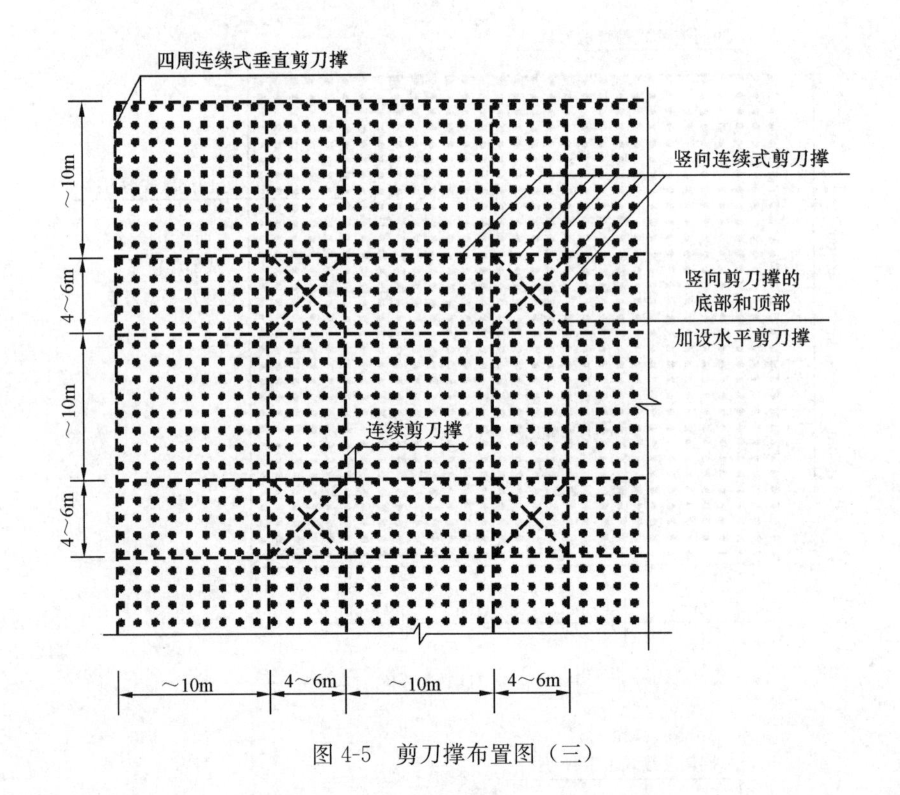

图 4-5　剪刀撑布置图（三）

并应采用扣件与门架立杆扣牢。4）当门架支撑高度超过 8m 时，按《建筑施工模板安全技术规范》JGJ 162—2008 第 6.2.4 条的规定执行，剪刀撑不应大于 4 个间距，并应采用扣件与门架立杆扣牢。5）顶部操作层应采用挂扣式脚手板满铺。

（7）悬挑结构立柱支撑的安装应符合下列规定：1）多层悬挑结构模板的上下立柱应保持在同一条垂直线上。2）多层悬挑结构模板的立柱应连续支撑，并不得少于 3 层。

3. 一般模板构造与安装

（1）基础及地下工程模板应符合下列规定：1）地面以下支模应先检查土壁的稳定情况，当有裂纹及塌方危险迹象时，应采取安全防范措施后，方可下人作业。当深度超过 2m 时，操作人员应设梯上下。2）距基槽（坑）上口边缘 1m 内不得堆放模板。向基槽（坑）内运料应使用起重机、溜槽或绳索；运下的模板严禁立放在基槽（坑）土壁上。3）斜支撑与侧模的夹角不应小于 45°，支在土壁的斜支撑应加设垫板，底部的对角楔木应与斜支撑连牢。高大长脖基础若采用分层支模时，其下层模板应经就位校正并支撑稳固后、方可进行上一层模板的安装，4）在有斜支撑的位置，应在两侧模间采用水平撑连成整体。

（2）柱模板应符合下列规定：1）现场拼装柱模时，应适时地安设临时支撑进行固定，斜撑与地面的倾角宜为 60°，严禁将大片模板系在柱子钢筋上。2）待四片柱模就位组拼经对角线校正无误后，应立即自下而上安装柱箍。3）若为整体组合柱模，吊装时应采用卡环和柱模连接，不得采用钢筋钩代替。4）柱模校正（用四根斜支撑或用连接在柱模顶四角带花篮螺栓的缆风绳，底端与楼板钢筋拉环固定进行校正）后，应采用斜撑或水平撑进行四周支撑，以确保整体稳定。当高度超过 4m 时，应群体或成列同时支模，并应将支撑连成一体，形成整体框架体系。当需单根支模时，柱宽大于 500mm 应每边在同一标高上设置不得少于2根斜撑或水平撑。斜撑与地面的夹角宜为45°～60°，下端尚应有防滑移的措施。5）角柱模板的支撑，除满足上款要求外，还应在里侧设置能承受拉力和压力的斜撑。

（3）墙模板应符合下列规定：1）当采用散拼定型模板支模时，应自下而上进行，必须在下一层模板全部紧固后，方可进行上一层安装。当下层不能独立安设支撑件时，应采取临时固定措施。2）当采用预拼装的大块墙模板进行支模安装时，严禁同时起吊2块模板，并应边就位、边校正、边连接，固定后方可摘钩。3）安装电梯井内墙模前，必须在板底下200mm处牢固地满铺一层脚手板。4）模板未安装对拉螺栓前，板面应向后倾斜一定角度。5）当钢楞长度需接长时，接头处应增加相同数量和不小于原规格的钢楞，其搭接长度不得小于墙模板宽或高的15%～20%。6）拼接时的U形卡应正反交替安装，间距不得大于300mm；2块模板对接缝处的U形卡应满装。7）对拉螺栓与墙模板应垂直，松紧应一致，墙厚尺寸应正确。8）墙模板内外支撑必须坚固、可靠，应确保模板的整体稳定。当墙模板外面无法设置支撑时，应在里面设置能承受拉力和压力的支撑。多排并列且间距不大的墙模板，当其与支撑互成一体时，应采取措施，防止浇筑混凝土时引起邻近模板变形。

（4）独立梁与整体楼盖梁结构模板应符合下列规定：1）安装独立梁模板时应设安全操作平台，并严禁操作人员站在独立梁底模柱模支架上操作及上下通行。2）底模与横楞应拉结好，横楞与支架、立柱应连接牢固。3）安装梁侧模时，应边安装边与底模连接，当侧模高度多于2块时，应采取临时固定措施。4）起拱应在侧模内外楞连固前进行。5）单片预组合梁模，钢楞与板面的拉结应按设计规定制作，并应按设计吊点试吊无误后，方可正式吊运安装，侧模与支架支撑稳定后方准摘钩。

（5）楼板或平台板模板应符合下列规定：1）当预组合模板采用桁架支模时，桁架与支点的连接应固定牢靠，桁架支承应采用平直通长的型钢或木方。2）当预组合模板块较大时，应加钢楞后方可吊运。当组合模板为错缝拼配时，板下横楞应均匀布置，并应在模板端穿插销。3）单块模就位安装，必须待支架搭设稳固、板下横楞与支架连接牢固后进行。4）U形卡应按设计规定安装。

（6）其他结构模板应符合下列规定：1）安装圈梁、阳台、雨篷及挑檐等模板时，其支撑应独立设置，不得支搭在施工脚手架上。2）安装悬挑结构模板时，应搭设脚手架或悬挑工作台，并应设置防护栏杆和安全网作业处的下方不得有人通行或停留。3）烟囱、水塔及其他高大构筑物的模板，应编制专项施工设计和安全技术措施，并应详细地向操作人员进行交底后方可安装。4）在危险部位进行作业时，操作人员应系好安全带。

4.3.2 模板拆除

1. 模板拆除要求

（1）模板的拆除措施应经技术主管部门或负责人批准，拆除模板的时间可按现行国家标准《混凝土结构工程施工质量验收规范》GB 50204的有关规定执行。冬期施工的拆模，应符合专门规定。

（2）当混凝土未达到规定强度或已达到设计规定强度，需提前拆模或承受部分超设计荷载时，必须经过计算和技术主管确认其强度能足够承受此荷载后，方可拆除。

（3）在承重焊接钢筋骨架作配筋的结构中，承受混凝土重量的模板，应在混凝土达到设计强度的25％后方可拆除承重模板。当在已拆除模板的结构上加置荷载时，应另行核算。

（4）大体积混凝土的拆模时间除应满足混凝土强度要求外，还应使混凝土内外温差降低到25℃以下时方可拆模。否则应采取有效措施防止产生温度裂缝。

（5）后张预应力混凝土结构的侧模宜在施加预应力前拆除，底模应在施加预应力后拆除。当设计有规定时，应按规定执行。

（6）拆模前应检查所使用的工具有效和可靠，扳手等工具必须装入工具袋或系挂在身上，并应检查拆模场所范围内的安全措施。

（7）模板的拆除工作应设专人指挥。作业区应设围栏，其内不得有其他工种作业，并应设专人负责监护。拆下的模板、零配件严禁抛掷。

（8）拆模的顺序和方法应按模板的设计规定进行。当设计无规定时，可采取先支的后拆、后支的先拆、先拆非承重模板、后拆承重模板，并应从上而下进行拆除。拆下的模板不得抛扔，应按指定地点堆放。承重模板拆除时混凝土应满足表4-4的强度要求。

承重模拆除时混凝土的强度要求 **表4-4**

构件类型	构件跨度/m	达到设计的混凝土立方体抗压强度标准的百分率/％
板	≤2	≥50
	>2，≤8	≥75
	>8	≥100
梁、拱、壳	≤8	≥75
	>8	≥100
悬臂构件		≥100

（9）多人同时操作时，应明确分工、统一信号或行动，应具有足够的操作面，人员应站在安全处。

（10）高处拆除模板时，应符合有关高处作业的规定，严禁使用大锤和撬棍，操作层上临时拆下的模板堆放不能超过3层。

（11）在提前拆除互相搭连并涉及其他后拆模板的支撑时，应补设临时支撑。拆模时，应逐块拆卸，不得成片撬落或拉倒。

（12）拆模如遇中途停歇，应将已经松动、悬空、浮吊的模板或支架进行临时支撑牢固或相互连接稳固。对活动部件必须一次拆除。

（13）已拆除了模板的结构，应在混凝土强度达到设计强度值后方可承受全部设计荷载。若在未达到设计强度以前，需在结构上加置施工荷载时，应另行核算，强度不足时，应加设临时支撑。

（14）遇六级或六级以上大风时，应暂停室外的高处作业。雨、雪、霜后应先清扫施工现场，方可进行工作。

（15）拆除有洞口模板时，应采取防止操作人员坠落的措施。洞口模板拆除后，应按现行国家标准《建筑施工高处作业安全技术规范》JGJ 80 的有关规定及时进行防护。

2. 支架立柱拆除

（1）当拆除钢楞、木楞、钢桁架时，应在其下面临时搭设防护支架，使所拆楞梁及桁架先落在临时防护支架上。

（2）当立柱的水平拉杆超出 2 层时，应首先拆除 2 层以上的拉杆。当拆除最后一道水平拉杆时，应和拆除立柱同时进行。

（3）当拆除 4～8m 跨度的梁下立柱时，应先从跨中开始，对称地分别向两端拆除。拆除时，严禁采用连梁底板向旁侧一片拉倒的拆除方法。

（4）对于多层楼板模板的立柱，当上层及以上楼板正在浇筑混凝土时，下层楼板立柱的拆除，应根据下层楼板结构混凝土强度的实际情况，经过计算确定。

（5）拆除平台、楼板下的立柱时，作业人员应站在安全处。

（6）对已拆下的钢楞、木楞、桁架、立柱及其他零配件应及时运到指定地点。对有芯钢管立柱运出前应先将芯管抽出或用销卡固定。

3. 一般模板拆除

（1）拆除条形基础、杯形基础、独立基础或设备基础的模板时，应符合下列规定：1）拆除前应先检查基槽（坑）土壁的安全状况，发现有松软、龟裂等不安全因素时，应在采取安全防范措施后，方可进行作业。2）模板和支撑杆件等应随拆随运，不得在离槽（坑）上口边缘 1m 内堆放。3）拆除模板时，施工人员必须站在安全地方。应先拆内外木楞、再拆木面板；钢模板应先拆钩头螺栓和内外钢楞，后拆 U 形卡和 L 形插销，拆下的钢模板应妥善传递或用绳钩放置地面，不得抛掷。拆下的小型零配件应装入工具袋内或小型箱笼内，不得随处乱扔。

（2）拆除柱模应符合下列规定：1）柱拆模除应分别采用分散拆和分片拆二种方法。①分散拆除的顺序应为：拆除拉杆或斜撑、自上而下拆除柱箍或横楞、拆除竖楞，自上而下拆除配件及模板、运走分类堆放、清理、拔钉、钢模维修、刷防锈油或隔离剂、入库备用。②分片拆除的顺序应为：拆除全部支撑系统、自上而下拆除柱箍及横楞、拆掉柱角 U 形卡、分 2 片或 4 片拆除模板、原地清理、刷防锈油或隔离剂、分片运至新支模地点备用。2）柱子拆下的模板及配件不得向地面抛掷。

（3）拆除墙模应符合下列规定：1）墙模分散拆除顺序应为：拆除斜撑或斜拉杆、自上而下拆除外楞及对拉螺栓，分层自上而下拆除木楞或钢楞及零配件和模板、运走分类堆放，拔钉清理或清理检修后刷防锈油或隔离剂、入库备用。2）预组拼大块墙模拆除顺序应为：拆除全部支撑系统、拆卸大块墙模接缝处的连接型钢及零配件、拧去固定埋设件的螺栓及大部分对拉螺栓、挂上吊装绳扣并略拉紧吊绳后，拧下剩余对拉螺栓，用方木均匀敲击大块墙模立楞及钢模板，使其脱离墙体，用撬棍轻轻外撬大块墙模板使全部脱离，指挥起吊运走、清理、刷防锈油或隔离剂备用。3）拆除每一大块墙模的最后两个对拉螺栓后，作业人员应撤离大模板下侧，以后的操作均应在上部进行。个别大块模板拆除后产生局部变形者应及时整修好。4）大块模板起吊时，速度要慢，应保持垂直，严禁模板碰撞墙体。

（4）拆除梁、板模板应符合下列规定：1）梁、板模板应先拆梁侧模，再拆板底模，最后拆除梁底模，并应分段分片进行，严禁成片撬落或成片拉拆。2）拆除时，作业人员应站在安全的地方进行操作，严禁站在已拆或松动的模板上进行拆除作业。3）拆除模板时，严禁用铁棍或铁锤乱砸，已拆下的模板应妥善传递或用绳钩放至地面。4）严禁作业人员站在悬臂结构边缘敲拆下面的底模。5）待分片、分段的模板全部拆除后，方可允许将模板、支架、零配件等按指定地点运出堆放，并进行拔钉、清理、整修、刷防锈油或隔离剂，入库备用。

4.3.3 安全管理基本规定

1. 从事模板作业的人员，应经安全技术培训。从事高处作业人员，应定期体检，不符合要求的不得从事高处作业。

2. 安装和拆除模板时，操作人员应佩戴安全帽、系安全带、穿防滑鞋。安全帽和安全带应定期检查，不合格者严禁使用。

3. 模板及配件进场应有出厂合格证或当年的检验报告，安装前应对所用部件（立柱、楞梁、吊环、扣件等）进行认真检查，不符合要求者不得使用。

4. 模板工程应编制施工设计和安全技术措施，并应严格按施工设计与安全技术措施的规定进行施工。满堂模板、建筑层高 8m 及以上和梁跨大于或等于 15m 的模板，在安装、拆除作业前，工程技术人员应以书面形式向作业班组进行施工操作的安全技术交底，作业班应对照书面交底进行上下班的自检和互检。

5. 施工过程中的检查项目应符合下列要求：（1）立柱底部基土应回填夯实。（2）垫木应满足设计要求。（3）底座位置应正确，顶托螺杆伸出长度应符合规定。（4）立杆的规格尺寸和垂直度应符合要求，不得出现偏心荷载。（5）扫地杆、水平拉杆、剪刀撑等的设置应符合规定，固定应可靠。（6）安全网和各种安全设施应符合要求。

6. 在高处安装和拆除模板时，周围应设安全网或搭脚手架，并应加设防护栏杆。在临街面及交通要道地区，尚应设警示牌，派专人看管。

7. 作业时，模板和配件不得随意堆放，模板应放平放稳，严防滑落，脚手架或操作平台上临时堆放的模板不宜超过 3 层，连接件应放在箱盒或工具袋中，不得散放在脚手板上。脚手架或操作平台上的施工总荷载不得超过其设计值。

8. 对负荷面积大和高 4m 以上的支架立柱采用扣件式钢管、门式钢管脚手架时，除应有合格证外，对所用扣件应采用扭矩扳手进行抽检，达到合格后方可承力使用。

9. 多人共同操作或扛抬组合钢模板时，必须密切配合、协调一致、互相呼应。

10. 施工用的临时照明和行灯的电压不得超过 36V；当为满堂模板、钢支架及特别潮湿的环境时，不得超过 12V。照明行灯及机电设备的移动线路应采用绝缘橡胶套电缆线。

11. 有关避雷、防触电和架空输电线路的安全距离应符合国家现行标准《施工现场临时用电安全技术规范》JGJ 46 的有关规定。施工用的临时照明和动力线应采用绝缘线和绝缘电缆线，且不得直接固定在钢模板上，夜间施工时，应有足够的照明，并应制定夜间施工的安全措施。施工用临时照明和机电设备线严禁非电工乱拉乱接。同时还应经常检查线路的完好情况，严防绝缘破损漏电伤人。

12. 模板安装高度在 2m 及以上时，应符合国家现行标准《建筑施工高处作业安全技术规范》JGJ 80 的有关规定。

13. 模板安装时，上下应有人接应，随装随运，严禁抛掷，且不得将模板支搭在门窗框上，也不得将脚手板支搭在模板上，并严禁将模板与上料井架及有车辆运行的脚手架或操作平台支成一体。

14. 支模过程中如遇中途停歇，应将已就位模板或支架连接稳固，不得浮搁或悬空。拆模中途停歇时，应将已松扣或已拆松的模板、支架等拆下运走，防止构件坠落或作业人员扶空坠落伤人。

15. 作业人员严禁攀登模板、斜撑杆、拉条或绳索等，不得在高处的墙顶、独立梁或在其模板上行走。

16. 模板施工中应设专人负责安全检查，发现问题应报告有关人员处理。当遇险情时，应立即停工和采取应急措施；待修复或排除险情后，方可继续施工。

17. 寒冷地区冬期施工用钢模板时，不宜采用电热法加热混凝土，应采取防触电措施。

18. 在大风地区或大风季节施工时，模板应有抗风的临时加强措施。

19. 当钢模板高度超过 15m 时，应安设避雷设施，避雷设施的接地电阻不得大于 4Ω。

20. 大雨、大雾、沙尘、大雪或六级以上大风等恶劣天气时，应停止露天高处作业。五级及以上风力时，应停止高空吊运作业。雨、雪停止后，应及时清除模板和地面上的积水及冰雪。

21. 使用后的木模板应拔除铁钉，分类进库，堆放整齐。若为露天堆放，顶面应遮防雨篷布。

22. 使用后的钢模、钢构件应符合下列规定：（1）使用后的钢模、桁架、钢楞和立柱应将黏结物清理洁净，清理时严禁采用铁锤敲击的方法。（2）清理后的钢模、桁架、钢楞、立柱，应逐块、逐榀、逐根进行检查，发现翘曲、变形、扭曲、开焊等必须修理完善。（3）清理整修好的钢模、桁架、钢楞、立柱应刷防锈漆。（4）钢模板及配件，使用后必须进行严格清理检查，已损坏断裂的应剔除，不能修复的应报废。螺栓的螺纹部分应整修上油，然后应分别按规格分类装在箱笼内备用。（5）钢模板及配件等修复后，应进行检查验收。凡检查不合格者应重新整修。待合格后方准应用，其修复后的质量应符合《建筑施工模板安全技术规范》JGJ 162—2008 的规定。（6）钢模板由拆模现场运至仓库或维修场地时，装车不宜超出车栏杆，少量高出部分必须拴牢，零配件应分类装箱，不得散装运输。（7）经过维修、刷油、整理合格的钢模板及配件，如需运往其他施工现场或入库，必须分类装入集装箱内，杆应成捆、配件应成箱，清点数量，入库或接收单位验收。（8）装车时，应轻搬轻放，不得相互碰撞。卸车时，严禁成捆从车上推下和拆散抛掷。（9）钢模板及配件应放入室内或敞棚内，当需露天堆放时，应装入集装箱内，底部垫高 100mm，顶面应遮盖防水篷布或塑料布，集装箱堆放高度不宜超过 2 层。

4.3.4 《建设工程高大模板支撑系统施工安全监督管理导则》相关规定

1. 专项安全施工方案的编制与审核

（1）施工单位应依据国家现行相关标准规范，由项目技术负责人组织相关专业技术人员，结合工程实际，编制高大模板支撑系统的专项施工方案。

（2）高大模板支撑系统专项施工方案，应先由施工单位技术部门组织本单位施工技术、安全、质量等部门的专业技术人员进行审核，经施工单位技术负责人签字后，再按照相关规定组织专家论证。

（3）参加专家论证会的人员有：1）专家组成员。2）建设单位项目责人或技术负责人。3）监理单位项目总监理工程师及相关人员。4）施工单位分管安全的负责人、技术负责人、项目负责人、项目技术负责人、专项方案编制人员、项目专职安全管理人员。5）勘察、设计单位项目技术负责人及相关人员。

（4）专家组成员应当由5名及以上符合相关专业要求的专家组成。本项目参建各方的人员不得以专家身份参加专家论证会。

（5）专家论证的主要内容包括：1）方案是否依据施工现场的实际施工条件编制；方案、构造、计算是否完整、可行。2）方案计算书、验算依据是否符合有关标准规范。3）安全施工的基本条件是否符合现场实际情况。

（6）施工单位根据专家组的论证报告，对专项方案进行修改完善，并经施工单位技术负责人、项目总监理工程师、建设单位项目负责人批准签字后，方可组织实施。

（7）监理单位应编制安全监理实施细则，明确对高大模板支撑系统的重点审核内容、检查方法和频率要求。

2. 验收与管理

（1）高大模板支撑系统搭设前，应由项目技术负责人组织对需要处理或加固的地基、基础进行验收，并留存记录。

（2）高大模板支撑系统的结构材料应按以下要求进行验收、抽检和检测，并留存记录资料：1）施工单位应对进场的承重杆件、连接件等材料的产品合格证、生产许可证、检测报告进行复核，并对其表面观感、重量等物理指标进行抽检。2）对承重杆件的外观抽检数量不得低于搭设用量的30%，发现质量不符合标准、情况严重的，要进行100%的检验，并随机抽取外观检验不合格的材料（由监理见证取样）送法定专业检测机构进行检测。3）采用钢管扣件搭设高大模板支撑系统时，还应对扣件螺栓的紧固力矩进行抽查，抽查数量应符合《建筑施工扣件式钢管脚手架安全技术规范》JGJ 130的规定，对梁底扣件应进行100%检查。

（3）高大模板支撑系统应在搭设完成后，由项目负责人组织验收，验收人员应包括施工单位和项目两级技术人员、项目安全、质量、施工人员，监理单位的总监和专业监理工程师。验收合格，经施工单位项目技术负责人及项目总监理工程师签字后，方可进入后续工序的施工。

3. 施工管理

（1）一般规定

1）高大模板支撑系统应优先选用技术成熟的定型化、工具式支撑体系。2）搭设高大模板支撑架体的作业人员必须经过培训，取得建筑施工脚手架特种作业操作资格证书后方可上岗。其他相关施工人员应掌握相应的专业知识和技能。3）高大模板支撑系统搭设前，项目工程技术负责人或方案编制人员应当根据专项施工方案和有关规范、标准的要求，对现场管理人员、操作班组、作业人员进行安全技术交底，并履行签字手续。安全技术交底的内容应包括模板支撑工程工艺、工序、作业要点和搭设安全技术要求等内容，并保留记录。4）作业人员严格按规范、专项施工方案和安全技术交底要求进行操作，并正确佩戴相应的劳动防护用品。

（2）模板搭设管理

1）高大模板支撑系统的地基承载力、沉降等应能满足方案设计要求。如遇松软土、回填土，应根据设计要求进行平整、夯实，并采取防水、排水措施，按规定在模板支撑立柱底部采用具有足够强度和刚度的垫板。2）对于高大模板支撑体系，其高度与宽度相比大于两倍的独立支撑系统，应加设保证整体稳定的构造措施。3）高大模板工程搭设的构造要求应当符合相关技术规范要求，支撑系统立柱接长严禁搭接；应设置扫地杆、纵横向支撑及水平垂直剪刀撑，并与主体结构的墙、柱牢固拉接。4）搭设高度2m以上的支撑架体应设置作业人员登高措施。作业面应按有关规定设置安全防护设施。5）模板支撑系统应为独立的系统，禁止与物料提升机、施工升降机、塔式起重机等起重设备钢结构架体机身及其附着设施相连接；禁止与施工脚手架、物料周转料平台等架体相连接。

（3）模板使用与检查

1）模板、钢筋及其他材料等施工荷载应均匀堆置，放平放稳。施工总荷载不得超过模板支撑系统设计荷载要求。2）模板支撑系统在使用过程中，立柱底部不得松动悬空，不得任意拆除任何杆件，不得松动扣件，也不得用作缆风绳的拉结。3）施工过程中检查项目应符合下列要求：①立柱底部基础应回填夯实。②垫木应满足设计要求。③底座位置应正确，顶托螺杆伸出长度应符合规定。④立柱的规格尺寸和垂直度应符合要求，不得出现偏心荷载。⑤扫地杆、水平拉杆、剪刀撑等设置应符合规定，固定可靠。⑥安全网和各种安全防护设施符合要求。

（4）混凝土浇筑

1）混凝土浇筑前，施工单位项目技术负责人、项目总监确认具备混凝土浇筑的安全生产条件后，签署混凝土浇筑令，方可浇筑混凝土。2）框架结构中，柱和梁板的混凝土浇筑顺序，应按先浇筑柱混凝土，后浇筑梁板混凝土的顺序进行。浇筑过程应符合专项施工方案要求，并确保支撑系统受力均匀，避免引起高大模板支撑系统的失稳倾斜。3）浇筑过程应有专人对高大模板支撑系统进行观测，发现有松动、变形等情况，必须立即停止浇筑，撤离作业人员，并采取相应的加固措施。

（5）模板拆除管理

1）高大模板支撑系统拆除前，项目技术负责人、项目总监应核查混凝土同条件试块强度报告，浇筑混凝土达到拆模强度后方可拆除，并履行拆模审批签字手续。2）高大模板支撑系统的拆除作业必须自上而下逐层进行，严禁上下层同时拆除作业，分段拆除的高度不应大于两层。设有附墙连接的模板支撑系统，附墙连接必须随支撑架体逐层拆除，严禁先将附墙连接全部或数层拆除后再拆支撑架体。3）高大模板支撑系统拆除时，严禁将拆卸的杆件向地面抛掷，应有专人传递至地面。并按规格分类均匀堆放。4）高大模板支撑系统搭设和拆除过程中，地面应设置围栏和警戒标志，并派专人看守，严禁非操作人员进入作业范围。

4. 监督管理

（1）施工单位应严格按照专项施工方案组织施工。高大模板支撑系统搭设、拆除及混凝土浇筑过程中，应有专业技术人员进行现场指导，设专人负责安全检查，发现险情，立即停止施工并采取应急措施，排除险情后，方可继续施工。

（2）监理单位对高大模板支撑系统的搭设、拆除及混凝土浇筑实施巡视检查，发现安全隐患应责令整改，对施工单位拒不整改或拒不停止施工的，应当及时向建设单位报告。

（3）建设主管部门及监督机构应将高大模板支撑系统作为建设工程安全监督重点，加强对方案审核论证、验收、检查、监控程序的监督。

4.4 临时用电

4.4.1 临时用电管理

1. 临时用电组织设计

（1）施工现场临时用电设备在5台及以上或设备总容量50kW及以上者，应编制用电组织设计。

（2）施工现场临时用电组织设计应包括下列内容：1）现场勘测。2）确定电源进线、变电所或配电室、配电装置、用电设备位置及线路走向。3）进行负荷计算。4）选择变压器。5）设计配电系统：①设计配电线路，选择导线或电缆。②设计配电装置，选择电气设备。③设计接地装置。④绘制临时用电工程图纸，主要包括用电工程总平面图、配电装置布置图、配电系统接线图、接地装置设计图。6）设计防雷装置。7）确定防护措施。8）制定安全用电措施和电气防火措施。

（3）临时用电工程图纸应单独绘制，临时用电工程应按图施工。

（4）临时用电组织设计及变更时，必须履行“编制、审核、批准”程序，由电气工程技术人员组织编制，经相关部门审核及具有法人资格企业的技术负责人批准后实施。变更用电组织设计时应补充有关图纸资料。

（5）临时用电工程必须经编制、审核、批准部门和使用单位共同验收，合格后方可投入使用。

（6）施工现场临时用电设备在5台以下和设备总容量在50kW以下者，应制定安全用电和电气防火措施，并应符合《施工现场临时用电安全技术规范》JGJ 46第3.1.4条、第3.1.5条规定。

2. 用电人员及专业电工

（1）电工必须经过按国家现行标准考核合格后，持证上岗工作；其他用电人员必须通过相关安全教育培训和技术交底，考核合格后方可上岗工作。

（2）安装、巡检、维修或拆除临时用电设备和线路，必须由电工完成，并应有人监护。电工等级应同工程的难易程度和技术复杂性相适应。

（3）各类用电人员应掌握安全用电基本知识和所用设备的性能，并应符合下列规定：1）使用电气设备必须按规定穿戴和配备好相应的劳动防护用品，并应检查电气装置和保护设施，严禁设备带“缺陷”运转。2）保管和维护所用设备，发现问题时报告解决。3）暂时停用设备的开关箱必须分断电源隔离开关，并应关门上锁。4）移动电气设备时，须经电工切断电源并做妥善处理后进行。

3. 外电线路防护

(1)《施工现场临时用电安全技术规范》JGJ 46 规定：

1) 在建工程不得在外电架空线路正下方施工、搭设作业棚、建造生活设施或堆放构件、架具、材料及其他杂物等。2) 在建工程(含脚手架)的周边与外电架空线路的边线之间的最小安全操作距离应符合表 4-5 规定。

在建工程(含脚手架)的周边与外电架空线路的边线之间的最小安全操作距离　表 4-5

外电线路电压等级(kV)	<1	1～10	35～110	220	330～500
最小安全操作距离(m)	4.0	6.0	8.0	10	15

注：上、下脚手架的斜道不宜设在有外电线路的一侧。

3) 施工现场的机动车道与外电架空线路交叉时，架空线路的最低点与路面的最小垂直距离应符合表 4-6 规定。

施工现场的机动车道与外电架空线路交叉时的最小垂直距离　表 4-6

外电线路电压等级(kV)	<1	1～10	35
最小垂直距离(m)	6.0	7.0	7.0

4) 起重机严禁越过无防护设施的外电架空线路作业。在外电架空线路附近吊装时，起重机的任何部位或被吊物边缘在最大偏斜时与架空线路边线的最小安全距离应符合表 4-7 规定。

起重机与架空线路边线的最小安全距离　表 4-7

电压(kV)		<1	10	35	110	220	330	500
安全距离(m)	沿垂直方向	1.5	3.0	4.0	5.0	6.0	7.0	8.5
	沿水平方向	1.5	2.0	3.5	4.0	6.0	7.0	8.5

5) 施工现场开挖沟槽边缘与外电埋地电缆沟槽边缘之间的距离不得小于 0.5m。

6) 若未达到第 1) ～ 4) 条中的规定时，必须采取绝缘隔离防护措施，并应悬挂醒目的警告标志。

架设防护设施时，必须经有关部门批准，采用线路暂时停电或其他可靠的安全技术措施，并应有电气工程技术人员和专职安全人员监护。

防护设施应坚固、稳定，且对外电线路的隔离防护应达到 IP30 级。

(2)《建设工程施工现场供用电安全规范》GB 50194—2014 外电线路管理相关标准。

1) 施工现场道路设施等与外电架空线路的最小距离应符合表 4-8 的规定。

2) 当施工现场道路设施等于外电架空线路的最小距离达不到本规范第 7.5.3 条中的规定时，应采取隔离防护措施，防护设施的搭设和拆除应符合下列规定：①架设防护设施时，应采用线路暂时停电或其他可靠的安全技术措施，并应有电气专业技术人员和专职安全人员监护。②防护设施与外电架空线路之间的安全距离不应小于表 4-9 所列数值。

施工现场道路设施等与外电架空线路的最小距离　　表 4-8

类别	距离（m）	外电线路电压等级		
		10kV 及以下	220kV 及以下	500kV 及以下
施工道路与外电架空线路	跨越道路时距路面最小垂直距离	7.0	8.0	14.0
	沿着路边敷设时距离路边最小水平距离	0.5	5.0	8.0
临时建筑物与外电架空线路	最小垂直距离	5.0	8.0	14.0
	最小水平距离	4.0	5.0	8.0
在建工程脚手架与外电架空线路	最小水平距离	7.0	10.0	15.0
各类施工机械外缘与外电架空线路最小距离		2.0	6.0	8.5

防护设施与外电架空线路之间的最小安全距离　　表 4-9

外电架空线路电压等级（kV）	≤10	35	110	220	330	500
防护设施与外电架空线路之间的最小安全距离（m）	2.0	3.5	4.0	5.0	6.0	7.0

4. 施工设施、设备防雷

（1）在土壤电阻率低于 200Ω·m 区域的电杆可不另设防雷接地装置，但在配电室的架空进线或出线处应将绝缘子铁脚与配电室的接地装置相连接。

（2）施工现场内的起重机、井字架、龙门架等机械设备，以及钢脚手架和正在施工的在建工程等的金属结构，当在相邻建筑物、构筑物等设施的防雷装置接闪器的保护范围以外时，应按表 4-10 规定安装防雷装置。

施工现场内机械设备及高架设施需安装防雷装置的规定　　表 4-10

地区年平均雷暴日（d）	机械设备高度（m）
≤15	≥50
＞15，＜40	≥32
≥40，＜90	≥20
≥90 及雷害特别严重地区	≥12

当最高机械设备上避雷针（接闪器）的保护范围能覆盖其他设备，且又最后退出现场，则其他设备可不设防雷装置。

确定防雷装置接闪器的保护范围可采用《施工现场临时用电安全技术规范》JGJ 46 中规定的滚球法。

（3）机械设备或设施的防雷引下线可利用该设备或设施的金属结构体，但应保证电气连接。

（4）机械设备上的避雷针（接闪器）长度应为 1～2m。塔式起重机可不另设避雷针（接闪器）。

（5）安装避雷针（接闪器）的机械设备，所有固定的动力、控制、照明、信号及通信线路，宜采用钢管敷设。钢管与该机械设备的金属结构体应做电气连接。

（6）施工现场内所有防雷装置的冲击接地电阻值不得大于 30Ω。

（7）做防雷接地机械上的电气设备，所连接的 PE 线必须同时做重复接地，同一台机械电气设备的重复接地和机械的防雷接地可共用同一接地体，但接地电阻应符合重复接地电阻值的要求。

5. 配电室安全技术措施

（1）配电室应靠近电源，并应设在灰尘少、潮气少、振动小、无腐蚀介质、无易燃易爆物及道路畅通的地方。

（2）成列的配电柜和控制柜两端应与重复接地线及保护零线做电气连接。

（3）配电室和控制室应能自然通风，并应采取防止雨雪侵入和动物进入的措施。

（4）配电室布置应符合下列要求：1）配电柜正面的操作通道宽度，单列布置或双列背对背布置不小于 1.5m，双列面对面布置不小于 2m。2）配电柜后面的维护通道宽度，单列布置或双列面对面布置不小于 0.8m，双列背对背布置不小于 1.5m，个别地点有建筑物结构凸出的地方，则此点通道宽度可减少 0.2m。3）配电柜侧面的维护通道宽度不小于 1m。4）配电室的顶棚与地面的距离不低于 3m。5）配电室内设置值班或检修室时，该室边缘距配电柜的水平距离大于 1m，并采取屏障隔离。6）配电室内的裸母线与地面垂直距离小于 2.5m 时，采用遮栏隔离，遮栏下面通道的高度不小于 1.9m。7）配电室围栏上端与其正上方带电部分的净距不小于 0.075m。8）配电装置的上端距顶棚不小于 0.5m。9）配电室内的母线涂刷有色油漆，以标志相序；以柜正面方向为基准，其涂色符合表 4-11 规定。10）配电室的建筑物和构筑物的耐火等级不低于 2 级，室内配置砂箱和可用于扑灭电气火灾的灭火器。11）配电室的门向外开，并配锁。12）配电室的照明分别设置正常照明和事故照明。

母线涂色 **表 4-11**

相别	颜色	垂直排列	水平排列	引下排列
L_1（A）	黄	上	后	左
L_2（B）	绿	中	中	中
L_3（C）	红	下	前	右
N	淡蓝	—	—	—

（5）配电柜应装设电度表，并应装设电流表、电压表。电流表与计费电度表不得共用一组电流互感器。

（6）配电柜应装设电源隔离开关及短路、过载、漏电保护电器。电源隔离开关分断时应有明显可见分断点。

（7）配电柜应编号，并应有用途标记。

（8）配电柜或配电线路停电维修时，应接地线，并应悬挂“禁止合闸、有人工作”停电标志牌。停送电必须由专人负责。

（9）配电室应保持整洁，不得堆放任何妨碍操作、维修的杂物。

6. 架空线路安全防护

（1）架空线必须采用绝缘导线。

（2）架空线必须架设在专用电杆上，严禁架设在树木、脚手架及其他设施上。

（3）架空线导线截面的选择应符合下列要求：1）导线中的计算负荷电流不大于其长期连续负荷允许载流量。2）线路末端电压偏移不大于其额定电压的5%。3）三相四线制路线的N线和PE线截面不小于相线截面的50%，单相线路的零线截面与相线截面相同。4）按机械强度要求，绝缘铜线截面不小于$10mm^2$，绝缘铝线截面不小于$16mm^2$。5）在跨越铁路、公路、河流、电力线路挡距内，绝缘铜线截面不小于$16mm^2$，绝缘铝线截面不小于$25mm^2$。

（4）架空线在一个挡距内，每层导线的接头数不得超过该层导线条数的50%，且一条导线应只有一个接头。在跨越铁路、公路、河流、电力线路挡距内，架空线不得有接头。

（5）架空线路相序排列应符合下列规定：1）动力、照明线在同一横担上架设时，导线相序排列是：面向负荷从左侧起依次为L_1、N、L_2、L_3、PE；2）动力、照明线在二层横担上分别架设时，导线相序排列是：上层横担面向负荷从左侧起依次为L_1、L_2、L_3；下层横担面向负荷从左侧起依次为L_1（L_2、L_3）、N、PE。

（6）架空线路的挡距不得大于35m。

（7）架空线路的线间距不得小于0.3m，靠近电杆的两导线的间距不得小于0.5m。

（8）架空线路横担间的最小垂直距离不得小于表4-12所列数值；横担宜采用角钢或方木，低压铁横担角钢应按表4-13选用，方木横担截面应按80mm×80mm选用；横担长度应按表4-14选用。

横担间的最小垂直距离 **表4-12**

排列方式	直线杆（m）	分支或转角杆（m）
高压与低压	1.2	1.0
低压与低压	0.6	0.3

低压铁横担角钢选用 **表4-13**

导线截面（mm^2）	直线杆	分支或转角杆	
		二线及三线	四线及以上
16、25、35、50	∟50×5	2×∟50×5	2×∟63×5
70、95、120	∟63×5	2×∟63×5	2×∟70×6

横担长度选用 **表4-14**

横担长度（m）		
二线	三线、四线	五线
0.7	1.5	1.8

(9) 架空线路与邻近线路或固定物的距离应符合表 4-15 的规定。

架空线路与邻近线路或固定物的距离 **表 4-15**

<table>
<tr><td>项目</td><td colspan="8">距离类别</td></tr>
<tr><td rowspan="2">最小净空距离 (m)</td><td colspan="2">架空线路的过引线、接下线与邻线</td><td colspan="3">架空线与架空线电杆外缘</td><td colspan="3">架空线与摆动最大时的树梢</td></tr>
<tr><td colspan="2">0.13</td><td colspan="3">0.05</td><td colspan="3">0.50</td></tr>
<tr><td rowspan="3">最小垂直距离 (m)</td><td rowspan="2">架空线同杆架设下方的通信、广播线路</td><td colspan="4">架空线最大弧垂与地面</td><td rowspan="2">架空线最大弧垂与暂设工程顶端</td><td colspan="2">架空线与邻近电力线路交叉</td></tr>
<tr><td colspan="2">施工现场</td><td>机动车道</td><td>铁路轨道</td><td>1kV 以下</td><td>1~10kV</td></tr>
<tr><td>1.0</td><td colspan="2">4.0</td><td>6.0</td><td>7.5</td><td>2.5</td><td>1.2</td><td>2.5</td></tr>
<tr><td rowspan="2">最小水平距离 (m)</td><td colspan="2">架空线电杆与路基边缘</td><td colspan="3">架空线电杆与铁路轨道边缘</td><td colspan="3">架空线边线与建筑物凸出部分</td></tr>
<tr><td colspan="2">1.0</td><td colspan="3">杆高+3.0</td><td colspan="3">1.0</td></tr>
</table>

(10) 架空线路宜采用钢筋混凝土杆或木杆。钢筋混凝土杆不得有露筋、宽度大于 0.4mm 的裂纹和扭曲；木杆不得腐朽，其梢径不应小于 140mm。

(11) 电杆埋设深度宜为杆长的 10%加 0.6m，回填土应分层夯实。在松软土质处宜加大埋入深度或采用卡盘等加固。

(12) 直线杆和 15°以下的转角杆，可采用单横担单绝缘子，但跨越机动车道时应采用单横担双绝缘子；5°~45°的转角杆，应采用双横担双绝缘子；45°以上的转角杆，应采用十字横担。

(13) 架空线路绝缘子应按下列原则选择：1) 直线杆采用针式绝缘子。2) 耐张杆采用蝶式绝缘子。

(14) 电杆的拉线宜采用不少于 3 根 *DN*4.0mm 的镀锌钢丝。拉线与电杆的夹角应在 30°~45°。拉线埋设深度不得小于 1m。电杆拉线如从导线之间穿过，应在高于地面 2.5m 处装设拉线绝缘子。

(15) 因受地形环境限制不能装设拉线时，可采用撑杆代替拉线，撑杆埋设深度不得小于 0.8m，其底部应垫底盘或石块。撑杆与电杆的夹角宜为 30°。

(16) 接户线在挡距内不得有接头，进线处离地高度不得小于 2.5m。接户线最小截面应符合表 4-16 规定。接户线线间及与邻近线路间的距离应符合表 4-17 的要求。

接户线最小截面 **表 4-16**

<table>
<tr><td rowspan="2">接户线架设方式</td><td rowspan="2">接户线长度 (m)</td><td colspan="2">接户线截面 (mm²)</td></tr>
<tr><td>铜线</td><td>铝线</td></tr>
<tr><td rowspan="2">架空沿墙敷设</td><td>10~25</td><td>6.0</td><td>10.0</td></tr>
<tr><td>≤10</td><td>4.0</td><td>6.0</td></tr>
</table>

(17) 架空线路必须有短路保护

采用熔断器做短路保护时，其熔体额定电流不应大于明敷绝缘导线长期连续负荷允许载流量的 1.5 倍。采用断路器做短路保护时，其瞬动过流脱扣器脱扣电流整定值应小于线路末端单相短路电流。

接户线线间及与邻近线路间的距离　　表 4-17

接户线架设方式	接户线挡距（m）	接户线线间距离（mm）
架空敷设	≤25	150
	＞25	200
沿墙敷设	≤6	100
	＞6	150
架空接户线与广播电话线交叉时的距离（mm）		接户线在上部，600 接户线在下部，300
架空或沿墙敷设的接户线零线和相线交叉时的距离（mm）		100

（18）架空线路必须有过载保护

采用熔断器或断路器做过载保护时，绝缘导线长期连续负荷允许载流量不应小于熔断器熔体额定电流或断路器长延时过流脱扣器脱扣电流整定值的 1.25 倍。

7. 电缆线路

（1）电缆中必须包含全部工作芯线和用作保护零线或保护线的芯线。需要三相四线制配电的电缆线路必须采用五芯电缆。五芯电缆必须包含淡蓝、绿/黄两种颜色绝缘芯线。淡蓝色芯线必须用作 N 线；绿/黄双色芯线必须用作 PE 线，严禁混用。

（2）电缆截面的选择应符合《施工现场临时用电安全技术规范》JGJ 46 中第 7.1.3 条 1～3 款的规定，根据其长期连续负荷允许载流量和允许电压偏移确定。

（3）电缆线路应采用埋地或架空敷设，严禁沿地面明设，并应避免机械损伤和介质腐蚀。埋地电缆路径应设方位标志。

（4）电缆类型应根据敷设方式、环境条件选择。埋地敷设宜选用铠装电缆；当选用无铠装电缆时，应能防水、防腐。架空敷设宜选用无铠装电缆。

（5）电缆直接埋地敷设的深度不应小于 0.7m，并应在电缆紧邻上、下、左、右侧均匀敷设不小于 50mm 厚的细砂，然后覆盖砖或混凝土板等硬质保护层。

（6）埋地电缆在穿越建筑物、构筑物、道路、易受机械损伤、介质腐蚀场所及引出地面 2.0m 高到地下 0.2m 处，必须加设防护套管，防护套管内径不应小于电缆外径的 1.5 倍。

（7）埋地电缆与其附近外电电缆和管沟的平行间距不得小于 2m，交叉间距不得小于 1m。

（8）埋地电缆的接头应设在地面上的接线盒内，接线盒应能防水、防尘、防机械损伤，并应远离易燃、易爆、易腐蚀场所。

（9）架空电缆应沿电杆、支架或墙壁敷设，并采用绝缘子固定，绑扎线必须采用绝缘线，固定点间距应保证电缆能承受自重所带来的荷载，敷设高度应符合《施工现场临时用电安全技术规范》JGJ 46 中第 7.1 节架空线路敷设高度的要求，但沿墙壁敷设时最大弧垂距地不得小于 2.0m。架空电缆严禁沿脚手架、树木或其他设施敷设。

（10）在建工程内的电缆线路必须采用电缆埋地引入，严禁穿越脚手架引入。电缆垂直敷设应充分利用在建工程的竖井、垂直孔洞等，并宜靠近用电负荷中心，固定点每楼层不得少于一处。电缆水平敷设宜沿墙或门口刚性固定，最大弧垂距地不得小于 2.0m。装饰装修工程或其他特殊阶段，应补充编制专项施工用电方案。电源线可沿墙角、地面敷设，但应采取防机械损伤和电火措施。

(11) 电缆线路必须有短路保护和过载保护，短路保护和过载保护电器与电缆的选配应符合《施工现场临时用电安全技术规范》JGJ 46 中第 7.1.17 条和第 7.1.18 条要求。

(12)《建设工程施工现场供用电安全规范》GB 50194—2014 电缆线路管理相关标准：

1) 施工现场配电线路路径选择应符合下列规定：①应结合施工现场规划及布局，在满足安全要求的条件下方便线路敷设、接引及维护。②应避开过热、腐蚀以及储存易燃、易爆物的仓库等影响线路安全运行的区域。③宜避开易遭受机械性外力的交通、吊装、挖掘作业频繁场所，以及河道、低洼、易受雨水冲刷的地段。④应跨越在建工程、脚手架、临时建筑物。2) 配电线路的敷设方式应符合下列规定：①应根据施工现场环境特点，以满足线路安全运行、便于维护和拆除的原则来选择，敷设方式应能够避免受到机械性损伤或其他损伤。②供用电电缆可采用架空、直埋、沿支架等方式进行设置。③不应敷设在树木上或直接绑挂在金属构架和金属脚手架上。④不应接触潮湿地面或接近热源。3) 直埋线路宜采用有保护层的铠装电缆，芯线绝缘层标识应符合《施工现场临时用电安全技术规范》JGJ 46—2005 第 6.3.9 条规定。4) 直埋敷设的电缆线路应符合下列规定：①在地下管网较多、有较频繁开挖的地段不宜直埋。②应埋电缆应沿道路或建筑物边缘埋设，并宜沿直线敷设，直线段每隔 20m 处、转弯处和中间接头处应设电缆走向标识桩。③电缆直埋时，其表面距地面的距离不宜小于 0.7m；电缆上、下、左、右侧应铺以软土或砂土，其厚度及宽度不得小于 100mm，上部应覆盖硬质保护层。直埋敷设于冻土地区时，电缆宜埋入冻土层以下，当无法深埋时可在土壤排水性好的干燥冻土层或回填土中埋设。④直埋电缆的中间接头宜采用热缩或冷缩工艺，接头处应采取防水措施，并应绝缘良好。中间接头不得浸泡在水中。⑤直埋电缆在穿越建筑物、构筑物、道路，易受机械损伤、腐蚀介质场所及引出地面 2.0m 高至地下 0.2m 处，应加设防护套管。防护套管应固定牢固，端口应有防止电缆损伤的措施，其内径不应小于电缆外径的 1.5 倍。⑥直埋电缆与外电线路电缆、其他管道、道路、建筑物等之间平行和交叉时的最小距离应符合表 4-18 的规定，当距离不能满足表 4-18 的要求时，应采取穿管、隔离等护措施。5) 以支架方式敷设的电缆线路应符合下列规定：①当电缆敷设在金属支架上时，金属支架应可靠接地。②固定点间距应保证电缆能承受自重及风雪等带来的荷载。③电缆线路应固定牢固，绑扎线应使用绝缘材料。④沿构、建筑物水平敷设的电缆线路，距地面高度不宜小于 2.5m。⑤垂直引上敷设的电缆线路，固定点每楼层不得少于 1 处。6) 沿墙面或地面敷设电缆线路应符合下列规定：①电缆线路宜敷设在人不易触及的地方。②电缆线路敷设路径应有醒目的警告标识。③沿地面明敷的电缆线路应沿建筑物墙体根部敷设，穿越道路或其他易受机械损伤的区域，应采取防机械损伤的措施，周围环境应保持干燥。④在电缆设路径附近，当有产生明火的作业时，应采取防止火花损伤电缆的措施。7) 临时设施的室内配线应符合下列规定：①室内配线在穿过楼板或墙壁时应用绝缘保护管保护。②明敷线路应采用护套绝缘电缆或导线，且应固定牢固，塑料护套线不应直接埋入抹灰层内敷设。③当采用无护套绝缘导线时应穿管或线槽敷设。

电缆之间，电缆与管道、道路、建筑物之间平行和交叉时的最小距离　　表 4-18

电缆直埋敷设时的配置情况		平行（m）	交叉（m）
施工现场电缆与外电线路电缆		0.5	0.5
电缆与地下管沟	热力管沟	2.0	0.5
	油管或易（可）燃气管道	1.0	0.5
	其他管道	0.5	0.5
电缆与建筑物基础		躲开散水宽度	—
电缆与道路边、树木主干、1kV 以下架空线电杆		1.0	—
电缆与 1kV 以上架空线杆塔基础		4.0	—

8. 配电箱及开关箱的设置

（1）配电系统应设置配电柜或总配电箱、分配电箱、开关箱，实行三级配电。配电系统宜使三相负荷平衡。220V 或 380V 单相用电设备宜接入 220/380V 三相四线系统；当单相照明线路电流大于 30A 时，宜采用 220/380V 三相四线制供电。室内配电柜的设置应符合《施工现场临时用电安全技术规范》JGJ 46 第 6.1 节的规定。

（2）总配电箱以下可设若干分配电箱；分配电箱以下可设若干开关箱。总配电箱应设在靠近电源的区域，分配电箱应设在用电设备或负荷相对集中的区域，分配电箱与开关箱的距离不得超过 30m，开关箱与其控制的固定式用电设备的水平距离不宜超过 3m。

（3）每台用电设备必须有各自专用的开关箱，严禁用同一个开关箱直接控制 2 台及 2 台以上用电设备（含插座）。

（4）动力配电箱与照明配电箱宜分别设置。当合并设置为同一配电箱时，动力和照明应分路配电；动力开关箱与照明开关箱必须分设。

（5）配电箱、开关箱应装设在干燥、通风及常温场所，不得装设在有严重损伤作用的瓦斯、烟气、潮气及其他有害介质中，亦不得装设在易受外来固体物撞击、强烈振动、液体浸溅及热源烘烤场所，否则，应予清除或做防护处理。

（6）配电箱、开关箱周围应有足够 2 人同时工作的空间和通道，不得堆放任何妨碍操作、维修的物品，不得有灌木、杂草。

（7）配电箱、开关箱应采用冷轧钢板或阻燃绝缘材料制作，钢板厚度应为 1.2～2.0mm，其中开关箱箱体钢板厚度不得小于 1.2mm，配电箱箱体钢板厚度不得小于 1.5mm，箱体表面应做防腐处理。

（8）配电箱、开关箱应装设端正、牢固。固定式配电箱、开关箱的中心点与地面的垂直距离应为 1.4～1.6m。移动式配电箱、开关箱应装设在坚固、稳定的支架上。其中心点与地面的垂直距离宜为 0.8～1.6m。

（9）配电箱、开关箱内的电器（含插座）应先安装在金属或非木质阻燃绝缘电器安装板上，然后方可整体紧固在配电箱、开关箱箱体内。金属电器安装板与金属箱体应做电气连接。

(10) 配电箱、开关箱内的电器(含插座)应按其规定位置紧固在电器安装板上,不得歪斜和松动。

(11) 配电箱的电器安装板上必须分设N线端子板和PE线端子板。N线端子板必须与金属电器安装板绝缘;PE线端子板必须与金属电器安装板做电气连接。进出线中的N线必须通过N线端子板连接;PE线必须通过PE线端子板连接。

(12) 配电箱、开关箱内的连接线必须采用铜芯绝缘导线。导线绝缘的颜色标志应按《施工现场临时用电安全技术规范》JGJ 46 第5.1.11条要求配置并排列整齐;导线分支接头不得采用螺栓压接,应用焊接并做绝缘包扎,不得有外露带电部分。

(13) 配电箱、开关箱的金属箱体、金属电器安装板以及电器正常不带电的金属底座、外壳等必须通过PE线端子板与PE线做电气连接,金属箱门与金属箱体必须采用编织软铜线做电气连接。

(14) 配电箱、开关箱的箱体尺寸应与箱内电器的数量和尺寸相适应,箱内电器安装板板面电器安装尺寸可按照表4-19确定。

配电箱、开关箱内电器安装尺寸选择值 **表4-19**

间距名称	最小净距(mm)		
并列电气(含单级熔断器)	30		
电器进、出线瓷管(塑胶管)孔与电器边沿间	15A	20~30A	60A及以上
	30	50	80
上、下排电器进出线瓷管(塑胶管)孔间	25		
电器进、出线瓷管(塑胶管)孔至板边	40		
电器至板边	40		

(15) 配电箱、开关箱中导线的进线口和出线口应设在箱体的下底面。

(16) 配电箱、开关箱的进、出线口应配置固定线卡,进出线应加绝缘护套并成束卡固在箱体上,不得与箱体直接接触。移动式配电箱、开关箱的进、出线应采用橡皮护套绝缘电缆,不得有接头。

(17) 配电箱、开关箱外形结构应能防雨、防尘。

9. 电气装置的选择

(1) 配电箱、开关箱内的电器必须可靠、完好,严禁使用破损、不合格的电器。

(2) 总配电箱的电器应具备电源隔离,正常接通与分断电路,以及短路、过载、漏电保护功能。电器设置应符合下列原则:1) 当总路设置总漏电保护器时,还应装设总隔离开关、分路隔离开关以及总断路器分路断路器或总熔断器、分路熔断器。当所设总漏电保护器是同时具备短路、过载、漏电保护功能的漏电断路器时,可不设总断路器或总熔断器。2) 当各分路设置分路漏电保护器时,还应装设总隔离开关、分路隔离开关以及总断路器、分路断路器或总熔断器、分路熔断器。当分路所设漏电保护器是同时具备短路、过载、漏电保护功能的漏电断路器时,可不设分路断路器或分路熔断器。3) 隔离开关应设置于电源进线端,应采用分断时具有可见分断点,并能同时断开电源所有极的隔离电器。

如采用分断时具有可见分断点的断路器，可不另设隔离开关。4）熔断器应选用具有可靠灭弧分断功能的产品。5）总开关电器的额定值、动作整定值应与分路开关电器的额定值、动作整定值相适应。

10. 配电箱、开关箱使用与维护

（1）配电箱、开关箱应有名称、用途、分路标记及系统接线图。

（2）配电箱、开关箱箱门应配锁，并应由专人负责。

（3）配电箱、开关箱应定期检查、维修。检查、维修人员必须是专业电工。检查、维修时必须按规定穿戴绝缘鞋、手套，必须使用电工绝缘工具，并应做检查、维修工作记录。

（4）对配电箱、开关箱进行定期维修、检查时，必须将其前一级相应的电源隔离开关闸断电，并悬挂“禁止合闸、有人工作”停电标志牌，严禁带电作业。

（5）配电箱、开关箱必须按照下列顺序操作：1）送电操作顺序：总配电箱→分配电箱→开关箱。2）停电操作顺序：开关箱→分配电箱→总配电箱。但出现电气故障的紧急情况可除外。

（6）施工现场停止作业 1 小时以上时，应将动力开关箱断电上锁。

（7）开关箱的操作人员必须符合《施工现场临时用电安全技术规范》JGJ 46 第 3.2.3 条规定。

（8）配电箱、开关箱内不得放置任何杂物，并应保持整洁。

（9）配电箱、开关箱内不得随意挂接其他用电设备。

（10）配电箱、开关箱内的电气配置和接线严禁随意改动。熔断器的熔体更换时，严禁采用不符合原规格的熔体代替。漏电保护器每天使用前应启动漏电试验按钮试跳一次，试跳不正常时严禁继续使用。

（11）配电箱、开关箱的进线和出线严禁承受外力，严禁与金属尖锐断口、强腐蚀介质和易燃易爆物接触。

（12）《建设工程施工现场供用电安全规范》GB 50194—2014 配电箱管理相关标准：

1）低压配电系统宜采用三级配电，宜设置总配电箱、分配电箱、末级配电箱。2）低压配电系统不宜采用链式配电。当部分用电设备距离供电点较远，而彼此相距很近、容量小的次要用电设备，可采用链式配电，但每一回路环链设备不宜超过 5 台，其总容量不宜超过 10kW。3）消防等重要负荷应由总配电箱专用回路直接供电，并不得接入过负荷保护和剩余电流保护器。4）消防泵、施工升降机、塔式起重机、混凝土输送泵等大型设备应设专用配电箱。5）配电柜的安装应符合下列规定：①配电柜应安装在高于地面的型钢或混凝土基础上，且应平正、牢固。②配电柜的金属框架及基础型钢应可靠接地。门和框架的接地端子间应采用软铜线进行跨接，配电柜门和框架间跨接接地线的最小截面面积应符合表 4-20 的规定。6）总配电箱以下可设若干分配电箱；分配电箱以下可设若干末级配电箱。分配电箱下可根据需要，再设分配电箱。总配电箱应设在靠近电源的区域，分配电箱应设在用电设备或负荷相对集中的区域，分配电箱与末级配电箱的距离不宜超过 30m。7）固定式配电箱的中心与地面的垂直距离宜为 1.4～1.6m，安装应平正、牢固。户外落地安装的配电箱、柜，其底部离地面不应小于 0.2m。

配电柜门和框架间跨接接地线的最小截面面积　　表 4-20

额定工作电流 I_e（A）	接地线的最小截面面积（mm^2）
$I_e \leqslant 25$	2.5
$25 < I_e \leqslant 32$	4
$32 < I_e \leqslant 63$	6
$63 < I_e$	10

注：I_e为配电柜（箱）内主断路器的额定电流。

8）配电箱内的连接线应采用铜排或铜芯绝缘导线，当采用铜排时应有防护措施；连接导线不应有接头、线芯损伤及断股。

9）配电箱的金属箱体、金属电器安装板以及电器正常不带电的金属底座、外壳等应通过保护导体（PE）汇流排可靠接地。金属箱门与金属箱体间的跨接接地线应符合表 4-20的有关规定。

10）配电箱内的电器应完好，不应使用破损及不合格的电器。

11）总配电箱、分配电箱的电器应具备正常接通与分断电路，以及短路、过负荷、接地故障保护功能。电器设置应符合下列规定：①总配电箱、分配电箱进线应设置隔离开关、总断路器，采用带隔离功能的断路器时，可不设置隔离开关。各分支回路应设置具有短路、过负荷、接地故障保护功能的电器。②总断路器的额定值应与分路断路器的额定值相匹配。③当以两项的保护都不能满足要求时，应采用漏电电流动作保护电器。

说明：在 TN 系统配电线路中，接地故障保护宜采用下列方式：①当过电流保护能满足在规定时间内切断接地故障线路的要求时，宜采用过电流保护兼作接地故障保护；②在三相四线制配电线系统中，如果电流保护不能满足在规定时间（干线不大于 5s，末级线路不大于 0.4s）内切接地故障线路，则采用零序电流保护，但其整定电流应大于配电线路最大不平衡电流。

11. 档案管理

（1）施工现场临时用电必须建立安全技术档案，并应包括下列内容：1）用电组织设计的全部资料。2）修改用电组织设计的资料。3）用电技术交底资料。4）用电工程检查验收表。5）电气设备的试、检验凭单和调试记录。6）接地电阻、绝缘电阻和漏电保护器漏电动作参数测定记录表。7）定期检（复）查表。8）电工安装、巡检、维修、拆除工作记录。

（2）安全技术档案应由主管该现场的电气技术人员负责建立与管理。其中“电工安装、巡检、维修、拆除工作记录”可指定电工代管，每周由项目经理审核认可，并应在临时用电工程拆除后统一归档。

（3）临时用电工程应定期检查。定期检查时，应复查接地电阻值和绝缘电阻值。

（4）临时用电工程定期检查应按分部、分项工程进行，对安全隐患必须及时处理，并履行复查验收手续。

4.4.2 建筑机械用电安全技术措施

1. 基本要求

（1）施工现场中电动建筑机械和手持式电动工具的选购、使用、检查和维修应遵守下列规定：1）选购的电动建筑机械、手持电动工具及其用电安全装置符合相应的国家现行有关强制性标准的规定，且具有产品合格证和使用说明书。2）建立和执行专人专机负责制，并定期检查和维修保养。3）接地符合《施工现场临时用电安全技术规范》JGJ 46 第 5.1.1 条和第 5.1.2 条要求，运行时产生振动的设备的金属基座、外壳与 PE 线的连接点不少于 2 处。4）漏电保护符合《施工现场临时用电安全技术规范》JGJ 46 第 8.2.5 条、第 8.2.8～8.2.10 条及 8.2.12 条和第 8.2.13 条要求。5）按使用说明书使用、检查、维修。

（2）塔式起重机、外用电梯、滑升模板的金属操作平台及需要设置避雷装置的物料提升机，除应连接 PE 线外，还应做重复接地。设备的金属结构构件之间应保证电气连接。

（3）手持式电动工具中的塑料外壳Ⅱ类工具和一般场所手持式电动工具中的Ⅲ类工具可不连接 PE 线。

（4）电动建筑机械和手持式电动工具的负荷线应按其计算负荷选用无接头的橡皮护套铜芯软电缆，其性能应符合现行国家标准《额定电压 450/750V 及以下橡皮绝缘电缆》GB/T 5013 中第 1 部分（一般要求）和第 4 部分（软线和软电缆）的要求；其截面可按规范附录 C 选配。

电缆芯线数应根据负荷及其控制电器的相数和线数确定：三相四线时，应选用五芯电缆；三相三线时，应选用四芯电缆；当三相用电设备中配置有单相用电器具时，应选用五电缆；单相二线时，应选用三芯电缆。电缆芯线应符合 JGJ 46 规范中第 7.2.1 条规定，其中 PE 线应采用绿/黄双色绝缘导线。

（5）每一台电动建筑机械或手持式电动工具的开关箱内，除应装设过载、短路、漏电保护电器外，还应按《施工现场临时用电安全技术规范》JGJ 46 第 8.2.5 条要求装设隔离开关或具有可见分断点的断路器，以及按照第 8.2.6 条要求装设控制装置。正、反向运转控制装置中的控制电器应采用接触器、继电器等自动控制电器，不得采用手动双向转换开关作为控制电器。电器规格可按《施工现场临时用电安全技术规范》JGJ 46 附录 C 选配。

2. 夯土机械用电安全技术措施

夯土机械用电安全技术措施包括：（1）夯土机械开关箱中的漏电保护器必须符合《施工现场临时用电安全技术规范》JGJ 46 第 8.2.10 条对潮湿场所选用漏电保护器的要求。（2）夯土机械 PE 线的连接点不得少于 2 处。（3）夯土机械的负荷线应采用耐气候型橡皮护套铜芯软电缆。（4）使用夯机必须按规定穿戴绝缘用品，使用过程应有专人调整电缆，电缆长度应大于 50m。电缆严禁缠绕、扭结和被夯土机械跨越。（5）多台夯土机械并列工作时，其间距不得小于 5m；前后工作时，其间距不得于 10m。（6）夯土机械的操作扶手必须绝缘。

3. 桩工机械用电安全技术措施

工机械用电安全技术措施包括：（1）潜水式钻孔机电机的密封性能应符合现行国家标准《外壳防护等级（IP 代码）》GB/T 4208 中的 IP68 级的规定。（2）潜水电机的负荷线应采用防水橡皮护套铜芯软电缆，长度不应小于 1.5m，且不得承受外力。（3）潜水式钻孔机开关箱中的漏电保护器必须符合《施工现场临时用电安全技术规范》JGJ 46 第 8.2.10 条对潮湿场所选用漏电保护器的要求。

4. 焊接机械用电安全技术措施

焊接机械用电安全技术措施包括：(1) 电焊机械应放置在防雨、干燥和通风良好的地方。焊接现场不得有易燃、易爆物品。(2) 交流弧焊机变压器的一次侧电源线长度不应大于5m，其电源进线处必须设置防护罩。发电机式直流电焊机的换向器应经常检查和维护，应消除可能产生的异常电火花。(3) 电焊机械开关箱中的漏电保护器必须符合《施工现场临时用电安全技术规范》JGJ 46 第 8.2.10 条要求。交流电焊机械应配装防二次侧漏电保护器。(4) 电焊机械的二次线应采用防水橡皮护套铜芯软电缆，电缆长度不应大于 30m，不得采用金属构件或结构钢筋代替二次线的地线。(5) 使用电焊机械焊接时必须穿戴防护用品。严禁露天冒雨从事电焊作业。

5. 起重机械用电安全技术措施

起重机械用电安全技术措施包括以下十方面内容：(1) 塔式起重机的电气设备应符合现行国家标准《塔式起重机安全规程》GB 5144 中的要求。(2) 塔式起重机应按《施工现场临时用电安全技术规范》JGJ 46 第 5.4.7 条要求做重复接地和防雷接地。轨道式塔式起重机接地装置的设置应符合下列要求：1) 轨道两端各设一组接地装置。2) 轨道的接头处做电气连接，两条轨道端部做环形电气连接。3) 较长轨道每隔不大于 30m 加一组接地装置。(3) 塔式起重机与外电线路的安全距离应符合《施工现场临时用电安全技术规范》JGJ 46 第 4.1.4 条要求。(4) 轨道式塔式起重机的电不得拖地行走。(5) 需要夜间工作的塔式机，应设置正对工作面的投光灯。(6) 塔身高于 30m 的塔式起重机，应在塔顶和臂架端部设红色信号灯。(7) 在强电磁波源附近工作的塔式起重机，操作人员应戴绝缘手套和穿绝缘鞋，并应在吊钩与机体间采取绝缘隔离措施，或在吊钩吊装地面物体时，在吊钩上挂接临时接地装置。(8) 外用电梯笼内、外均应安装紧急停止开关。(9) 外用电梯和物料提升机的上、下极限位置应设置限位开关。(10) 外用电梯和物料提升机在每日工作前必须对行程开关、限位开关、紧急停止开关、驱动机构和制动器等进行空载检查，正常后方可使用。检查时必须有防坠落措施。

6. 手持式电动工具用电安全技术措施

手持式电动工具用电安全技术措施应按以下要求进行：(1) 空气湿度小于 75%的一般场所可选用Ⅰ类或Ⅱ类手持式电动工具，其金属外壳与 PE 线的连接点不得少于 2 处；除塑料外壳Ⅱ类工具外，相关开关箱中漏电保护器的额定漏电动作电流不应大于 15mA，额定漏电动作时间不应大于 0.1s，其负荷线插头应具备专用的保护触头。所用插座和插头在结构上应保持一致，避免导电触头和保护触头混用。(2) 在潮湿场所或金属构架上操作时，必须选用Ⅱ类或由安全隔离变压器供电的Ⅲ类手持式电动工具。金属外壳Ⅱ类手持式电动工具使用时，必须符合《施工现场临时用电安全技术规范》JGJ 46 第 9.6.1 条要求；其开关箱和控制箱应设置在作业场所外面。在潮湿场所或金属构架上严禁使用Ⅰ类手持式电动工具。(3) 狭窄场所必须选用由安全隔离变压器供电的Ⅲ类手持式电动工具，其开关箱和安全隔离变压器均应设置在狭窄场所外面，并连接 PE 线。漏电保护器的选择应符合《施工现场临时用电安全技术规范》JGJ 46 第 8.2.10 条适用于潮湿或有腐蚀介质场所漏电保护器的要求。操作过程中，应有人在外面监护。(4) 手持式电动工具的负荷线应采用耐气候型的橡皮护套铜芯软电缆，并不得有接头。(5) 手持式电动工具的外壳、手柄、插头、开关、负荷线等必须完好无损，使用前必须做绝缘检查和空载检查，在绝缘合格、空载运转正常后方可使用。绝缘电阻不应小于表 4-21 规定的数值。(6) 使用手持式电动工具时，必须按规定穿、戴绝缘防护用品。

手持式电动工具绝缘电阻限值　　表 4-21

测量部位	绝缘电阻（MΩ）		
	Ⅰ类	Ⅱ类	Ⅲ类
带电零件与外壳之间	2	7	1

注：绝缘电阻用 500V 兆欧表测量。

4.4.3 施工现场照明安全防护

1. 现场照明

(1) 在坑、洞、井内作业、夜间施工或厂房、道路、仓库、办公室、食堂、宿舍、料具堆放场及自然采光差等场所，应设一般照明、局部照明或混合照明。在一个工作场所内，不得只设局部照明。停电后，操作人员需及时撤离的施工现场，必须装设自备电源的应急照明。

(2) 现场照明应采用高光效、长寿命的照明光源。对需大面积照明的场所，应采用高压汞灯、高压钠灯或混光用的卤钨灯等。

(3) 照明器的选择必须按下列环境条件确定：1) 正常湿度一般场所，选用开启式照明器。2) 潮湿或特别潮湿场所，选用密闭型防水照明器或配有防水灯头的开启式照明器。3) 含有大量尘埃但无爆炸和火灾危险的场所，选用防尘型照明器。4) 有爆炸和火灾危险的场所，按危险场所等级选用防爆型照明器。5) 存在较强振动的场所，选用防振型照明器。6) 有酸碱等强腐蚀介质场所，选用耐酸碱型照明器。

(4) 照明器具和器材的质量应符合国家现行有关强制性标准的规定，不得使用绝缘老化或破损的器具和器材。

(5) 无自然采光的地下大空间施工场所，应编制单项照明用电方案。

2. 照明供电

(1) 一般场所宜选用额定电压为 220V 的照明器。

(2) 下列特殊场所应使用安全特低电压照明器：1) 隧道、人防工程、高温、有导电灰尘、比较潮湿或灯具离地面高度低于 2.5m 等场所的照明，电源电压不应大于 36V。2) 潮湿和易触及带电体场所的照明，电源电压不得大于 24V。3) 特别潮湿场所、导电良好的地面、锅炉或金属容器内的照明，电源电压不得大于 12V。

(3) 使用行灯应符合下列要求：1) 电源电压不大于 36V。2) 灯体与手柄应坚固、绝缘良好并耐热耐潮湿。3) 灯头与灯体结合牢固，灯头无开关。4) 灯泡外部有金属保护网。5) 金属网、反光罩、悬吊挂钩固定在灯具的绝缘部位上。

(4) 远离电源的小面积工作场地、道路照明、警卫照明或额定电压为 12～36V 照明的场所，其电压允许偏移值为额定电压值的－10%～5%；其余场所电压允许偏移值为额定电压值的±5%。

(5) 照明变压器必须使用双绕组型安全隔离变压器，严禁使用自耦变压器。

(6) 照明系统宜使三相负荷平衡，其中每一单相回路上，灯具和插座数量不宜超过

25个，负荷电流不宜超过15A。

（7）携带式变压器的一次侧电源线应采用橡皮护套或塑料护套铜芯软电缆，中间不得有接头，长度不宜超过3m，其中绿/黄双色线只可作PE线使用，电源插销应有保护触头。

（8）工作零线截面应按下列规定选择：1）单相二线及二相二线线路中，零线截面与相线截面相同。2）三相四线制线路中，当照明器为白炽灯时，零线截面不小于相线截面的50%；当照明器为气体放电灯时，零线截面按最大负载的电流选择。3）在逐相切断的三相照明电路中，零线截面与最大负载相相线截面相同。

（9）室内、室外照明线路的敷设应符合《施工现场临时用电安全技术规范》JGJ 46第7章要求。

3. 照明装置使用

（1）照明灯具的金属外壳必须与PE线相连接，照明开关箱内必须装设隔离开关、短路与过载保护电器和漏电保护器，并应符合《施工现场临时用电安全技术规范》JGJ 46第8.2.5条和第8.2.6条的规定。

（2）室外220V灯具距地面不得低于3m，室内220V灯具距地面不得低于2.5m。

普通灯具与易燃物距离不宜小于300mm；聚光灯、碘钨灯等高热灯具与易燃物距离不宜小于500mm，且不得直接照射易燃物。达不到规定安全距离时，应采取隔热措施。

（3）路灯的每个灯具应单独装设熔断器保护。灯头线应做防水弯。

（4）荧光灯管应采用管固定或用吊链悬挂。荧光灯的镇流器不得安装在易燃的结构物上。

（5）碘钨灯及钠、铊、铟等金属卤化物灯安装高度宜在3m以上，灯线应固定在接线柱上，不得靠近灯具表面。

（6）投光灯的底座应安装牢固，应按需要的光轴方向将枢轴拧紧固定。

（7）螺口灯头及其接线应符合下列要求：1）灯头的绝缘外壳无损伤、无漏电。2）相线接在与中心触头相连的一端，零线接在与螺纹口相连的一端。

（8）灯具内的接线必须牢固，灯具外的接线必须做可靠的防水绝缘包扎。

（9）暂设工程的照明灯具宜采用拉线开关控制，开关安装位置宜符合下列要求：1）拉线开关距地面高度为2～3m，与出入口的水平距离为0.15～0.2m，拉线的出口向下。2）其他开关距地面高度为1.3m，与出入口的水平距离为0.15～0.2m。

（10）灯具的相线必须经开关控制，不得将相线直接引入灯具。

（11）对夜间影响飞机或车辆通行的在建工程及机械设备，必须设置醒目的红色信号灯，其电源应设在施工现场总电源开关的前侧，并应设置外电线路停止供电时的应急自备电源。

（12）《建设工程施工现场供用电安全规范》GB 50194－2014照明设备相关标准。照明灯具的选择应符合下列规定：1）照明灯具应根据施工现场环境条件设计并应选用防水型，防尘型、防爆型灯具。2）行灯应采用Ⅲ类灯具，采用安全特低电压系统（SELV），其额定电压值不应超过24V。3）行灯灯体及手柄绝缘应良好、坚固、耐热、耐潮湿，灯头与灯体应结合紧固，灯泡外部应有金属保护网、反光罩及悬吊挂钩，挂钩应固定在灯具的绝缘手柄上。4）严禁利用额定电压220V的临时照明灯具作为行灯使用。特殊场所应使用安全特低电压系统（SELV）供电的照明装置，且电源电压应符合下列规定：①下列特殊场所的安全特低电压系统照明电源电压不应大于24V：A. 金属结构构架场所。B. 隧道、人防等地下空间。C. 有导电粉尘、腐蚀介质、蒸汽及高温炎热的场所。②下列特殊场所的特低电压系统照明电源电压不应大于12V：A. 相对湿度长期处于95%以上的潮湿场所。B. 导电良好的地面、狭窄的导电场所。5）行灯变压器严禁带入金属容器或金属管道内使用。

4.5 高 处 作 业

4.5.1 基本要求

1. 施工单位的法定代表人对本单位的安全生产全面负责。施工单位在编制施工组织设计时，应制定预防高处坠落事故的安全技术措施。

2. 项目经理对本项目的安全生产全面负责。项目经理部应结合施工组织设计，根据建筑工程特点编制预防高处坠落事故的专项施工方案，并组织实施。

3. 施工单位应做好高处作业人员的安全教育及相关的安全预防工作：（1）所有高处作业人员应接受高处作业安全知识的教育；特种高处作业人员应持证上岗，上岗前应依据有关规定进行专门的安全技术签字交底。采用新工艺、新技术、新材料和新设备的，应按规定对作业人员进行相关安全技术签字交底。（2）高处作业人员应经过体检，合格后方可上岗。施工单位应为作业人员提供合格的安全帽、安全带等必备的安全防护用具，作业人员应按规定正确佩戴和使用。（3）施工单位应按类别，有针对性地将各类安全警示标志悬挂于施工现场各相应部位，夜间应设红灯示警。

4. 高处作业的安全技术措施及其所需料具，必须列入工程的施工组织设计。

5. 单位工程施工负责人应对工程的高处作业安全技术负责并建立相应的责任制。施工前，应逐级进行安全技术教育及交底，落实所有安全技术措施和人身防护用品，未经落实时不得进行施工。

6. 高处作业中的安全标志、工具、仪表、电气设施和各种设备，必须在施工前加以检查，确认其完好，方能投入使用。

7. 攀登和悬空高处作业人员以及搭设高处作业安全设施的人员，必须经过专业技术培训及专业考试合格，持证上岗，并必须定期进行体检检查。

8. 施工中对高处作业的安全技术设施，发现有缺陷和隐患时，必须及时解决；危及人身安全时，必须停止作业。

9. 施工作业场所有坠落可能的物件，应一律先行撤除或加以固定。高处作业中所用的物料，均应堆放平稳，不妨碍通行和装卸。工具应随手放入工具袋；作业中的走道、通道板和登高用具，应随时清扫干净；拆卸下的物件及余料和废料均应及时清理运走，不得任意乱置或向下丢弃。传递物件禁止抛掷。

10. 雨天和雪天进行高处作业时，必须采取可靠的防滑、防寒和防冻措施。凡水、冰、霜、雪均应及时清除。对进行高处作业的高耸建筑物，应事先设置避雷设施。遇有六级以上强风、浓雾等恶劣气候，不得进行露天攀登与悬空高处作业。暴风雪及台风暴雨后，应对高处作业安全设施逐一加以检查，发现有松动、变形、损坏或脱落等现象，应立即修理完善。

11. 因作业必需，临时拆除或变动安全防护设施时，必须经施工负责人同意，并应采取的可靠措施，作业后应立即恢复。

12. 防护棚搭设与拆除时，应设警戒区，并应派专人监护。严禁上下同时拆除。

13. 高处作业安全设施的主要受力构件，力学计算按一般结构力学公式，强度及挠度计算按现行有关规范进行，但钢受弯构件的强度计算不考虑塑性影响，构造上应符合现行相应规范的要求。

4.5.2 高处作业安全实施

《建筑施工扣件式钢管脚手架安全技术规范》JGJ 130、《建筑施工门式钢管脚手架安全技术标准》JGJ/T 128、《建筑施工碗扣式钢管脚手架安全技术规范》JGJ 166 和《建筑施工承插型盘扣式钢管脚手架安全技术标准》JGJ/T 231 等标准规范在高处作业管理中都有相应的要求。

1. 高处作业前，应项目分管负责人组织有关部门对安全防护设施进行验收，经验收合格签字后，方可作业。安全防护设施应做到定型化、工具化，防护栏杆以黄黑（或红白）相间的条纹标示，盖件等以黄（或红）色标示。需要临时拆除或变动安全设施的，应经项目分管负责人审批签字，并组织有关部门验收，经验收合格签字后，方可实施。

2. 物料提升机应按有关规定由其产权单位编制安装拆卸施工方案，产权单位分管负责人审批签字，并负责安装和拆卸；使用前与施工单位共同进行验收，经验收合格签字后，方可作业。物料提升机应有完好的停层装置，各层联络要有明确信号和楼层标记。物料提升机上料口应装设有联锁装置的安全门，同时采用断绳保护装置或安全停靠装置。通道口走道板应满铺并固定牢靠，两侧边应设置符合要求的防护栏杆和挡脚板，并用密目式安全网封闭两侧。物料提升机严禁乘人。

3. 施工外用电梯应按有关规定由其产权单位编制安装拆卸施工方案，产权单位分管负责人审批签字，并负责安装和拆卸；使用前与施工单位共同进行验收，经验收合格签字后，方可作业。施工外用电梯各种限位应灵敏可靠，楼层门应采取防止人员和物料坠落措施，电梯上下运行行程内应保证无障碍物。电梯轿厢内乘人、载物时，严禁超载，载荷应均匀分布，防止偏重。

4. 移动式操作平台应按相关规定编制施工方案，项目分管负责人审批签字并组织有关部门验收，经验收合格签字后，方可作业。移动式操作平台立杆应保持垂直，上部适当向内收紧，平台作业面不得超出底脚。立杆底部和平台立面应分别设置扫地杆、剪刀撑或斜撑，平台应用坚实木板满铺，并设置防护栏杆和登高扶梯。

5. 各类作业平台、卸料平台应按相关规定编制施工方案，项目分管负责人审批签字并组织有关部门验收，经验收合格签字后，方可作业。架体应保持稳固，不得与施工脚手架连接。作业平台上严禁超载。

6. 脚手架应按相关规定编制施工方案，施工单位分管负责人审批签字，项目分管负责人组织有关部门验收，经验收合格签字后，方可作业。作业层脚手架的脚手板应铺设严密，下部应用安全平网兜底。脚手架外侧应采用密目式安全网做全封闭，不得留有空隙。

密目式安全网应可靠固定在架体上。作业层脚手板与建筑物之间的空隙大于15cm时应做好全封闭，防止人员和物料坠落。作业人员上下应有专用通道，不得攀爬架体。

7. 附着式升降脚手架和其他外挂式脚手架应按相关规定由其产权单位编制施工方案，产权单位分管负责人审批签字，并与施工单位在使用前进行验收，经验收合格签字后，方可作业。附着式升降脚手架和其他外挂式脚手架每提升一次，都应由项目分管负责人组织有关部门验收，经验收合格签字后，方可作业。附着式升降脚手架和其他外挂式脚手架应设置安全可靠的防倾覆、防坠落装置，每一作业层架体外侧应设置符合要求的防护栏杆和挡脚板。附着式升降脚手架和其他外挂式脚手架升降时，应设专人对脚手架作业区域进行监护。

8. 模板工程应按相关规定编制施工方案，施工单位分管负责人审批签字；项目分管负责人组织有关部门验收，经验收合格签字后，方可作业。模板工程在绑扎钢筋、粉刷模板、支拆模板时应保证作业人员有可靠立足点，作业面应按规定设置安全防护设施。模板及其支撑体系的施工荷载应均匀堆置，并不得超过设计计算要求。

9. 吊篮应按相关规定由其产权单位编制施工方案，产权单位分管负责人审批签字，与施工单位在使用前进行验收，经验收合格签字后，方可作业。吊篮产权单位应做好日常例行保养和记录。吊篮悬挂机构的结构件应选用钢材或其他适合的金属结构材料制造，其结构应有足够的强度和刚度。作业人员应按规定佩戴安全带；安全带应挂设在单独设置的安全绳上，严禁安全绳与吊篮连接。

10. 施工单位对电梯井门应按定型化、工具化的要求设计制作，其高度应在15～18m范围内。电梯井内不超过10m应设置一道安全平网；安装拆卸电梯井内安全平网时，作业人员应按规定佩戴安全带。

11. 施工单位进行屋面卷材防水层施工时，屋面周围应设置符合要求的防护栏杆。屋面上的孔洞应加盖封严，短边尺寸大于15m时，孔洞周边也应设置符合要求的防护栏杆，底部加设安全平网。在坡度较大的屋面作业时，应采取专门的安全措施。

4.5.3 洞口作业安全防护

1. 设置防护设施规定

(1) 板与墙的洞口，必须布置牢固的盖板、防护栏杆、安全网或其他防坠落的防护设施。

(2) 电梯井口必须设防护栏杆或固定栅门：电梯井内应每隔两层并最多隔10m设一道安全网。

(3) 钢管桩、钻孔桩等桩孔上口，杯形、条形基础上口，未填土的坑槽，以及人孔、天窗、地板门等处，均应按洞口防护设置稳固的盖件。

(4) 施工现场通道附近的各类洞口与坑槽等处，除设置防护设施与安全标志外，夜间还应设红灯示警。

2. 洞口根据具体情况采取设防护栏杆、加盖件、张挂安全网与装栅门等措施时，必须符合下列要求：

(1) 楼板、屋面和平台等面上短边尺寸小于25cm但大于2.5cm的孔口，必须用坚实的盖板盖没。盖板应能防止挪动移位。

(2) 楼板面等处边长为25～50cm的洞口、安装预制构件时的洞口以及缺件临时形成的洞口，可用竹、木等作盖板，盖住洞口。盖板须能保持四周搁置均衡，并有固定其位置的措施。

(3) 边长为50～150cm的洞口，必须设置以扣件扣接钢管而成的网格，并在其上满铺竹笆或脚手板，也可采用贯穿于混凝土板内的钢筋构成防护网，钢筋网格间距不得大于20cm。

(4) 边长在150cm以上的洞口，四周设防护栏杆，洞口下张设安全平网。

(5) 垃圾井道和烟道，应随楼层的砌筑或安装而消除洞口，或参照预留洞口作防护。管道井施工时，除按上款办理外，还应加设明显的标志。如有临时性拆移，需经施工负责人核准，工作完毕后必须恢复防护设施。

(6) 位于车辆行驶道旁的洞口、深沟与管道坑、槽，所加盖板应能承受不小于当地额定卡车后轮有效承载力2倍的荷载。

(7) 墙面等处的竖向洞口，凡落地的洞口应加装开关式、工具式或固定式的防护门，门栅网格的间距不应大于15cm，也可采用防护栏杆，下设挡脚板（笆）。

(8) 下边沿至楼板或底面低于80cm的窗台等竖向洞口，如侧边落差大于2m时，应加设1.2m高的临时护栏。

(9) 对邻近的人与物有坠落危险性的其他竖向的孔、洞口，均应予以盖没或加以防护并有固定其位置的措施。

4.5.4 临边安全防护

1. 临边作业防护设施

(1) 基坑周边，尚未安装栏杆或栏板的阳台、料台与挑平台周边，雨篷与挑檐边，无外脚手架的屋面与楼层周边及水箱与水塔周边等处，都必须设置防护栏杆。

(2) 头层墙高度超过3.2m的二层楼面周边，以及无外脚手的高度超过3.2m的楼层周边，必须在外围架设安全平网一道。

(3) 分层施工的楼梯口和梯段边，必须安装临时护栏。顶层楼梯口应随工程结构进度安装正式防护栏杆。

(4) 井架与施工用电梯和脚手架等与建筑物通道的两侧边，必须设防护栏杆。地面通道上部应装设安全防护棚。双笼井架通道中间，应予分隔封闭。

(5) 各种垂直运输接料平台，除两侧设防护栏杆外，平台口还应设置安全门或活动防护栏杆。

2. 临边防护栏杆杆件的规格及连接要求

(1) 毛竹横杆小头有效直径不应小于72mm，栏杆柱小头直径不应小于80mm，并须用不小于16号的镀锌钢丝绑扎，不应少于3圈，并无泻滑。

(2) 原木横杆上杆梢径不应小于70mm，下杆梢径不应小于60mm，栏杆柱梢径不应小于75mm。并须用相应长度的圆钉钉紧，或用不小于12号的镀锌钢丝绑扎，要求表面平顺和稳固无动摇。

(3) 横杆上杆直径不应小于16mm，下杆直径不应小于14mm，栏杆柱直径不应小于18mm，采用电焊或镀锌钢丝绑扎固定。

（4）钢管横杆及栏杆柱均采用 ϕ48mm×（2.75～3.5）mm 的管材，以扣件或电焊固定。

（5）以其他钢材如角钢等作防护栏杆杆件时，应选用强度相当的规格，以电焊固定。

3. 临边防护栏杆搭设要求

（1）防护栏杆应由上、下两道横杆及栏杆柱组成，上杆离地高度为 1.0～1.2m，下杆离地高度为 0.5～0.6m。坡度大于 1∶22 的屋面，防护栏杆应高为 1.5m，并加挂安全立网。除经设计计算外，横杆长度大于 2m 时，必须加设栏杆柱。

（2）栏杆柱的固定应符合下列要求：1）当在基坑四周固定时，可采用钢管并打入地面 50～70cm 深。钢管离边口的距离，不应小于 50cm。当基坑周边采用板桩时，钢管可打在板桩外侧。2）当在混凝土楼面、屋面或墙面固定时，可用预埋件与钢管或钢筋焊牢。采用竹、木栏杆时，可在预埋件上焊接 30cm 长的 L50×5 角钢，其上下各钻一孔，然后用 1mm 螺栓与竹、木栏杆拴牢。3）当在砖或砌块等砌体上固定时，可预先砌入规格相适应的 806 弯转扁钢作预埋铁的混凝土块，然后用上述方法固定。

（3）栏杆柱的固定及其与横杆的连接，其整体构造应使防护栏杆在上杆任何处，能经受在何方向的 1000N 外力。当栏杆所处位置有发生人群拥挤、车辆冲击或物件碰撞等可能时，应加大横杆截面或加密柱距。

（4）防护栏杆必须自上而下用安全立网封闭，或在栏杆下边放置严密固定的高度不低于 18cm 的挡脚板或 40cm 的挡脚笆。挡脚板与挡脚笆上如有孔眼，不应大于 25mm。板与笆下边距离底面的空隙不应大于 10mm。卸料平台两侧的栏杆，必须自上而下加挂安全立网或满扎竹笆。

（5）当临边的外侧面临街道时，除防护栏杆外，敞口立面必须采取满挂安全网或其他可靠措施作全封闭处理。

4.5.5 交叉作业安全防护

1. 支模、粉刷、砌墙等各工种进行上下立体交叉作业时，不得在同一垂直方向上操作。下层作业的位置，必须处于依上层高度确定的可能坠落范围半径之外。不符合以上条件时，应设置安全防护层。

2. 钢模板、脚手架等拆除时，下方不得有其他操作人员。

3. 钢板部件拆除后，临时堆放处离楼层边沿不应小于 1m，堆放高度不得超过 1m。楼层边口、通道口、脚手架边缘等处，严禁堆放任何拆下物件。

4. 结构施工自二层起，凡人员进出的通道口（包括井架、施工用电梯的进出通道口），均应搭设安全防护棚。高度超过 24m 的层次上的交叉作业，应设双层防护。

5. 由于上方施工可能坠落物件或处于起重机把杆回转范围之内的通道，在其受影响的范围内，必须搭设顶部能防止穿透的双层防护廊。

4.5.6 高处作业安全防护设施验收

高处作业安全防护设施验收应符合下列要求：

1. 建筑施工进行高处作业之前，应进行安全防护设施的逐项检查和验收。验收合格后，方可进行高处作业。验收也可分层进行，或分阶段进行。

2. 安全防护设施，应由单位工程负责人验收，并组织有关人员参加。

3. 安全防护设施的验收，应具备下列资料：（1）施工组织设计及有关验算数据。（2）安全防护设施验收记录。（3）安全防护设施变更记录及签证。

4. 安全防护设施的验收，主要包括以下内容：（1）所有临边、洞口等各类技术措施的设置状况。（2）技术措施所用的配件、材料和工具的规格和材质。（3）技术措施的节点构造及其与建筑物的固定情况。（4）扣件和连接件的紧固程度。（5）安全防护设施的用品及设备的性能与质量是否合格的验证。

5. 安全防护设施的验收应按类别逐项查验，并做出验收记录。凡不符合规定者，必须修整合格后再行查验。施工工期内还应定期进行抽查。

4.6 拆除工程

4.6.1 拆除工程施工前的准备工作与应急情况处理

1. 拆除工程施工前的准备工作

建设单位应负责做好影响拆除工程安全施工的各种管线的切断、迁移工作。当建筑外侧有架空线路或电缆线路时，应与有关部门取得联系，采取防护措施，确认安全后方可施工。拆除工程的建设单位与施工单位在签订施工合同时，必须签订安全生产管理协议，明确建设单位与施工单位在拆除工程施工中所承担的安全生产管理责任。

《建设工程安全生产管理条例》规定，建设单位、监理单位应对拆除工程施工安全负检查督促责任；施工单位应对拆除工程的安全技术管理负直接责任。明确建设单位、监理单位、施工单位在拆除工程中的安全生产管理责任。

施工单位必须全面了解拆除工程的图纸和资料，根据建筑拆除工程特点，进行实地勘察，并应编制有针对性、安全性及可行性的施工组织设计或方案以及各项安全技术措施。对从事拆除作业的人员办理意外伤害保险。依据《中华人民共和国安全生产法》的有关规定，制定拆除工程生产安全事故应急救援预案，成立组织机构，配备抢险救援器材。严禁将建筑拆除工程整体转包。在拆除作业中应妥善处理。

2. 应急情况处理

在拆除工程作业中，施工单位发现危险性无法判别、文物价值不明的物体时，必须停止施工，采取相应的应急措施，保护现场并应及时向有关部门报告。经过有关部门鉴定后，按照国家和政府有关法规妥善处理。

4.6.2 拆除方法

拆除方法分为人工拆除、机械拆除和爆破拆除。

1. 人工拆除

（1）人工拆除的工程范围

人工拆除指人工采用非动力性工具进行作业。采用手动工具进行人工拆除的建筑一般为砖木结构，高度不超过 6m（2 层），面积不大于 1000m^2。

（2）人工拆除的要求

人工拆除应按下列要求进行：1）人工拆除施工程序应从上至下，按板、非承重墙、梁、承重墙、柱顺序依次进行或依照先非承重结构后承重结构的原则进行拆除。分层拆除时，作业人员应在脚手架或稳固的结构上操作，被拆除的构件应有安全的放置场所。2）人工拆除建筑墙体时，不得采用掏掘或推倒的方法。楼板上严禁多人聚集或堆放材料。拆除建筑的栏杆、楼梯、楼板等构件，应与建筑结构整体拆除进度相配合，不得先行拆除。建筑的承重梁、柱应在其所承载的全部构件拆除后，再进行拆除。拆除施工应分段进行，不得垂直交叉作业。3）拆除原用于有毒有害、可燃气体的管道及容器时，必须查清其残留物的种类、化学性质，采取相应措施后，方可进行拆除施工，达到确保拆除施工人员安全的目的。施工垃圾严禁向下抛掷，确保施工人员的人身安全。

2. 机械拆除

（1）机械拆除的工程范围

机械拆除是指以机械为主、人工为辅相配合的拆除施工方法。采用机械拆除的建筑一般为砖混结构，高度不超过 20m（6 层），面积不大于 5000m^2。

（2）机械拆除要求

机械拆除应按下列要求进行：1）机械拆除施工程序应从上至下、逐层、逐段进行；应先拆除非承重结构，再拆除承重结构。对只进行部分拆除的建筑，必须先将保留部分加固，再进行分离拆除。在施工过程中，必须由专门人员负责随时监测被拆除建筑的结构状态，并应做好记录。当发现不稳定状态的趋势时，必须停止作业，采取有效措施，消除隐患，确保施工安全。2）机械拆除建筑时，严禁机械超载作业或任意扩大机械使用范围。供机械设备（包括液压剪、液压锤等）使用的场地必须稳固并保证足够的承载力，保证机械设备有不发生塌陷、倾覆的工作面。作业中机械设备不得同时做回转、行走两个动作。机械不得带故障运转。当进行高处拆除作业时，对较大尺寸的构件或承重的材料（楼板、屋架、梁、柱、混凝土构件等），必须采用起重机具及时吊下。拆卸下来的各种材料应及时清理，分类堆放在指定场所，严禁向下抛掷。3）拆除吊装作业的起重机司机，必须严格执行操作规程和“十不吊”原则。即：被吊物重量超过机械性能允许范围，指挥信号不清，被吊物下方有人，被吊物上站人，埋在地下的被吊物，斜拉、斜牵的被吊物，散物捆绑不牢的被吊物，立式构件不用卡环的被吊物，零碎物无容器的被吊物以及重量不明的被吊物不准起吊。信号指挥人员必须按照现行国家标准《起重机　手势信号》GB/T 5082 的规定作业。作业人员使用机具（包括风镐、液压锯、水钻、冲击钻等）时，严禁超负荷使用或带故障运转。

3. 爆破拆除

（1）爆破拆除的工程范围

爆破拆除是利用炸药爆炸瞬间产生的巨大能量进行建筑拆除的施工方法。采用爆破拆除的建筑一般为混凝土结构，高度超过 20m（6 层），面积大于 5000m^2。

（2）爆破拆除的要求

爆破拆除应按下列要求进行：1）爆破拆除工程应根据周围环境条件、拆除对象类别、爆破规模，按照现行国家标准《爆破安全规程》GB 6722，分为 A、B、C 三级，不同级别的爆破拆除工程有相应的设计施工难度，爆破拆除工程设计必须按级别经当地有关部门审核，做出安全评估和审查批准后方可实施。2）从事爆破拆除工程的施工单位，必须持有所在地有关部门核发的《爆炸物品使用许可证》，承担相应等级或低于企业级别的爆破拆除工程。爆破拆除设计人员应具有承担爆破拆除作业范围和相应级别的爆破工程技术人员作业证。从事爆破拆除施工的作业人员应持证上岗。运输爆破器材时，必须向所在地有关部门申请领取《爆破物品运输证》。应按照规定路线运输，并应派专人押送。爆破器材临时保管地点，必须经当地有关部门批准。严禁同室保管与爆破器材无关的物品。3）爆破拆除的预拆除施工应确保建筑安全和稳定。爆破拆除的预拆除是指爆破实施前有必要进行部分拆除的施工。预拆除施工可以减少钻孔和爆破装药量，清除下层障碍物（如非承重的墙体）有利建筑塌落破碎解体，烟囱定向爆破时开凿定向窗口有利于倒塌方向准确。预拆除施工可采用机械和人工方法拆除非承重的墙体或不影响结构稳定的构件。4）爆破拆除施工时，应对爆破部位进行覆盖和遮挡防护，覆盖材料和遮挡设施应选用不易抛散和折断，并能防止碎块穿透的材料，固定方便、固牢可靠。

爆破作业是一项特种施工方法。爆破拆除作业是爆破技术在建筑工程施工中的具体应用，爆破拆除工程的设计和施工，必须按照《爆破安全规程》GB 6722 有关爆破实施操作的规定执行。

4.6.3　安全防护措施与文明施工管理

1. 安全防护管理

（1）拆除施工采用的脚手架、安全网必须由专业人员搭设。由项目经理（工地负责人）组织技术、安全部门的有关人员验收合格后，方可投入使用。安全防护设施验收时，应按类别逐项查验，并应有验收记录。

（2）拆除施工严禁立体交叉作业。水平作业时，各工位间应有一定的安全距离。作业人员必须配备相应的劳动保护用品（如安全帽、安全带、防护眼镜、防护手套、防护工作服等），并应正确使用。在生产经营场所，应按照现行国家标准《安全标志及其使用导则》GB 2894 的规定，设置相关的安全标志。

（3）拆除工程安全技术管理：

1）拆除工程开工前，应根据工程特点、构造情况、编制安全施工组织设计或方案。爆破拆除和被拆除建筑面积大于 $1000m^2$ 的拆除工程，应编制安全施工组织设计；被拆除建筑面积小于等于 $1000m^2$ 的拆除工程，应编制安全技术方案。2）拆除工程的安全施工组织设计或方案，应由技术负责人审核，经上级主管部门批准后实施。施工过程中，如需变更安全施工组织设计或方案，应经原审批人批准，方可实施。3）项目经理必须对拆除工程的安全生产负全面领导责任。项目经理部应设专职或兼职安全员，检查落实各项安全技术措施。安全员的设置人数应按照《中华人民共和国安全生产法》第二章第十九条规定执行。4）进入施工现场的人员，必须佩戴安全帽。凡在 2m 及以上高处作业无可靠防护设施时，必须使用安全带。在恶劣的气候条件（如大雨、大雪、浓雾、六级（含）以上大风等）严重影响安全施工时，必须按照《建筑施工高处作业安全技术规范》JGJ 80－2016 要求，严禁拆除作业。5）拆除工程施工现场的安全管理应由施工单位负责。从业人员应办理相关手续签订劳动合同，进行安全培训，考试合格后，方可上岗作业。拆除工程施工前，必须对施工作业人员进行书面安全技术交底。特种作业人员必须持有效证件上岗作业。6）施工现场临时用电必须按照国家现行标准《施工现场临时用电安全技术规范》

JGJ 46的有关规定执行。夜间施工必须有足够照明。电动机械和电动工具必须装设漏电保护器，其保护零线的电气连接应符合要求。对产生振动的设备，其保护零线的连接点不应少于2处。7）拆除工程施工过程中，当发生重大险情或生产安全事故时，应及时排除险情、组织抢救、保护事故现场，并向有关部门报告。

施工单位必须依据拆除工程安全施工组织设计或方案，划定危险区域。施工前应通报施工注意事项，拆除工程有可能影响公共安全和周围居民的正常生活的情况时，应在施工前发出告示，做好宣传工作，并采取可靠的安全防护措施。

2. 文明施工管理

（1）拆除工程施工现场清运渣土的车辆应在指定地点停放。车辆应封闭或采用苫布覆盖，出入现场时应有专人指挥。清运渣土的作业时间应遵守有关规定。拆除工程施工时，设专人向被拆除的部位洒水降尘，减少对周围环境的扬尘污染，是环境保护的一项具体措施。

（2）对地下的各类管线，施工单位应在地面上设置明显标志。对检查井、污水井应采取相应的保护措施。

（3）施工单位必须落实防火安全责任制，建立义务消防组织，明确责任人，负责施工现场的日常防火安全管理工作。根据拆除工程施工现场作业环境，应制定相应的消防安全措施；并应保证充足的消防水源，现场消火栓控制范围不宜大于50m。配备足够的灭火器材，每个设置点的灭火器数量以2～5具为宜。

（4）施工现场应建立健全用火管理制度。施工作业用火时，必须履行用火审批手续，经现场防火负责人审查批准，领取用火证后，方可在指定时间、地点作业。作业时应配备专人监护，作业后必须确认无火源危险后方可离开作业地点。

（5）拆除建筑物时，当遇有易燃、可燃物（建筑材料燃烧分级，易燃物即B_3为易燃性建筑材料；可燃物即B_2级为可燃性建筑材料）及保温材料时，严禁明火作业。施工现场应设置不小于3.5m宽的消防车道并保持畅通。

5 常用施工机械安全操作规程

本单元介绍常用施工机械包括土石方机械、桩工机械、钢筋机械、混凝土机械、木工机械和建筑起重机械。

5.1 土石方机械

土石方工程所使用的机械设备，一般具有功率大、机动性强、生产效率高和配套机型复杂的特点。挖掘、铲运、推运或平整土石方等的机械统称为土石方机械，以用于建筑施工、水利建设、道路、矿山开采等工程中。

5.1.1 基本要求

1. 一般要求

土石方机械的一般要求包括机械装置、机械进场前、作业前、作业中和转移场地行驶中等的要求，具体如下：

（1）土石方机械的内燃机、电动机和液压装置的使用，应符合《建筑机械使用安全技术规程》JGJ 33—2012 第 3.2 节、第 3.4 节和附录 C 的规定。

（2）机械进入现场前，应查明行驶路线上的桥梁、涵洞的上部净空和下部承载能力，确保机械安全通过。

（3）机械通过桥梁时，应采用低速挡慢行，在桥面上不得转向或制动。

（4）作业前，必须查明施工场地内明、暗铺设的各类管线等设施，并应采用明显记号标识。严禁在离地下管线、承压管道 1m 距离以内进行大型机械作业。

（5）作业中，应随时监视机械各部位的运转及仪表指示值，如发现异常，应立即停机检修。

（6）机械运行中，不得接触转动部位。在修理工作装置时，应将工作装置降到最低位置，并应将悬空工作装置垫上垫木。

（7）在电杆附近取土时，对不能取消的拉线、地垄和杆身，应留出土台，土台大小应根据电杆结构、掩埋深度和土质情况由技术人员确定。

（8）机械与架空输电线路的安全距离应符合现行行业标准《施工现场临时用电安全技术规范》JGJ 46 的规定。

（9）机械回转作业时，配合人员必须在机械回转半径以外工作。当需在回转半径以内工作时，必须将机械停止回转并制动。

（10）雨期施工时，机械应停放在地势较高的坚实位置。

（11）机械作业不得破坏基坑支护系统。

（12）行驶或作业中的机械，除驾驶室外的任何地方不得有乘员。

2. 应立即停工的情形

在施工中遇下列情况之一时，应立即停工：（1）填挖区土体不稳定，土体有可能坍塌。（2）地面涌水冒浆，机械陷车，或因雨水机械在坡道打滑。（3）遇大雨、雷电、浓雾等恶劣天气。（4）施工标志及防护设施被损坏。（5）工作面安全净空不足。

5.1.2 各种常见土石方机械安全要求

常见的土石方机械有推土机、平地机、单斗挖掘机、挖掘装载机、轮胎式装载机、铲运机、拖式铲运机、静作用压路机、振动压路机、蛙式打夯机、振动冲击夯和强夯机械。

1. 推土机

推土机的安全要求包括推土机启动前、启动后的操纵要求，作业前的安全检查、不同环境下工作及路途行驶中等的要求：

(1) 推土机在坚硬土壤或多石土壤地带作业时，应先进行爆破或用松土器翻松。在沼泽地带作业时，应更换专用湿地履带板。

(2) 不得用推土机推石灰、烟灰等粉尘物料，不得进行碾碎石块的作业。

(3) 牵引其他机构设备时，应有专人负责指挥。钢丝绳的连接应牢固可靠。在坡道或长距离牵引时，应采用牵引杆连接。

(4) 作业前应重点检查下列项目，并应符合相应要求：1) 各部件不得松动，应连接良好。2) 燃油、润滑油、液压油等应符合规定。3) 各系统管路不得有裂纹或泄漏。4) 各操纵杆和制动踏板的行程、履带的松紧度或轮胎气压应符合要求。

(5) 启动前，应将主离合器分离，各操纵杆放在空挡位置，并应按照《建筑机械使用安全技术规程》JGJ 33—2012 第 3.2 节的规定启动内燃机，不得用拖、顶方式启动。

(6) 启动后应检查各仪表指示值、液压系统，并确认运转正常，当水温达到 55℃、机油温度达到 45℃时，全载荷作业。

(7) 推土机机械四周不得有障碍物，并确认安全后开动，工作时不得有人站在履带或刀片的支架上。

(8) 采用主离合器传动的推土机接合应平稳，起步不得过猛，不得使离合器处于半接合状态下运转；液力传动的推土机，应先解除变速杆的锁紧状态，踏下减速器踏板，变速杆应在低挡位，然后缓慢释放减速踏板。

(9) 在块石路面行驶时，应将履带张紧。当需要原地旋转或急转弯时，应采用低速挡。当行走机构夹入块石时，应采用正、反向往复行驶使块石排除。

(10) 在浅水地带行驶或作业时，应查明水深，冷却风扇叶不得接触水面。下水前和出水后，应对行走装置加注润滑脂。

(11) 推土机上、下坡或超过障碍物时应采用低速挡。推土机上坡坡度不得超过 25°，下坡坡度不得大于 35°，横向坡度不得大于 10°。在 25°以上的陡坡上不得横向行驶，并不得急转弯。上坡时不得换挡，下坡不得空挡滑行。当需要在陡坡上推土时，应先进行填挖，使机身保持平衡。

(12) 在上坡途中，当内燃机突然熄灭，应立即放下铲刀，并锁住制动踏板。在推土机停稳后，将主离合器脱开，把变速杆放到空挡位置，并应用木块将履带或轮胎楔死后，重新启动内燃机。

(13) 下坡时，当推土机下行速度大于内燃机传动速度时，转向操纵的方向应与平地行走时操纵的方向相反，并不得使用制动器。

(14) 填沟作业驶近边坡时，铲刀不得越出边缘。后退时，应先换挡，后提升铲刀进行倒车。

(15) 在深沟、基坑或陡坡地区作业时，应有专人指挥，垂直边坡高度应小于 2m。当大于 2m 时，应放出安全边坡，同时禁止用推土刀侧面推土。

(16) 推土或松土作业时，不得超载，各项操作应缓慢平稳，不得损坏铲刀、推土架、松土器等装置；无液力变矩器装置的推土机，在作业中有超载趋势时，应稍微提升刀片或变换低速挡。

（17）不得顶推与地基基础连接的钢筋混凝土桩等建筑物。顶推树木等物体不得倒向推土机及高空架设物。

（18）两台以上推土机在同一地区作业时，前后距离应大于 8.0m；左右距离应大于 1.5m。在狭窄道路上行驶时，未经前机同意，后机不得超越。

（19）作业完毕后，宜将推土机开到平坦安全的地方，并应将铲刀、松土器落到地面。在坡道上停机时，应将变速杆挂低速挡，接合主离合器，锁住制动踏板，并将履带或轮胎楔住。

（20）停机时，应先降低内燃机转速，变速杆放在空挡，锁紧液力传动的变速杆，分开主离合器，踏下制动踏板并锁紧，在水温降到 75℃以下、油温降到 90℃以下后熄火。

（21）推土机长途转移工地时，应采用平板拖车装运。短途行走转移距离不宜超过 10km，铲刀距地面宜为 400mm，不得用高速挡行驶和进行急转弯，不得长距离倒退行驶。

（22）在推土机下面检修时，内燃机应熄火，铲刀应落到地面或垫稳。

2. 平地机

平地机的安全要求包括地面、作业区、作业前、作业中及不同天气、不同气候等条件下的要求：

（1）起伏较大的地面宜先用推土机推平，再用平地机平整。

（2）平地机作业区内不得有树根、大石块等障碍物。

（3）作业前应按《建筑机械使用安全技术规程》JGJ 33—2012 第 5.2.3 条的规定进行检查。

（4）平地机不得用于拖拉其他机械。

（5）启动内燃机后，应检查各仪表指示值并应符合要求。

（6）开动平地机时，应鸣笛示意，并确认机械周围不得有障碍物及行人，用低速挡起步后，应测试并确认制动器灵敏有效。

（7）作业时，应先将刮刀下降到接近地面，起步后再下降刮刀铲土。铲土时，应根据铲土阻力大小，随时调整刮刀的切土深度。

（8）刮刀的回转、铲土角的调整及向机外侧斜，应在停机时进行；刮刀左右端的升降动作，可在机械行驶中调整。

（9）刮刀角铲土和齿耙松地时应采用一挡速度行驶；刮土和平整作业时应用二、三挡速度行驶。

（10）土质坚实的地面应先用齿耙翻松，翻松时应缓慢下齿。

（11）使用平地机清除积雪时，应在轮胎上安装防滑链，并应探明工作面的深坑、沟槽位置。

（12）平地机在转弯或调头时，应使用低速挡；在正常行驶时，应使用前轮转向；当场地特别狭小时，可使用前后轮同时转向。

（13）平地机行驶时，应将刮刀和齿耙升到最高位置，并将刮刀斜放，刮刀两端不得超出后轮外侧。行驶速度不得超过使用说明书规定。下坡时，不得空挡滑行。

（14）平地机作业中变矩器的油温不得超过 120℃。

（15）作业后，平地机应停放在平坦、安全的场地，刮刀应落在地面上，手制动器应拉紧。

3. 单斗挖掘机

单斗挖掘机的安全要求包括作业场地、作业前应检查的项目、启动前后、不同条件下作业中、操作中对机械装置的要求以及保养要求等：

（1）单斗挖掘机的作业和行走场地应平整坚实，松软地面应用枕木或垫板垫实，沼泽或淤泥场地应进行路基处理，或更换专用湿地履带。

（2）轮胎式挖掘机使用前应支好支腿，并应保持水平位置，支腿应置于作业面的方向，转向驱动桥应置于作业面的后方。履带式挖掘机的驱动轮应置于作业面的后方。采用液压悬挂装置的挖掘机，应锁住两个悬挂液压缸。

（3）作业前应重点检查下列项目，并应符合相应要求：1）照明、信号及报警装置等应齐全有效。2）燃油、润滑油、液压油应符合规定。3）各铰接部分应连接可靠。4）液压系统不得有泄漏现象。5）轮胎气压应符合规定。

（4）启动前，应将主离合器分离，各操纵杆放在空挡位置，并应发出信号，确认安全后启动设备。

（5）启动后，应先使液压系统从低速到高速空载循环 10～20min，不得有吸空等不正常噪声，并应检查各仪表指示值，运转正常后再接合主离合器，再进行空载运转，顺序操纵各工作机构并测试各制动器，确认正常后开始作业。

（6）作业时，挖掘机应保持水平位置，行走机构应制动，履带或轮胎应楔紧。

（7）平整场地时，不得用铲斗进行横扫或用铲斗对地面进行夯实。

（8）挖掘岩石时，应先进行爆破。挖掘冻土时，应采用破冰锤或爆破法使冻土层破碎。不得用铲斗破碎石块、冻土，或用单边斗齿硬啃。

（9）挖掘机最大开挖高度和深度，不应超过机械本身性能规定。在拉铲或反铲作业时，履带式挖掘机的履带与工作面边缘距离应大于 1.0m，轮胎式挖掘机的轮胎与工作面边缘距离应大于 1.5m。

（10）在坑边进行挖掘作业，当发现有塌方危险时，应立即处理险情，或将挖掘机撤至安全地带。坑边不得留有伞状边沿及松动的大块石。

（11）挖掘机应停稳后再进行挖土作业。当铲斗未离开工作面时，不得作回转、行走等动作。应使用回转制动器进行回转制动，不得用转向离合器反转制动。

（12）作业时，各操纵过程应平稳，不宜紧急制动。铲斗升降不得过猛，下降时，不得撞碰车架或履带。

（13）斗臂在抬高及回转时，不得碰到坑、沟侧壁或其他物体。

（14）挖掘机向运土车辆装车时，应降低卸落高度，不得偏装或砸坏车厢。回转时，铲斗不得从运输车辆驾驶室顶上越过。

（15）作业中，当液压缸将伸缩到极限位置时，应动作平稳，不得冲撞极限块。

（16）作业中，当需制动时，应将变速阀置于低速挡位置。

（17）作业中，当发现挖掘力突然变化，应停机检查，不得在未查明原因前调整分配阀的压力。

(18) 作业中，不得打开压力表开关，且不得将工况选择阀的操纵手柄放在高速挡位置。

(19) 挖掘机应停稳后再反铲作业，斗柄伸出长度应符合规定要求，提斗应平稳。

(20) 作业中，履带式挖掘机短距离行走时，主动轮应在后面，斗臂应在正前方与履带平行，并应制动回转机构。坡道坡度不得超过机械允许的最大坡度。下坡时应慢速行驶。不得在坡道上变速和空挡滑行。

(21) 轮胎式挖掘机行驶前，应收回支腿并固定可靠，监控仪表和报警信号灯应处于正常显示状态。轮胎气压应符合规定，工作装置应处于行驶方向，铲斗宜离地面 1m。长距离行驶时，应将回转制动板踩下，并应采用固定销锁定回转平台。

(22) 挖掘机在坡道上行走时熄火，应立即制动，并应楔住履带或轮胎，重新发动后，再继续行走。

(23) 作业后，挖掘机不得停放在高边坡附近或填方区，应停放在坚实、平坦、安全的位置，并应将铲斗收回平放在地面，所有操纵杆置于中位，关闭操作室和机棚。

(24) 履带式挖掘机转移工地应采用平板拖车装运。短距离自行转移时，应低速行走。

(25) 保养或检修挖掘机时，应将内燃机熄火，并将液压系统卸荷，铲斗落地。

(26) 利用铲斗将底盘顶起进行检修时，应使用垫木将抬起的履带或轮胎垫稳，用木楔将落地履带或轮胎楔牢，然后再将液压系统卸荷，否则不得进入底盘下工作。

4. 挖掘装载机

挖掘装载机的安全要求包括挖掘作业前、作业中、挖掘装载机行驶至边坡时的要求及不同施工条件下的要求等：

(1) 挖掘装载机的挖掘及装载作业应符合《建筑机械使用安全技术规程》JGJ 33—2012 第 5.2 节及第 5.10 节的规定。

(2) 挖掘作业前应先将装载斗翻转，使斗口朝地，并使前轮稍离开地面，踏下并锁住制动踏板，然后伸出支腿，使后轮离地并保持水平位置。

(3) 挖掘装载机在边坡卸料时，应有专人指挥，挖掘装载机轮胎距边坡缘的距离应大于 1.5m。

(4) 动臂后端的缓冲块应保持完好；损坏时，应修复后使用。

(5) 作业时，应平稳操纵手柄；支臂下降时不宜中途制动。挖掘时不得使用高速挡。

(6) 应平稳回转挖掘装载机，并不得用装载斗砸实沟槽的侧面。

(7) 挖掘装载机移位时，应将挖掘装置处于中间运输状态，收起支腿，提起提升臂。

(8) 装载作业前，应将挖掘装置的回转机构置于中间位置，并应采用拉板固定。

(9) 在装载过程中，应使用低速挡。

(10) 铲斗提升臂在举升时，不应使用阀的浮动位置。

(11) 前四阀用于支腿伸缩和装载的作业与后四阀用于回转和挖掘的作业不得同时进行。

(12) 行驶时，不应高速和急转弯。下坡时不得空挡滑行。

(13) 行驶时，支腿应完全收回，挖掘装置应固定牢靠，装载装置宜放低，铲斗和斗柄液压活塞杆应保持完全伸张位置。

(14) 挖掘装载机停放时间超过 1h，应支起支腿，使后轮离地；停放时间超过 1d 时，应使后轮离地，并应在后悬架下面用垫块支撑。

5. 轮胎式装载机

轮胎式装载机的安全要求包括与其他机械的配合使用要求、装载机的操作要求，作业中、作业后、停车时的安全要求及出现异常情况时的安全操作要求等：

（1）装载机与汽车配合装运作业时，自卸汽车的车厢容积应与装载机铲斗容量相匹配。

（2）装载机作业场地坡度应符合使用说明书的规定。作业区内不得有障碍物及无关人员。

（3）轮胎式装载机作业场地和行驶道路应平坦坚实。在石块场地作业时，应在轮胎上加装保护链条。

（4）作业前应按《建筑机械使用安全技术规程》JGJ 33—2012 第 5.2.3 条的规定进行检查。

（5）装载机行驶前，应先鸣笛示意，铲斗宜提升离地 0.5m。装载机行驶过程中应测试制动器的可靠性。装载机搭乘人员应符合规定。装载机铲斗不得载人。

（6）装载机高速行驶时应采用前轮驱动；低速铲装时，应采用四轮驱动。铲斗装载后升起行驶时，不得急转弯或紧急制动。

（7）装载机下坡时不得空挡滑行。

（8）装载机的装载量应符合使用说明书的规定。装载机铲斗应从正面铲料，铲斗不得单边受力。装载机应低速缓慢举臂翻转铲斗卸料。

（9）装载机操纵手柄换向应平稳。装载机满载时，铲臂应缓慢下降。

（10）在松散不平的场地作业时，应把铲臂放在浮动位置，使铲斗平稳地推进；当推进阻力增大时，可稍微提升铲臂。

（11）当铲臂运行到上下最大限度时，应立即将操纵杆回到空挡位置。

（12）装载机运载物料时，铲臂下铰点宜保持离地面 0.5m，并保持平稳行驶。铲斗提升到最高位置时，不得运输物料。

（13）铲装或挖掘时，铲斗不应偏载。铲斗装满后，应先举臂，再行走、转向、卸料。铲斗行走过程中不得收斗或举臂。

（14）当铲装阻力较大，出现轮胎打滑时，应立即停止铲装，排除过载后再铲装。

（15）在向汽车装料时，铲斗不得在汽车驾驶室上方越过。如汽车驾驶室顶无防护，驾驶室内不得有人。

（16）向汽车装料，宜降低铲斗高度，减小卸落冲击。汽车装料不得偏载、超载。

（17）装载机在坡、沟边卸料时，轮胎离边缘应保留安全距离，安全距离宜大于 1.5m；铲斗不宜伸出坡、沟边缘。在大于 3°的坡面上，装载机不得朝下坡方向俯身卸料。

（18）作业时，装载机变矩器油温不得超过 110℃，超过时，应停机降温。

（19）作业后，装载机应停放在安全场地，铲斗应平放在地面上，操纵杆应置于中位，制动应锁定。

（20）装载机转向架未锁闭时，严禁站在前后车架之间进行检修保养。

（21）装载机铲臂升起后，在进行润滑或检修等作业时，应先装好安全销，或先采取其他措施支住铲臂。

（22）停车时，应使内燃机转速逐步降低，不得突然熄火，应防止液压油因惯性冲击而溢出油箱。

6. 自行式铲运机

铲运机包括自行式铲运机和拖式铲运机，自行式铲运机的安全要求对行驶道路的要求、作业条件的要求及作业中的要求等：

（1）自行式铲运机的行驶道路应平整坚实，单行道宽度不宜小于1.5m。

（2）多台铲运机联合作业时，前后距离不得小于20m，左右距离不得小于2m。

（3）作业前，应检查铲运机的转向和制动系统，并确认灵敏可靠。

（4）铲土或在利用推土机助铲时，应随时微调转向盘，铲运机应始终保持直线前进。不得在转弯情况下铲土。

（5）下坡时，不得空挡滑行，应踩下制动踏板辅助以内燃机制动，必要时可放下铲斗，以降低下滑速度。

（6）转弯时，应采用较大回转半径低速转向，操纵转向盘不得过猛；当重载行驶或在弯道上、下坡时，应缓慢转向。

（7）不得在大于15°的横坡上行驶，也不得在横坡上铲土。

（8）沿沟边或填方边坡作业时，轮胎离路肩不得小于0.7m，并应放低铲斗，降速缓行。

（9）在坡道上不得进行检修作业。遇在坡道上熄火时，应立即制动，下降铲斗，把变速杆放在空挡位置，然后启动内燃机。

（10）穿越泥泞或松软地面时，铲运机应直线行驶，当一侧轮胎打滑时，可踏下差速器锁止踏板。当离开不良地面时，应停止使用差速器锁止踏板。不得在差速器锁止时转弯。

（11）夜间作业时，前后照明应齐全完好，前大灯应能照至30m；非作业行驶时，应符合《建筑机械使用安全技术规程》JGJ 33—2012第5.5.17条的规定。

7. 拖式铲运机

拖式铲运机的安全要求包括对牵引使用的要求，铲运机行驶道路、铲运机启动前、作业中、联合作业、作业后以及修理中须注意的问题等：

（1）拖式铲运机牵引使用时应符合《建筑机械使用安全技术规程》JGJ 33—2012第5.4节的有关规定。

（2）铲运机作业时，应先采用松土器翻松。铲运作业区内不得有树根、大石块和大量杂草等。

（3）铲运机行驶道路应平整坚实，路面宽度应比铲运机宽度大2m。

（4）启动前，应检查钢丝绳、轮胎气压、铲土斗及卸土板回缩弹簧、拖把万向接头、撑架以及各部滑轮等，并确认处于正常工作状态；液压式铲运机铲斗和拖拉机连接叉座与牵引连接块应锁定，各液压管路应连接可靠。

（5）开动前，应使铲斗离开地面，机械周围不得有障碍物。

（6）作业中，严禁人员上下机械，传递物件，以及在铲斗内、拖把或机架上坐立。

（7）多台铲运机联合作业时，各机之间前后距离应大于10m（铲土时应大于5m），左右距离应大于2m，并应遵守“下坡让上坡、空载让重载、支线让干线”的原则。

（8）在狭窄地段运行时，未经前机同意，后机不得超越。两机交会或超车时应减速，两机左右间距应大于0.5m。

（9）铲运机上、下坡道时，应低速行驶，不得中途换挡，下坡时不得空挡滑行，行驶的横向坡度不得超过6°，坡宽应大于铲运机宽度2m。

（10）在新填筑的土堤上作业时，离堤坡边缘应大于1m。当需在斜坡横向作业时，应先将斜坡挖填平整，使机身保持平衡。

（11）在坡道上不得进行检修作业。在陡坡上不得转弯、倒车或停车。在坡上熄火时，应将铲斗落地、制动牢靠后再启动。下陡坡时，应将铲斗触地行驶，辅助制动。

（12）铲土时，铲土与机身应保持直线行驶。助铲时应有助铲装置，并应正确开启斗门，不得切土过深。两机动作应协调配合，平稳接触，等速助铲。

（13）在下陡坡铲土时，铲斗装满后，在铲斗后轮未达到缓坡地段前，不得将铲斗提离地面，应防止铲斗快速下滑冲击主机。

（14）在不平地段行驶时，应放低铲斗，不得将铲斗提升到高位。

（15）拖拉陷车时，应有专人指挥，前后操作人员应配合协调，确认安全后起步。

（16）作业后，应将铲运机停放在平坦地面，并应将铲斗落在地面上。液压操纵的铲运机应将液压缸缩回，将操纵杆放在中间位置，进行清洁、润滑后，锁好门窗。

（17）非作业行驶时，铲斗应用锁紧链条挂牢在运输行驶位置上；拖式铲运机不得载人或装载易燃、易爆物品。

（18）修理斗门或在铲斗下检修作业时，应将铲斗提起后用销子或锁紧链条固定，再采用垫木将斗身顶住，并应采用木楔楔住轮胎。

8. 静作用压路机

静作用压路机的安全要求包括工作面的处理、工作地段的条件，机械行驶、作业等的要求：

（1）压路机碾压的工作面，应经过适当平整，对新填的松软土，应先用羊足碾或打夯机逐层碾压或夯实后，再用压路机碾压。

（2）工作地段的纵坡不应超过压路机最大爬坡能力，横坡不应大于20°。

（3）应根据碾压要求选择机种。当光轮压路机需要增加机重时，可在滚轮内加砂或水。当气温降至0℃及以下时，不得用水增重。

（4）轮胎压路机不宜在大块石基层上作业。

（5）作业前，应检查并确认滚轮的刮泥板应平整良好，各紧固件不得松动；轮胎压路机应检查轮胎气压，确认正常后启动。

（6）启动后，应检查制动性能及转向功能并确认灵敏可靠。开动前，压路机周围不得有障碍物或人员。

（7）不得用压路机拖拉任何机械或物件。

（8）碾压时应低速行驶。速度宜控制在3～4km/h范围内，在一个碾压行程中不得变速。碾压过程中应保持正确的行驶方向，碾压第二行时应与第一行重叠半个滚轮压痕。

（9）变换压路机前进、后退方向应在滚轮停止运动后进行。不得将换向离合器当作制动器使用。

（10）在新建场地上进行碾压时，应从中间向两侧碾压。碾压时，距场地边缘不应少于0.5m。

(11)在坑边碾压施工时，应由里侧向外侧碾压，距坑边不应少于1m。

(12)上下坡时，应事先选好挡位，不得在坡上换挡，下坡时不得空挡滑行。

(13)两台以上压路机同时作业时，前后间距不得小于3m，在坡道上不得纵队行驶。

(14)在行驶中，不得进行修理或加油。需要在机械底部进行修理时，应将内燃机熄火，刹车制动，并揳住滚轮。

(15)对有差速器锁定装置的三轮压路机，当只有一只轮子打滑时，可使用差速器锁定装置，但不得转弯。

(16)作业后，应将压路机停放在平坦坚实的场地，不得停放在软土路边缘及斜坡上，并不得妨碍交通，并应锁定制动。

(17)严寒季节停机时，宜采用木板将滚轮垫离地面，应防止滚轮与地面冻结。

(18)压路机转移距离较远时，应采用汽车或平板拖车装运。

9. 振动压路机

振动压路机的安全要求主要是压路机的操作：

(1)作业时，压路机应先起步后起振，内燃机应先置于中速，然后再调至高速。

(2)压路机换向时应先停机；压路机变速时应降低内燃机转速。

(3)压路机不得在坚实的地面上进行振动。

(4)压路机碾压松软路基时，应先碾压1～2遍后再振动碾压。

(5)压路机碾压时，压路机振动频率应保持一致。

(6)换向离合器、起振离合器和制动器的调整，应在主离合器脱开后进行。

(7)上下坡时或急转弯时不得使用快速挡。铰接式振动压路机在转弯半径较小绕圈碾压时不得使用快速挡。

(8)压路机在高速行驶时不得接合振动。

(9)停机时应先停振，然后将换向机构置于中间位置，变速器置于空挡，最后拉起手制动操纵杆。

(10)振动压路机的使用除应符合本节要求外，还应符合《建筑机械使用安全技术规程》JGJ 33—2012第5.7节的有关规定。

10. 蛙式打夯机

蛙式打夯机的安全要求包括蛙式打夯机的适用范围、作业前的检查项目以及夯土操作要求等：

(1)蛙式夯实机宜适用于夯实灰土和素土。蛙式夯实机不得冒雨作业。

(2)作业前应重点检查下列项目，并应符合相应要求：1)漏电保护器应灵敏有效，接零或接地及电缆线接头应绝缘良好。2)传动皮带应松紧合适，皮带轮与偏心块应安装牢固。3)转动部分应安装防护装置，并应进行试运转，确认正常。4)负荷线应采用耐气候型的四芯橡皮护套软电缆。电缆线长不应大于50m。

(3)夯实机启动后，应检查电动机旋转方向，错误时应倒换相线。

(4)作业时，夯实机扶手上的按钮开关和电动机的接线应绝缘良好。当发现有漏电现象时，应立即切断电源，进行检修。

(5)夯实机作业时，应一人扶夯，一人传递电缆线，并应戴绝缘手套和穿绝缘鞋。递线人员应跟随夯机后或两侧调顺电缆线。电缆线不得扭结或缠绕，并应保持3～4m的余量。

（6）作业时，不得夯击电缆线。

（7）作业时，应保持夯实机平衡，不得用力压扶手。转弯时应用力平稳，不得急转弯。

（8）夯实填高松软土方时，应先在边缘以内100～150mm夯实2～3遍后，再夯实边缘。

（9）不得在斜坡上夯行，以防夯头后折。

（10）夯实房心土时，夯板应避开钢筋混凝土基础及地下管道等地下物。

（11）在建筑物内部作业时，夯板或偏心块不得撞击墙壁。

（12）多机作业时，其平行间距不得小于5m，前后间距不得小于10m。

（13）夯实机作业时，夯实机四周2m范围内，不得有非夯实机操作人员。

（14）夯实机电动机温升超过规定时，应停机降温。

（15）作业时，当夯实机有异常响声时，应立即停机检查。

（16）作业后，应切断电源，卷好电缆线，清理夯实机。夯实机保管应防水防潮。

11. 振动冲击夯

振动冲击夯的施工包括其使用范围、内燃机的要求和施工要求：

（1）振动冲击夯适用于压实黏性土、砂及砾石等散状物料，不得在水泥路面和其他坚硬地面作业。

（2）内燃机冲击夯作业前，应检查并确认有足够的润滑油，油门控制器应转动灵活；内燃机冲击夯启动后，应逐渐加大油门，夯机跳动稳定后开始作业。

（3）振动冲击夯作业时，应正确掌握夯机，不得倾斜，手把不宜握得过紧，能控制夯机前进速度即可。

（4）正常作业时，不得使劲往下压手把，以免影响夯机跳起高度。夯实松软土或上坡时，可将手把稍向下压，并应能增加夯机前进速度。

（5）根据作业要求，内燃冲击夯应通过调整油门的大小，在一定范围内改变夯机振动频率。

（6）内燃冲击夯不宜在高速下连续作业。

（7）当短距离转移时，应先将冲击夯手把稍向上抬起，将运转轮装入冲击夯的挂钩内，再压下手把，使重心后倾，再推动手把转移冲击夯。

（8）振动冲击夯除应符合上述规定外，还应符合《建筑机械使用安全技术规程》JGJ 33—2012第5.11节的规定。

12. 强夯机械

强夯机械的安全要求包括主机的选用和机械的安全操作等：

（1）担任强夯作业的主机，应按照强夯等级的要求经过计算选用。当选用履带式起重机作主机时，应符合《建筑机械使用安全技术规程》JGJ 33—2012第4.2节的规定。

（2）强夯机械的门架、横梁、脱钩器等主要结构和部件的材料及制作质量，应经过严格检查，对不符合设计要求的，不得使用。

（3）夯机驾驶室挡风玻璃前应增设防护网。

（4）夯机的作业场地应平整，门架底座与夯机着地部位的场地不平度不得超过 100mm。

（5）夯机在工作状态时，起重臂仰角应符合使用说明书的要求。

（6）梯形门架支腿不得前后错位，门架支腿在未支稳垫实前，不得提锤。变换夯位后，应重新检查门架支腿，确认稳固可靠，然后再将锤提升 100～300mm，检查整机的稳定性，确认可靠后作业。

（7）夯锤下落后，在吊钩尚未降至夯锤吊环附近前，操作人员严禁提前下坑挂钩。从坑中提锤时，严禁挂钩人员站在锤上随锤提升。

（8）夯锤起吊后，地面操作人员应迅速撤至安全距离以外，非强夯施工人员不得进入夯点 30m 范围内。

（9）夯锤升起如超过脱钩高度仍不能自动脱钩时，起重指挥应立即发出停车信号，将夯锤落下，应查明原因并正确处理后继续施工。

（10）当夯锤留有的通气孔在作业中出现堵塞现象时，应及时清理，并不得在锤下作业。

（11）当夯坑内有积水或因黏土产生的锤底吸附力增大时，应采取措施排除，不得强行提锤。

（12）转移夯点时，夯锤应由辅机协助转移，门架随夯机移动前，支腿离地面高度不得超过 500mm。

（13）作业后，应将夯锤下降，放在坚实稳固的地面上。在非作业时，不得将锤悬挂在空中。

5.2 桩工机械

桩工机械是指在各种桩基础施工中，用来钻孔、打桩、沉桩的机械。桩工机械主要用于各种桩基础、地基改良加固、地下连续墙及其他特殊地基基础等工程的施工。

5.2.1 基本要求

桩工机械基本要求包括桩工机械类型的选择、场地要求、电源供电的要求、作业前的检查内容、不同条件下的作业要求以及异常情况下的安全施工要求等：

（1）桩工机械类型应根据桩的类型、桩长、桩径、地质条件、施工工艺等综合考虑选择。

（2）桩机上的起重部件应执行《建筑机械使用安全技术规程》JGJ 33—2012 第 4 章的有关规定。

（3）施工现场应按桩机使用说明书的要求进行整平压实，地基承载力应满足桩机的使用要求。在基坑和围堰内打桩，应配置足够的排水设备。

（4）桩机作业区内不得有妨碍作业的高压线路、地下管道和埋设电缆。作业区应有明显标志或围栏，非工作人员不得进入。

（5）桩机电源供电距离宜在 200m 以内，工作电源电压的允许偏差为其公称值的 ±5%。电源容量与导线截面应符合设备施工技术要求。

（6）作业前，应由项目负责人向作业人员作详细的安全技术交底。桩机的安装、试机、拆除应严格按设备使用说明书的要求进行。

(7) 安装桩锤时，应将桩锤运到立柱正前方 2m 以内，并不得斜吊。桩机的立柱导轨应按规定润滑。桩机的垂直度应符合使用说明书的规定。

(8) 作业前，应检查并确认桩机各部件连接牢靠，各传动机构、齿轮箱、防护罩、吊具、钢丝绳、制动器等应完好，起重机起升、变幅机构工作正常，润滑油、液压油的油位符合规定，液压系统无泄漏，液压缸动作灵敏，作业范围内不得有非工作人员或障碍物。电动机应按《建筑机械使用安全技术规程》JGJ 33—2012 第 3.4 节的要求执行。

(9) 水上打桩时，应选择排水量比桩机重量大 4 倍以上的作业船或安装牢固的排架，桩机与船体或排架应可靠固定，并应采取有效的锚固措施。当打桩船或排架的偏斜度超过 3°时，应停止作业。

(10) 桩机吊桩、吊锤、回转、行走等动作不应同时进行。吊桩时，应在桩上拴好拉绳，避免桩与桩锤或机架碰撞。桩机吊锤（桩）时，锤（桩）的最高点离立柱顶部的最小距离应确保安全。轨道式桩机吊桩时应夹紧夹轨器。桩机在吊有桩、锤的情况下，操作人员不得离开岗位。

(11) 桩机不得侧面吊桩或远距离拖桩。桩机在正前方吊桩时，混凝土预制桩与桩机立柱的水平距离不应大于 4m，钢桩不应大于 7m，并应防止桩与立柱碰撞。

(12) 使用双向立柱时，应在立柱转向到位，并应采用锁销将立柱与基杆锁住后起吊。

(13) 施打斜桩时，应先将桩锤提升到预定位置，并将桩吊起，套入桩帽，桩尖插入桩位后再后仰立柱。履带三支点式桩架在后倾打斜桩时，后支撑杆应顶紧；轨道式桩架应在平台后增加支撑，并夹紧夹轨器。立柱后仰时，桩机不得回转及行走。

(14) 桩机回转时，制动应缓慢，轨道式和步履式桩架同向连续回转不应大于一周。

(15) 桩锤在施打过程中，监视人员应在距离桩锤中心 5m 以外。

(16) 插桩后，应及时校正桩的垂直度。桩入土 3m 以上时，不得用桩机行走或回转动作来纠正桩的倾斜度。

(17) 拔送桩时，不得超过桩机起重能力；拔送载荷应符合下列规定：1) 电动桩机拔送载荷不得超过电动机满载电流时的载荷。2) 内燃机桩机拔送桩时，发现内燃机明显降速，应立即停止作业。

(18) 作业过程中，应经常检查设备的运转情况，当发生异响、吊索具破损、紧固螺栓松动、漏气、漏油、停电以及其他不正常情况时，应立即停机检查，排除故障。

(19) 桩机作业或行走时，除本机操作人员外，不应搭载其他人员。

(20) 桩机行走时，地面的平整度与坚实度应符合要求，并应有专人指挥。走管式桩机横移时，桩机距滚管终端的距离不应小于 1m。桩机带锤行走时，应将桩锤放至最低位。履带式桩机行走时，驱动轮应置于尾部位置。

(21) 在有坡度的场地上，坡度应符合桩机使用说明书的规定，并应将桩机重心置于斜坡上方，沿纵坡方向作业和行走。桩机在斜坡上不得回转。在场地的软硬边际，桩机不应横跨软硬边际。

(22) 遇风速 12.0m/s 及以上的大风和雷雨、大雾、大雪等恶劣气候时，应停止作业。当风速达到 13.9m/s 及以上时，应将桩机顺风向停置，并应按使用说明书的要求，增设缆风绳，或将桩架放倒。桩机应有防雷措施，遇雷电时，人员应远离桩机。冬期作业应清除桩机上积雪，工作平台应有防滑措施。

（23）桩孔成型后，当暂不浇筑混凝土时，孔口必须及时封盖。

（24）作业中，当停机时间较长时，应将桩锤落下垫稳。检修时，不得悬吊桩锤。

（25）桩机在安装、转移和拆运时，不得强行弯曲液压管路。

（26）作业后，应将桩机停放在坚实平整的地面上，将桩锤落下垫实，并切断动力电源。轨道式桩架应夹紧夹轨器。

5.2.2 常见桩工机械安全要求

常见桩工机械包括柴油打桩锤、振动桩锤、静力压桩机、转盘钻孔机、旋转钻孔机、全套管钻机、旋挖钻机、深层搅拌机、成槽机和冲孔桩机。

1. 柴油打桩锤

柴油打桩锤安全要求包括作业前检查的项目要求、作业中的安全操作要求和作业后的处理等：

（1）作业前应检查导向板的固定与磨损情况，导向板不得有松动或缺件，导向面磨损不得大于7mm。

（2）作业前应检查并确认起落架各工作机构安全可靠，启动钩与上活塞接触线距离应为5～10mm。

（3）作业前应检查柴油锤与桩帽的连接，提起柴油锤，柴油锤脱出砧座后，柴油锤下滑长度不应超过使用说明书的规定值。当超过规定值时，应调整桩帽连接钢丝绳的长度。

（4）作业前应检查缓冲胶垫，当砧座和橡胶垫的接触面小于原面积2/3时，或下气缸法兰与砧座间隙小于使用说明书的规定值时，均应更换橡胶垫。

（5）水冷式柴油锤应加满水箱，并应保证柴油锤连续工作时有足够的冷却水。冷却水应使用清洁的软水。冬期作业时应加温水。

（6）桩帽上缓冲垫木的厚度应符合要求，垫木不得偏斜。金属桩的垫木厚度应为100～150mm；混凝土桩的垫木厚度应为200～250mm。

（7）柴油锤启动前，柴油锤、桩帽和桩应在同一轴线上，不得偏心打桩。

（8）在软土打桩时，应先关闭油门冷打，当每击贯入度小于100mm时，再启动柴油锤。

（9）柴油锤运转时，冲击部分的跳起高度应符合使用说明书的要求，达到规定高度时，应减小油门，控制落距。

（10）当上活塞下落而柴油锤未燃爆，上活塞发生短时间的起伏时，起落架不得落下，以防撞击碰块。

（11）打桩过程中，应有专人负责拉好曲臂上的控制绳，在意外情况下，可使用控制绳紧急停锤。

（12）柴油锤启动后，应提升起落架，在锤击过程中起落架与上气缸顶部之间的距离不应小于2m。

（13）筒式柴油锤上活塞跳起时，应观察是否有润滑油从泄油孔中流出。下活塞的润滑油应按使用说明书的要求加注。

（14）柴油锤出现早燃时，应停止工作，并应按使用说明书的要求进行处理。

（15）作业后，应将柴油锤放到最低位置，封盖上汽缸和吸排气孔，关闭燃料阀，将操作杆置于停机位置，起落架升至高于桩锤1m处，并应锁住安全限位装置。

（16）长期停用的柴油锤，应从桩机上卸下，放掉冷却水、燃油及润滑油，将燃烧室及上、下活塞打击面清洗干净，并应做好防腐措施，盖上保护套，入库保存。

2. 振动桩锤

振动桩锤安全要求包括作业前检查的项目要求、作业中的安全操作要求以及异常情况下的安全要求和作业后的处理等：

（1）作业前，应检查并确认振动桩锤各部位螺栓、销轴的连接牢靠，减振装置的弹簧、轴和导向套完好。

（2）作业前，应检查各传动胶带的松紧度，松紧度不符合规定时应及时调整。

（3）作业前，应检查夹持片的齿形。当齿形磨损超过4mm时，应更换或用堆焊修复。使用前，应在夹持片中间放一块10～15mm厚的钢板进行试夹。试夹中液压缸应无渗漏，系统压力应正常，夹持片之间无钢板时不得试夹。

（4）作业前，应检查并确认振动桩锤的导向装置牢固可靠。导向装置与立柱导轨的配合间隙应符合使用说明书的规定。

（5）悬挂振动桩锤的起重机吊钩应有防松脱的保护装置。振动桩锤悬挂钢架的耳环应加装保险钢丝绳。

（6）振动桩锤启动时间不应超过使用说明书的规定。当启动困难时，应查明原因，排除故障后继续启动。启动时应监视电流和电压，当启动后的电流降到正常值时，开始作业。

（7）夹桩时，夹紧装置和桩的头部之间不应有空隙。当液压系统工作压力稳定后，才能启动振动桩锤。

（8）沉桩前，应以桩的前端定位，并按使用说明书的要求调整导轨与桩的垂直度。

（9）沉桩时，应根据沉桩速度放松吊桩钢丝绳。沉桩速度、电机电流不得超过使用说明书的规定。沉桩速度过慢时，可在振动桩锤上按规定增加配重。当电流急剧上升时，应停机检查。

（10）拔桩时，当桩身埋入部分被拔起1.0～1.5m时，应停止拔桩，在拴好吊桩用钢丝绳后，再起振拔桩。当桩尖离地面只有1.0～2.0m时，应停止振动拔桩，由起重机直接拔桩。桩拔出后，吊桩钢丝绳未吊紧前，不得松开夹紧装置。

（11）拔桩应按沉桩的相反顺序起拔。夹紧装置在夹持板桩时，应靠近相邻一根。对工字桩应夹紧腹板的中央。当钢板桩和工字桩的头部有钻孔时，应将钻孔焊平或将钻孔以上割掉，或应在钻孔处焊接加强板，防止桩断裂。

（12）振动桩锤在正常振幅下仍不能拔桩时，应停止作业，改用功率较大的振动桩锤。拔桩时，拔桩力不应大于桩架的负荷能力。

（13）振动桩锤作业时，减振装置各摩擦部位应具有良好的润滑。减振器横梁的振幅超过规定时，应停机查明原因。

（14）作业中，当遇液压软管破损、液压操纵失灵或停电时，应立即停机，并应采取安全措施，不得让桩从夹紧装置中脱落。

（15）停止作业时，在振动桩锤完全停止运转前不得松开夹紧装置。

（16）作业后，应将振动桩锤沿导杆放至低处，并采用木块垫实，带桩管的振动桩锤可将桩管沉入土中3m以上。

（17）振动桩锤长期停用时，应卸下振动桩锤。

3. 静力压桩机

静力压桩机安全要求主要包括桩机纵向行走、作业中的要求和转移工地等的要求：

（1）桩机纵向行走时，不得单向操作一个手柄，应两个手柄一起动作。短船回转或横向行走时，不应碰触长船边缘。

（2）桩机升降过程中，四个顶升缸中的两个一组，交替动作，每次行程不得超过100mm。当单个顶升缸动作时，行程不得超过50mm。压桩机在顶升过程中，船形轨道不宜压在已入土的单一桩顶上。

（3）压桩作业时，应有统一指挥，压桩人员和吊桩人员应密切联系，相互配合。

（4）起重机吊桩进入夹持机构，进行接桩或插桩作业后，操作人员在压桩前应确认吊钩已安全脱离桩体。

（5）操作人员应按桩机技术性能作业，不得超载运行。操作时动作不应过猛，应避免冲击。

（6）桩机发生浮机时，严禁起重机作业。如起重机已起吊物体，应立即将起吊物卸下，暂停压桩，在查明原因采取相应措施后，方可继续施工。

（7）压桩时，非工作人员应离机10m。起重机的起重臂及桩机配重下方严禁站人。

（8）压桩时，操作人员的身体不得进入压桩台与机身的间隙之中。

（9）压桩过程中，桩产生倾斜时，不得采用桩机行走的方法强行纠正，应先将桩拔起，清除地下障碍物后，重新插桩。

（10）在压桩过程中，当夹持的桩出现打滑现象时，应通过提高液压缸压力增加夹持力，不得损坏桩，并应及时找出打滑原因，排除故障。

（11）桩机接桩时，上一节桩应提升350～400mm，并不得松开夹持板。

（12）当桩的贯入阻力超过设计值时，增加配重应符合使用说明书的规定。

（13）当桩压到设计要求时，不得用桩机行走的方式，将超过规定高度的桩顶部分强行推断。

（14）作业完毕，桩机应停放在平整地面上，短船应运行至中间位置，其余液压缸应缩进回程，起重机吊钩应升至最高位置，各部制动器应制动，外露活塞杆应清理干净。

（15）作业后，应将控制器放在“零位”，并依次切断各部电源，锁闭门窗，冬季应放尽各部积水。

（16）转移工地时，应按规定程序拆卸桩机，所有油管接头处应加保护盖帽。

4. 转盘钻孔机

转盘钻孔机安全要求主要包括钻架、钻头等设备的要求，钻机作业前、开钻时以及钻进结束时和作业后的处理等要求：

（1）钻架的吊重中心、钻机的卡孔和护进管中心应在同一垂直线上，钻杆中心偏差不应大于20mm。

（2）钻头和钻杆连接螺纹应良好，滑扣的不得使用。钻头焊接应牢固可靠，不得有裂纹。钻杆连接处应安装便于拆卸的垫圈。

(3) 作业前，应先将各部操纵手柄置于空挡位置，人力盘动时不得有卡阻现象，然后空载运转，确认一切正常后方可作业。

(4) 开钻时，应先送浆后开钻；停机时，应先停钻后停浆。泥浆泵应有专人看管，对泥浆质量和浆面高度应随时测量和调整，随时清除沉淀池中杂物，出现漏浆时应及时补充。

(5) 开钻时，钻压应轻，转速应慢。在钻进过程中，应根据地质情况和钻进深度，选择合适的钻压和钻速，均匀钻进。

(6) 换挡时，应先停钻，挂上挡后再开钻。

(7) 加接钻杆时，应使用特制的连接螺栓紧固，并应做好连接处的清洁工作。

(8) 钻机下和井孔周围 2m 以内及高压胶管下，不得站人。钻杆不应在旋转时提升。

(9) 发生提钻受阻时，应先设法使钻具活动后再慢慢提升，不得强行提升。当钻进受阻时，应采用缓冲击法解除，并查明原因，采取措施继续钻进。

(10) 钻架、钻台平车、封口平车等的承载部位不得超载。

(11) 使用空气反循环时，喷浆口应遮拦，管端应固定。

(12) 钻进结束时，应把钻头略微提起，降低转速，空转 5～20min 后再停钻。停钻时，应先停钻后停风。

(13) 作业后，应对钻机进行清洗和润滑，并应将主要部位进行遮盖。

5. 旋转钻孔机

旋转钻孔机的安全要求包括钻机安装前的检查、安装中和安装后的要求、正常作业和异常情况下的正确操作要求以及作业后等的要求：

(1) 安装前，应检查并确认钻杆及各部件不得有变形；安装后，钻杆与动力头中心线的偏斜度不应超过全长的 1%。

(2) 安装钻杆时，应从动力头开始，逐节往下安装。不得将所需长度的钻杆在地面上接好后一次起吊安装。

(3) 钻机安装后，电源的频率与钻机控制箱的内频率应相同，当不同时，应采用频率转换开关予以转换。

(4) 钻机应放置在平稳、坚实的场地上。汽车式钻机应将轮胎支起，架好支腿，并应采用自动微调或线锤调整挺杆，使之保持垂直。

(5) 启动前应检查并确认钻机各部件连接应牢固，传动带的松紧度应适当，减速箱内油位应符合规定，钻深限位报警装置应有效。

(6) 启动前，应将操纵杆放在空挡位置。启动后，应进行空载运转试验，检查仪表、制动等各项，温度、声响应正常。

(7) 钻孔时，应将钻杆缓慢放下，使钻头对准孔位，当电流表指针偏向无负荷状态时即可下钻。在钻孔过程中，当电流表超过额定电流时，应放慢下钻速度。

(8) 钻机发出下钻限位报警信号时，应停钻，并将钻杆稍稍提升，在解除报警信号后，方可继续下钻。

(9) 卡钻时，应立即停止下钻。查明原因前，不得强行启动。

(10) 作业中，当需改变钻杆回转方向时，应在钻杆完全停转后再进行。

(11) 作业中，当发现阻力过大、钻进困难、钻头发出异响或机架出现摇晃、移动、偏斜时，应立即停钻，在排除故障后，继续施钻。

（12）钻机运转时，应有专人看护，防止电缆线被缠入钻杆。

（13）钻孔时，不得用手清除螺旋片中的泥土。

（14）钻孔过程中，应经常检查钻头的磨损情况，当钻头磨损量超过使用说明书的允许值时，应予更换。

（15）作业中停电时，应将各控制器放置零位，切断电源，并应及时采取措施，将钻杆从孔内拔出。

（16）作业后，应将钻杆及钻头全部提升至孔外，先清除钻杆和螺旋叶片上的泥土，再将钻头放下接触地面，锁定各部制动，将操纵杆放到空挡位置，切断电源。

6. 全套管钻机

全套管钻机的安全要求包括作业前的检查，启动后、作业中以及作业后等的要求：

（1）作业前应检查并确认套管和浇注管内侧不得有损坏和明显变形，不得有混凝土黏结。

（2）钻机内燃机启动后，应先怠速运转，再逐步加速至额定转速。钻机对位后，应进行试调，达到水平后，再进行作业。

（3）第一节套管入土后，应随时调整套管的垂直度。当套管入土深度大于5m时，不得强行纠偏。

（4）在套管内挖土碰到硬土层时，不得用锤式抓斗冲击硬土层，应采用十字凿锤将硬土层有效的破碎后，再继续挖掘。

（5）用锤式抓斗挖掘管内土层时，应在套管上加装保护套管接头的喇叭口。

（6）套管在对接时，接头螺栓应按出厂说明书规定的扭矩对称拧紧。接头螺栓拆下时，应立即洗净后浸入油中。

（7）起吊套管时，不得用卡环直接吊在螺纹孔内，损坏套管螺纹，应使用专用工具吊装。

（8）挖掘过程中，应保持套管的摆动。当发现套管不能摆动时，应拔出液压缸，将套管上提，再用起重机助拔，直至拔起部分套管能摆动为止。

（9）浇注混凝土时，钻机操作应和灌注作业密切配合，应根据孔深、桩长适当配管，套管与浇筑管保持同心，在浇注管埋入混凝土2～4m之间时，应同步拔管和拆管。

（10）上拔套管时，应左右摆动。套管分离时，下节套管头应用卡环保险，防止套管下滑。

（11）作业后，应及时清除机体、锤式抓斗及套管等外表的混凝土和泥砂，将机架放回行走位置，将机组转移至安全场所。

7. 旋挖钻机

旋挖钻机的安全要求包括对作业面等条件的要求、驾驶员出入驾驶室的要求、钻机行驶、作业、转移地点以及保养要求等：

（1）作业地面应坚实平整，作业过程中地面不得下陷，工作坡度不得大于2°。

（2）钻机驾驶员出入驾驶室时，应利用阶梯和扶手上下。在作业过程中，不得将操纵杆当扶手使用。

（3）钻机行驶时，应将上车转台和底盘车架销住，履带式钻机还应锁定履带伸缩油缸的保护装置。

(4) 钻孔作业前,应检查并确认固定上车转台和底盘车架的销轴已拔出。履带式钻机应将履带的轨距伸至最大。

(5) 在钻机转移工作点、装卸钻具钻杆、收臂放塔和检修调试时,应有专人指挥,并确认附近不得有非作业人员和障碍。

(6) 卷扬机提升钻杆、钻头和其他钻具时,重物应位于桅杆正前方。卷扬机钢丝绳与桅杆夹角应符合使用说明书的规定。

(7) 开始钻孔时,钻杆应保持垂直,位置应正确,并应慢速钻进,在钻头进入土层后,再加快钻进。当钻斗穿过软硬土层交界处时,应慢速钻进。提钻时,钻头不得转动。

(8) 作业中,发生浮机现象时,应立即停止作业,查明原因并正确处理后,继续作业。

(9) 钻机移位时,应将钻桅及钻具提升到规定高度,并应检查钻杆,防止钻杆脱落。

(10) 作业中,钻机作业范围内不得有非工作人员进入。

(11) 钻机短时停机,钻桅可不放下,动力头及钻具应下放,并宜尽量接近地面。长时间停机,钻桅应按使用说明书的要求放置。

(12) 钻机保养时,应按使用说明书的要求进行,并应将钻机支撑牢靠。

8. 深层搅拌机

深层搅拌机的安全要求包括搅拌机就位后、搅拌前作业中以及出现异常时的处理和清洁保养等:

(1) 搅拌机就位后,应检查搅拌机的水平度和导向架的垂直度,并应符合使用说明书的要求。

(2) 作业前,应先空载试机,设备不得有异响,并应检查仪表、油泵等,确认正常后,正式开机运转。

(3) 吸浆、输浆管路或粉喷高压软管的各接头应连接紧固。泵送水泥浆前,管路应保持湿润。

(4) 作业中,应控制深层搅拌机的入土切削速度和提升搅拌的速度,并应检查电流表,电流不得超过规定。

(5) 发生卡钻、停钻或管路堵塞现象时,应立即停机,并应将搅拌头提离地面,查明原因,妥善处理后,重新开机施工。

(6) 作业中,搅拌机动力头的润滑应符合规定,动力头不得断油。

(7) 当喷浆式搅拌机停机超过 3h,应及时拆卸输浆管路,排除灰浆,清洗管道。

(8) 作业后,应按使用说明书的要求,做好清洁保养工作。

9. 成槽机

成槽机的安全要求作业前的各种安全检查、成槽作业过程中、行走要求以及场地条件的要求等:

(1) 作业前,应检查各传动机构、安全装置、钢丝绳等,并应确认安全可靠后,空载试车,试车运行中,应检查油缸、油管、油马达等液压元件,不得有渗漏油现象,油压应正常,油管盘、电缆盘应运转灵活,不得有卡滞现象,并应与起升速度保持同步。

(2) 成槽机回转应平稳,不得突然制动。

（3）成槽机作业中，不得同时进行两种及两种以上动作。

（4）钢丝绳应排列整齐，不得松乱。

（5）成槽机起重性能参数应符合主机起重性能参数，不得超载。

（6）安装时，成槽抓斗应放置在把杆铅锤线下方的地面上，把杆角度应为75°～78°。起升把杆时，成槽抓斗应随着逐渐慢速提升，电缆与油管应同步卷起，以防油管与电缆损坏。接油管时应保持油管的清洁。

（7）工作场地应平坦坚实，在松软地面作业时，应在履带下铺设厚度在30mm以上的钢板，钢板纵向间距不应大于30mm。起重臂最大仰角不得超过78°，并应经常检查钢丝绳、滑轮，不得有严重磨损及脱槽现象，传动部件、限位保险装置、油温等应正常。

（8）成槽机行走履带应平行槽边，并应尽可能使主机远离槽边，以防槽段塌方。

（9）成槽机工作时，把杆下不得有人员，人员不得用手触摸钢丝绳及滑轮。

（10）成槽机工作时，应检查成槽的垂直度，并应及时纠偏。

（11）成槽机工作完毕，应远离槽边，抓斗应着地，设备应及时清洁。

（12）拆卸成槽机时，应将把杆置于75°～78°，放落成槽抓斗，逐渐变幅把杆，同步下放起升钢丝绳、电缆与油管，并应防止电缆、油管拉断。

（13）运输时，电缆及油管应卷绕整齐，并应垫高油管盘和电缆盘。

10. 冲孔桩机

冲孔桩机的安全要求包括对施工场地的要求、作业前应重点检查的项目和作业中的安全要求等：

（1）冲孔桩机施工场地应平整坚实。

（2）作业前应重点检查下列项目，并应符合相应要求：1）连接应牢固，离合器、制动器、棘轮停止器、导向轮等传动应灵活可靠。2）卷筒不得有裂纹，钢丝绳缠绕应正确，绳头应压紧，钢丝绳断丝、磨损不得超过规定。3）安全信号和安全装置应齐全良好。4）桩机应有可靠的接零或接地，电气部分应绝缘良好。5）开关应灵敏可靠。

（3）卷扬机启动、停止或到达终点时，速度应平缓。卷扬机使用应按《建筑机械使用安全技术规程》JGJ 33—2012第4.7节的规定执行。

（4）冲孔作业时，不得碰撞护筒、孔壁和钩挂护筒底缘；重锤提升时，应缓慢平稳。

（5）卷扬机钢丝绳应按规定进行保养及更换。

（6）卷扬机换向应在重锤停稳后进行，减少对钢丝绳的破坏。

（7）钢丝绳上应设有标记，提升落锤高度应符合规定，防止提锤过高，击断锤齿。

（8）停止作业时，冲锤应提出孔外，不得埋锤，并应及时切断电源；重锤落地前，司机不得离岗。

5.3 钢 筋 机 械

现代建筑中钢筋作为混凝土的骨架构成钢筋混凝土，成为建筑结构中使用面广、量大的主材。在浇筑混凝土前，钢筋必须制成一定规格和形式的骨架纳入模板中。制作钢筋骨架，需要对钢筋进行强化、拉伸、调直、切断、弯曲、连接等加工，最后才能捆扎成形。由于钢筋用量极大，手工操作难以完成，需要采用各种专用机械进行加工，这类机械称为钢筋加工机械，简称钢筋机械。钢筋机械按其加工工艺可分为强化、成形、焊接、预应力等四类：一类钢筋强化机械：主要包括钢筋冷拉机、钢筋冷拔机、钢筋冷轧扭机、冷轧带肋钢筋成型机等。二类钢筋成型机械：钢筋调直切断机、钢筋切断机、钢筋弯曲机、钢筋网片成型机等。三类钢筋焊接机械：主要有钢筋焊接机、钢筋点焊机、钢筋网片成形机、钢筋电渣压力焊机等，用于钢筋成形中的焊接。四类钢筋预应力机械：主要有电动油泵和千斤顶等组成的拉伸机和镦头机，用于钢筋预应力张拉作业。

5.3.1 基本要求

钢筋机械基本要求包括机械的安装、手持式机械作业和人员配合作业的要求等：

(1) 机械的安装应坚实稳固。固定式机械应有可靠的基础；移动式机械作业时应揳紧行走轮。

(2) 手持式钢筋加工机械作业时，应佩戴绝缘手套等防护用品。

(3) 加工较长的钢筋时，应有专人帮扶。帮扶人员应听从机械操作人员指挥，不得任意推拉。

5.3.2 常用钢筋机械安全要求

常用钢筋机械包括钢筋调直机、钢筋除锈机、钢筋冷拉机、钢筋冷拔机、钢筋切断机、钢筋螺纹成型机和钢筋弯曲机。

1. 钢筋调直机

钢筋调直机安全要求包括机械安装、空转、作业过程中的安全要求及异常情况的处理要求：

(1) 料架、料槽应安装平直，并应与导向筒、调直筒和下切刀孔的中心线一致。

(2) 切断机安装后，应用手转动飞轮，检查传动机构和工作装置，并及时调整间隙，紧固螺栓。在检查并确认电气系统正常后，进行空运转。切断机空运转时，齿轮应啮合良好，并不得有异响，确认正常后开始作业。

(3) 作业时，应按钢筋的直径，选用适当的调直块、曳引轮槽及传动速度。调直块的孔径应比钢筋直径大 2～5mm。曳引轮槽宽应和所需调直钢筋的直径相符合。大直径钢筋宜选用较慢的传动速度。

(4) 在调直块未固定或防护罩未盖好前，不得送料。作业过程中，不得打开防护罩。

(5) 送料前，应将弯曲的钢筋端头切除。导向筒前应安装一根长度宜为 1m 的钢管。

(6) 钢筋送入后，手应与曳轮保持安全距离。

(7) 当调直后的钢筋仍有慢弯时，可逐渐加大调直块的偏移量，直到调直为止。

(8) 切断 3～4 根钢筋后，应停机检查钢筋长度，当超过允许偏差时，应及时调整限位开关或定尺板。

2. 钢筋除锈机

钢筋除锈机的安全要求包括作业前的检查、对操作人员的要求和操作中人员的配合等要求：

(1) 作业前应检查并确认钢丝刷应固定牢，传动部分应润滑充分，封闭式防护罩及排尘装置等应完好。

（2）操作人员应束紧袖口，并应佩戴防尘口罩、手套和防护眼镜。

（3）带弯钩的钢筋不得上机除锈。弯度较大的钢筋宜在调直后除锈。

（4）操作时，应将钢筋放平，并侧身送料。

（5）不得在除锈机正面站人。

（6）较长钢筋除锈时，应有 2 人配合操作。

3. 钢筋冷拉机

钢筋冷拉机安全要求包括冷拉设备的选用、警戒区的设置、作业前的各项检查以及作业过程中的要求等：

（1）应根据冷拉钢筋的直径，合理选用冷拉卷扬机。卷扬钢丝绳应经封闭式导向滑轮，并应和被拉钢筋成直角。操作人员应能见到全部冷拉场地。卷扬机与冷拉中心线距离不得小于 5m。

（2）冷拉场地应设置警戒区，并应安装防护栏及警告标志。非操作人员不得进入警戒区。作业时，操作人员与受拉钢筋的距离应大于 2m。

（3）采用配重控制的冷拉机应有指示起落的记号或专人指挥。冷拉机的滑轮、钢丝绳应相匹配。配重提起时，配重离地高度应小于 300mm。配重架四周应设置防护栏杆及警告标志。

（4）作业前，应检查冷拉机，夹齿应完好；滑轮、拖拉小车应润滑灵活；拉钩、地锚及防护装置应齐全牢固。

（5）采用延伸率控制的冷拉机，应设置明显的限位标志，并应有专人负责指挥。

（6）照明设施宜设置在张拉警戒区外。当需设置在警戒区内时，照明设施安装高度应大于 5m，并应有防护罩。

（7）作业后，应放松卷扬机钢丝绳，落下配重，切断电源，并锁好开关箱。

4. 钢筋冷拔机

钢筋冷拔机的安全要求包括启动前的检查、钢筋冷拔量的限定与确认和作业过程中的要求等：

（1）启动机械前，应检查并确认机械各部连接应牢固，模具不得有裂纹，轧头与模具的规格应配套。

（2）钢筋冷拔量应符合机械出厂说明书的规定。机械出厂说明书未作规定时，可按每次冷拔缩减模具孔径 0.5～1.0mm 进行。

（3）轧头时，应先将钢筋的一端穿过模具，钢筋穿过的长度宜为 100～150mm，再用夹具夹牢。

（4）作业时，操作人员的手与轧辊应保持 300～500mm 的距离。不得用手直接接触钢筋和滚筒。

（5）冷拔模架中应随时加足润滑剂，润滑剂可采用石灰和肥皂水调和晒干后的粉末。

（6）当钢筋的末端通过冷拔模后，应立即脱开离合器，同时用手闸挡住钢筋末端。

（7）冷拔过程中，当出现断丝或钢筋打结乱盘时，应立即停机处理。

5. 钢筋切断机

钢筋切断机的安全要求包括启动前、后，作业中、作业后以及出现异常情况时的处理等安全要求：

（1）接送料的工作台面应和切刀下部保持水平，工作台的长度应根据加工材料长度确定。

（2）启动前，应检查并确认切刀不得有裂纹，刀架螺栓应紧固，防护罩应牢靠。应用手转动皮带轮，检查齿轮啮合间隙，并及时调整。

（3）启动后，应先空运转，检查并确认各传动部分及轴承运转正常后，开始作业。

（4）机械未达到正常转速前，不得切料。操作人员应使用切刀的中、下部位切料，应紧握钢筋对准刃口迅速投入，并应站在固定刀片一侧用力压住钢筋，防止钢筋末端弹出伤人。不得用双手分在刀片两边握住钢筋切料。

（5）操作人员不得剪切超过机械性能规定强度及直径的钢筋或烧红的钢筋。一次切断多根钢筋时，其总截面面积应在规定范围内。

（6）剪切低合金钢筋时，应更换高硬度切刀，剪切直径应符合机械性能的规定。

（7）切断短料时，手和切刀之间的距离应大于150mm，并应采用套管或夹具将切断的短料压住或夹牢。

（8）机械运转中，不得用手直接清除切刀附近的断头和杂物。在钢筋摆动范围和机械周围，非操作人员不得停留。

（9）当发现机械有异常响声或切刀歪斜等不正常现象时，应立即停机检修。

（10）液压式切断机启动前，应检查并确认液压油位符合规定。切断机启动后，应空载运转，检查并确认电动机旋转方向应符合规定，并应打开放油阀，在排净液压缸体内的空气后开始作业。

（11）手动液压式切断机使用前，应将放油阀按顺时针方向旋紧，作业完毕后，应立即按逆时针方向旋松。

6. 钢筋螺纹成型机

钢筋螺纹成型机的安全要求包括机械使用前的安全检查、对钢筋材料的要求和作业中的要求等：

（1）在机械使用前，应检查并确认刀具安装应正确，连接应牢固，运转部位润滑应良好，不得有漏电现象，空车试运转并确认正常后作业。

（2）钢筋应先调直再下料。钢筋切口端面应与轴线垂直，不得用气割下料。

（3）加工锥螺纹时，应采用水溶性切削润滑液。当气温低于0℃时，可掺入15%～20%的亚硝酸钠。套丝作业时，不得用机油作润滑液或不加润滑液。

（4）加工时，钢筋应夹持牢固。

（5）机械在运转过程中，不得清扫刀片上面的积屑杂物和进行检修。

（6）不得加工超过机械铭牌规定直径的钢筋。

7. 钢筋弯曲机

钢筋弯曲机的安全要求包括对工作台的要求，作业前的各项安全检查、芯轴直径的要求、设备启动前、作业中等的安全要求：

（1）工作台和弯曲机台面应保持水平。

（2）作业前应准备好各种芯轴及工具，并应按加工钢筋的直径和弯曲半径的要求，装好相应规格的芯轴和成型轴、挡铁轴。

（3）芯轴直径应为钢筋直径的2.5倍。挡铁轴应有轴套。挡铁轴的直径和强度不得小于被弯钢筋的直径和强度。

(4) 启动前，应检查并确认芯轴、挡铁轴、转盘等不得有裂纹和损伤，防护罩应有效。在空载运转并确认正常后，开始作业。

(5) 作业时，应将需弯曲的一端钢筋插入转盘固定销的间隙内，将另一端紧靠机身固定销，并用手压紧，在检查并确认机身固定销安放在挡住钢筋的一侧后，启动机械。

(6) 弯曲作业时，不得更换轴芯、销子和变换角度以及调速，不得进行清扫和加油。

(7) 对超过机械铭牌规定直径的钢筋不得进行弯曲。在弯曲未经冷拉或带有锈皮的钢筋时，应戴防护镜。

(8) 在弯曲高强度钢筋时，应进行钢筋直径换算，钢筋直径不得超过机械允许的最大弯曲能力，并应及时调换相应的芯轴。

(9) 操作人员应站在机身设有固定销的一侧。成品钢筋应堆放整齐，弯钩不得朝上。

(10) 转盘换向应在弯曲机停稳后进行。

5.4 混凝土机械

随着建筑技术的飞速发展，混凝土由最初的人工拌合、现场搅拌筒拌制，到预拌混凝土站拌制，在大大提高混凝土拌制质量的同时、满足高速发展的建筑市场需求。混凝土机械主要包括混凝土泵车、混凝土泵（拖泵、车载泵）、混凝土搅拌站、混凝土搅拌运输车及布料杆等。

5.4.1 基本要求

混凝土机械的基本要求包括混凝土机械的各机构、仪表及安全装置、安全用电及防冻要求等：

(1) 混凝土机械的内燃机、电动机、空气压缩机等应符合《建筑机械使用安全技术规程》JGJ 33—2012 第 3 章的有关规定。行驶部分应符合《建筑机械使用安全技术规程》JGJ 33—2012 第 6 章的有关规定。

(2) 液压系统的溢流阀、安全阀应齐全有效，调定压力应符合说明书要求。系统应无泄漏，工作应平稳，不得有异响。

(3) 混凝土机械的工作机构、制动器、离合器、各种仪表及安全装置应齐全完好。

(4) 电气设备作业应符合现行行业标准《施工现场临时用电安全技术规范》JGJ 46 的有关规定。插入式、平板式振捣器的漏电保护器应采用防溅型产品，其额定漏电动作电流不应大于 15mA；额定漏电动作时间不应大于 0.1s。

(5) 冬期施工，机械设备的管道、水泵及水冷却装置应采取防冻保温措施。

5.4.2 常用混凝土机械安全要求

常用混凝土机械包括混凝土输送泵、混凝土泵车、混凝土插入式振捣器、混凝土附着式、平板式振捣器、混凝土振动台、混凝土喷射机和混凝土布料机。

1. 混凝土搅拌机

混凝土搅拌机的安全要求包括作业区作业环境与条件的要求、作业前重点检查项目要求、作业中的要求和作业完毕后的处理等要求：

（1）作业区应排水通畅，并应设置沉淀池及防尘设施。

（2）操作人员视线应良好。操作台应铺设绝缘垫板。

（3）作业前应重点检查下列项目，并应符合相应要求：1）料斗上、下限位装置应灵敏有效，保险销、保险链应齐全完好。钢丝绳报废应按现行国家标准《起重机 钢丝绳 保养、维护、检验和报废》GB/T 5972 的规定执行。2）制动器、离合器应灵敏可靠。3）各传动机构、工作装置应正常。开式齿轮、皮带轮等传动装置的安全防护罩应齐全可靠。齿轮箱、液压油箱内的油质和油量应符合要求。4）搅拌筒与托轮接触应良好，不得窜动、跑偏。5）搅拌筒内叶片应紧固，不得松动，叶片与衬板间隙应符合说明书规定。6）搅拌机开关箱应设置在距搅拌机 5m 的范围内。

（4）作业前应进行空载运转，确认搅拌筒或叶片运转方向正确。反转出料的搅拌机应进行正、反转运转。空载运转时，不得有冲击现象和异常声响。

（5）供水系统的仪表计量应准确，水泵、管道等部件应连接可靠，不得有泄漏。

（6）搅拌机不宜带载启动，在达到正常转速后上料，上料量及上料程序应符合使用说明书的规定。

（7）料斗提升时，人员严禁在料斗下停留或通过；当需在料斗下方进行清理或检修时，应将料斗提升至上止点，并必须用保险销锁牢或用保险链挂牢。

（8）搅拌机运转时，不得进行维修、清理工作。当作业人员需进入搅拌筒内作业时，应先切断电源，锁好开关箱，悬挂“禁止合闸”的警示牌，并应派专人监护。

（9）作业完毕，宜将料斗降到最低位置，并应切断电源。

2. 混凝土搅拌运输车

混凝土搅拌运输车的安全要求包括内燃机、液压系统和气动装置、搅拌筒质量、空载试运转、出料作业、搅拌筒维修、清理时的要求等：

（1）混凝土搅拌运输车的内燃机和行驶部分应分别符合《建筑机械使用安全技术规程》JGJ 33—2012 第 3 章和第 6 章的有关规定。

（2）液压系统和气动装置的安全阀、溢流阀的调整压力应符合使用说明书的要求。卸料槽锁扣及搅拌筒的安全锁定装置应齐全完好。

（3）燃油、润滑油、液压油、制动液及冷却液应添加充足，质量应符合要求，不得有渗漏。

（4）搅拌筒及机架缓冲件应无裂纹或损伤，筒体与托轮应接触良好。搅拌叶片、进料斗、主辅卸料槽不得有严重磨损和变形。

（5）装料前应先启动内燃机空载运转，并低速旋转搅拌筒 3～5min，当各仪表指示正常、制动气压达到规定值时，并检查确认后装料。装载量不得超过规定值。

（6）行驶前，应确认操作手柄处于“搅动”位置并锁定，卸料槽锁扣应扣牢。搅拌行驶时最高速度不得大于 50km/h。

（7）出料作业时，应将搅拌运输车停靠在地势平坦处，应与基坑及输电线路保持安全距离，并应锁定制动系统。

（8）进入搅拌筒维修、清理混凝土前，应将发动机熄火，操作杆置于空挡，将发动机钥匙取出，并应设专人监护，悬挂安全警示牌。

3. 混凝土输送泵

混凝土输送泵的安全要求包括混凝土输送泵安放场地条件、混凝土输送管道的敷设、作业前的检查和材料的要求以及混凝土泵工作时、作业后的处理等要求：

（1）混凝土泵应安放在平整、坚实的地面上，周围不得有障碍物，支腿应支设牢靠，机身应保持水平和稳定，轮胎应揳紧。

（2）混凝土输送管道的敷设应符合下列规定：1）管道敷设前应检查并确认管壁的磨损量应符合使用说明书的要求，管道不得有裂纹、砂眼等缺陷。新管或磨损量较小的管道应敷设在泵出口处。2）管道应使用支架或与建筑结构固定牢固。泵出口处的管道底部应依据泵送高度、混凝土排量等设置独立的基础，并能承受相应荷载。3）敷设垂直向上的管道时，垂直管不得直接与泵的输出口连接，应在泵与垂直管之间敷设长度不小于15m的水平管，并加装逆止阀。4）敷设向下倾斜的管道时，应在泵与斜管之间敷设长度不小于5倍落差的水平管。当倾斜度大于7°时，应加装排气阀。

（3）作业前应检查并确认管道连接处管卡扣牢，不得泄漏。混凝土泵的安全防护装置应齐全可靠，各部位操纵开关、手柄等位置应正确，搅拌斗防护网应完好牢固。

（4）砂石粒径、水泥强度等级及配合比应符合出厂规定，并应满足混凝土泵的泵送要求。

（5）混凝土泵启动后，应空载运转，观察各仪表的指示值，检查泵和搅拌装置的运转情况，并确认一切正常后作业。泵送前应向料斗加入清水和水泥砂浆润滑泵及管道。

（6）混凝土泵在开始或停止泵送混凝土前，作业人员应与出料软管保持安全距离，作业人员不得在出料口下方停留。出料软管不得埋在混凝土中。

（7）泵送混凝土的排量、浇注顺序应符合混凝土浇筑施工方案的要求。施工荷载应控制在允许范围内。

（8）混凝土泵工作时，料斗中混凝土应保持在搅拌轴线以上，不应吸空或无料泵送。混凝土泵工作时，不得进行维修作业。

（9）混凝土泵作业中，应对泵送设备和管路进行观察，发现隐患应及时处理。对磨损超过规定的管子、卡箍、密封圈等应及时更换。

（10）混凝土泵作业后，应将料斗和管道内的混凝土全部排出，并对泵、料斗、管道进行清洗。清洗作业应按说明书要求进行。不宜采用压缩空气进行清洗。

4. 混凝土泵车

混凝土泵车的安全要求包括作业场地的要求，作业前的重点检查项目要求，布料杆与布料配管和布料软管等的要求：

（1）混凝土泵车应停放在平整坚实的地方，与沟槽和基坑的安全距离应符合使用说明书的要求。臂架回转范围内不得有障碍物，与输电线路的安全距离应符合现行行业标准《施工现场临时用电安全技术规范》JGJ 46的有关规定。

（2）混凝土泵车作业前，应将支腿打开，并应采用垫木垫平，车身的倾斜度不应大于3°。

（3）作业前应重点检查下列项目，并应符合相应要求：1）安全装置应齐全有效，仪表应指示正常。2）液压系统、工作机构应运转正常。3）料斗网格应完好牢固。4）软管安全链与臂架连接应牢固。

(4) 伸展布料杆应按出厂说明书的顺序进行。布料杆在升离支架前不得回转。不得用布料杆起吊或拖拉物件。

(5) 当布料杆处于全伸状态时，不得移动车身。当需要移动车身时，应将上段布料杆折叠固定，移动速度不得超过 10km/h。

(6) 不得接长布料配管和布料软管。

5. 混凝土插入式振捣器

混凝土插入式振捣器作业前应检查内容与要求，操作人员装束要求和作业中与作业结束后等的要求：

(1) 作业前应检查电动机、软管、电缆线、控制开关等，并应确认处于完好状态。电缆线连接应正确。

(2) 操作人员作业时应装束符合要求的绝缘鞋和绝缘手套。

(3) 电缆线应采用耐候型橡皮护套铜芯软电缆，并不得有接头。

(4) 电缆线长度不应大于 30m。不得缠绕、扭结和挤压，并不得承受任何外力。

(5) 振捣器软管的弯曲半径不得小于 500mm，操作时应将振捣器垂直插入混凝土，深度不宜超过 600mm。

(6) 振捣器不得在初凝的混凝土、脚手板和干硬的地面上进行试振。在检修或作业间断时，应切断电源。

(7) 作业完毕，应切断电源，并应将电动机、软管及振动棒清理干净。

6. 混凝土附着式、平板式振捣器

混凝土附着式、平板式振捣器的安全要求包括作业前的检查、操作人员装束要求、振捣器作业中的要求和作业结束后的处理等：

(1) 作业前应检查电动机、电源线、控制开关等，并确认完好无破损。附着式振捣器的安装位置应正确，连接应牢固，并应安装减振装置。

(2) 操作人员装束应符合《建筑机械使用安全技术规程》JGJ 33—2012 第 8.6.2 条的要求。

(3) 平板式振捣器应采用耐气候型橡皮护套铜芯软电缆，并不得有接头和承受任何外力，其长度不应超过 30m。

(4) 附着式、平板式振捣器的轴承不应承受轴向力，振捣器使用时，应保持振捣器电动机轴线在水平状态。

(5) 附着式、平板式振捣器的使用应符合《建筑机械使用安全技术规程》JGJ 33—2012 规程第 8.6.6 条的规定。

(6) 平板式振捣器作业时应使用牵引绳控制移动速度，不得牵拉电缆。

(7) 在同一块混凝土模板上同时使用多台附着式振捣器时，各振动器的振频应一致，安装位置宜交错设置。

(8) 安装在混凝土模板上的附着式振捣器，每次作业时间应根据施工方案确定。

(9) 作业完毕，应切断电源，并应将振捣器清理干净。

7. 混凝土振动台

混凝土振动台的安全要求包括作业前的检查、作业中的要求与清洁等要求：

(1) 作业前应检查电动机、传动及防护装置，并确认完好有效。轴承座、偏心块及机座螺栓应紧固牢靠。

（2）振动台应设有可靠的锁紧夹，振动时应将混凝土槽锁紧，混凝土模板在振动台上不得无约束振动。

（3）振动台电缆应穿在电管内，并预埋牢固。

（4）作业前应检查并确认润滑油不得有泄漏，油温、传动装置应符合要求。

（5）在作业过程中，不得调节预置拨码开关。

（6）振动台应保持清洁。

8. 混凝土喷射机

混凝土喷射机的安全要求包括各设备配备、管道的连接与紧固，喷射机的清洁、作业前的检查要求及启动前、作业中、作业后等的要求：

（1）喷射机风源、电源、水源、加料设备等应配套齐全。

（2）管道应安装正确，连接处应紧固密封。当管道通过道路时，管道应有保护措施。

（3）喷射机内部应保持干燥和清洁。应按出厂说明书规定的配合比配料，不得使用结块的水泥和未经筛选的砂石。

（4）作业前应重点检查下列项目，并应符合相应要求：1）安全阀应灵敏可靠。2）电源线应无破损现象，接线应牢靠。3）各部密封件应密封良好，橡胶结合板和旋转板上出现的明显沟槽应及时修复。4）压力表指针显示应正常。应根据输送距离，及时调整风压的上限值。5）喷枪水环管应保持畅通。

（5）启动时，应按顺序分别接通风、水、电。开启进气阀时，应逐步达到额定压力。启动电动机后，应空载试运转，确认一切正常后，方可进行投料作业。

（6）机械操作人员和喷射作业人员应有信号联系，送风、加料、停料、停风及发生堵塞时，应联系畅通，密切配合。

（7）喷嘴前方不得有人员。

（8）发生堵管时，应先停止喂料，敲击堵塞部位，使物料松散，然后用压缩空气吹通。操作人员作业时，应紧握喷嘴，不得甩动管道。

（9）作业时，输送软管不得随地拖拉和折弯。

（10）停机时，应先停止加料，再关闭电动机，然后停止供水，最后停送压缩空气，并应将仓内及输料管内的混合料全部喷出。

（11）停机后，应将输料管、喷嘴拆下清洗干净，清除机身内外粘附的混凝土料及杂物，并应使密封件处于放松状态。

9. 混凝土布料机

混凝土布料机的安全要求包括施工现场作业空间的确认、作业场地条件、作业前的检查项目及作业中的要求等：

（1）设置混凝土布料机前，应确认现场有足够的作业空间，混凝土布料机任一部位与其他设备及构筑物的安全距离不应小于0.6m。

（2）混凝土布料机的支撑面应平整坚实。固定式混凝土布料机的支撑应符合使用说明书的要求，支撑结构应经设计计算，并应采取相应加固措施。

（3）手动式混凝土布料机应有可靠的防倾覆措施。

（4）混凝土布料机作业前应重点检查下列项目，并应符合相应要求：1）支腿应打开垫实，并应锁紧。2）塔架的垂直度应符合使用说明书要求。3）配重块应与臂架安装长度匹配。4）臂架回转机构润滑应充足，转动应灵活。5）机动混凝土布料机的动力装置、传动装置、安全及制动装置应符合要求。6）混凝土输送管道应连接牢固。

（5）手动混凝土布料机回转速度应缓慢均匀，牵引绳长度应满足安全距离的要求。

（6）输送管出料口与混凝土浇筑面宜保持1m的距离，不得被混凝土掩埋。

（7）人员不得在臂架下方停留。

（8）当风速达到10.8m/s及以上或大雨、大雾等恶劣天气应停止作业。

5.5 木工机械

木工机械是指在木材加工工艺中，将木材加工的半成品加工成为木制品的一类机床，以便于满足建筑施工中模板及支撑所需大量成型木材的使用，极大地提高了人力工效。

5.5.1 基本要求

木工机械安全基本要求包括人员装束、机械电源、机械场所、机械运行前、运行中，以及作业后和噪声的控制等要求：

（1）机械操作人员应穿紧口衣裤，并束紧长发，不得系领带和戴手套。

（2）机械的电源安装和拆除及机械电气故障的排除，应由专业电工进行。机械应使用单向开关，不得使用倒顺双向开关。

（3）机械安全装置应齐全有效，传动部位应安装防护罩，各部件应连接紧固。

（4）机械作业场所应配备齐全可靠的消防器材。在工作场所，不得吸烟和动火，并不得混放其他易燃易爆物品。

（5）工作场所的木料应堆放整齐，道路应畅通。

（6）机械应保持清洁，工作台上不得放置杂物。

（7）机械的皮带轮、锯轮、刀轴、锯片、砂轮等高速转动部件的安装应平衡。

（8）各种刀具破损程度不得超过使用说明书的规定要求。

（9）加工前，应清除木料中的铁钉、铁丝等金属物。

（10）装设除尘装置的木工机械作业前，应先启动排尘装置，排尘管道不得变形、漏气。

（11）机械运行中，不得测量工件尺寸和清理木屑、刨花和杂物。

（12）机械运行中，不得跨越机械传动部分。排除故障、拆装刀具应在机械停止运转，并切断电源后进行。

（13）操作时，应根据木材的材质、粗细、湿度等选择合适的切削和进料速度。操作人员与辅助人员应密切配合，并应同步匀速接送料。

（14）使用多功能机械时，应只使用其中一种功能，其他功能的装置不得妨碍操作。

（15）作业后，应切断电源，锁好闸箱，并应进行清理、润滑。

（16）机械噪声不应超过建筑施工场界噪声限值；当机械噪声超过限值时，应采取降噪措施。机械操作人员应按规定佩戴个人防护用品。

5.5.2 常用木工机械安全要求

常用木工机械包括：带锯机、圆盘锯、平面刨（手压刨）、压刨床和磨光机。

1. 带锯机

带锯机的安全要求包括作业前对锯条及锯条安装质量的检查、作业中操作人员站位的要求以及作业中的安全要求等：

（1）作业前，应对锯条及锯条安装质量进行检查。锯条齿侧或锯条接头处的裂纹长度超过 10mm、连续缺齿两个和接头超过两处的锯条不得使用。当锯条裂纹长度在 10mm 以内时，应在裂纹终端冲一止裂孔。锯条松紧度应调整适当。带锯机启动后，应空载试运转，并应确认运转正常，无串条现象后，开始作业。

（2）作业中，操作人员应站在带锯机的两侧，跑车开动后，行程范围内的轨道周围不应站人，不应在运行中跑车。

（3）原木进锯前，应调好尺寸，进锯后不得调整。进锯速度应均匀。

（4）倒车应在木材的尾端越过锯条 500mm 后进行，倒车速度不宜过快。

（5）平台式带锯作业时，送接料应配合一致。送料、接料时不得将手送进台面。锯短料时，应采用推棍送料。回送木料时，应离开锯条 50mm 及以上。

（6）带锯机运转中，当木屑堵塞吸尘管口时，不得清理管口。

（7）作业中，应根据锯条的宽度与厚度及时调节挡位或增减带锯机的压砣（重锤）。当发生锯条口松或串条等现象时，不得用增加压砣（重锤）重量的办法进行调整。

2. 圆盘锯

圆盘锯的安全要求包括防护罩的设置、锯片、木料最小长度以及操作中的安全要求等：

（1）木工圆锯机上的旋转锯片必须设置防护罩。

（2）安装锯片时，锯片应与轴同心，夹持锯片的法兰盘直径应为锯片直径的 1/4。

（3）锯片不得有裂纹。锯片不得有连续 2 个及以上的缺齿。

（4）被锯木料的长度不应小于 500mm。作业时，锯片应露出木料 10～20mm。

（5）送料时，不得将木料左右晃动或抬高；遇木节时，应缓慢送料；接近端头时，应采用推棍送料。

（6）当锯线走偏时，应逐渐纠正，不得猛扳，以防止损坏锯片。

（7）作业时，操作人员应戴防护眼镜，手臂不得跨越锯片，人员不得站在锯片的旋转方向。

3. 平面刨（手压刨）

平面刨（手压刨）安全要求包括刨料时对人体状态与操作的要求、被刨木料最小长度的要求、刀片与刀片螺钉的厚度和重量的要求和操作要求等：

（1）刨料时，应保持身体平稳，用双手操作。刨大面时，手应按在木料上面；刨小料时，手指不得低于料高一半。不得手在料后推料。

（2）当被刨木料的厚度小于 30mm，或长度小于 400mm 时，应采用压板或推棍推进。厚度小于 15mm，或长度小于 250mm 的木料，不得在平刨上加工。

（3）刨旧料前，应将料上的钉子、泥沙清除干净。被刨木料如有破裂或硬节等缺陷时，应处理后再施刨。遇木槎、节疤应缓慢送料。不得将手按在节疤上强行送料。

（4）刀片、刀片螺钉的厚度和重量应一致，刀架与夹板应吻合贴紧，刀片焊缝超出刀头或有裂缝的刀具不应使用。刀片紧固螺钉应嵌入刀片槽内，并离刀背不得小于10mm。刀片紧固力应符合使用说明书的规定。

（5）机械运转时，不得将手伸进安全挡板里侧去移动或拆除安全挡板。

4. 压刨床

压刨床的安全要求包括刨削木料材质或规格的一致性、操作人员的站位、刨刀与刨床台面的水平间隙、每次进刀量和操作中的其他要求等：

（1）作业时，不得一次刨削两块不同材质或规格的木料，被刨木料的厚度不得超过使用说明书的规定。

（2）操作者应站在进料的一侧。送料时应先进大头。接料人员应在被刨料离开料辊后接料。

（3）刨刀与刨床台面的水平间隙应为10～30mm。不得使用带开口槽的刨刀。

（4）每次进刀量宜为2～5mm。遇硬木或节疤，应减小进刀量，降低送料速度。

（5）刨料的长度不得小于前后压辊之间距离。厚度小于10mm的薄板应垫托板作业。

（6）压刨床的逆止爪装置应灵敏有效。进料齿辊及托料光辊应调整水平，上下距离应保持一致，齿辊应低于工件表面1～2mm，光辊应高出台面0.3～0.8mm。工作台面不得歪斜和高低不平。

（7）刨削过程中，遇木料走横或卡住时，应先停机，再放低台面，取出木料，排除故障。

5. 磨光机

磨光机安全要求包括作业前的项目检查要求，磨削小面积工件和磨光机作业时的要求等：

（1）作业前，应对下列项目进行检查，并符合相应要求：1）盘式磨光机防护装置应齐全有效。2）砂轮应无裂纹破损。3）带式磨光机砂筒上砂带的张紧度应适当。4）各部轴承应润滑良好，紧固连接件应连接可靠。

（2）磨削小面积工件时，宜尽量在台面整个宽度内排满工件，磨削时，应渐次连续进入。

（3）带式磨光机作业时，压垫的压力应均匀。砂带纵向移动时，砂带应和工作台横向移动互相配合。

（4）盘式磨光机作业时，工件应放在向下旋转的半面进行磨光。手不得靠近磨盘。

5.6 建筑起重机械

建筑起重机械是指在建筑工程施工中用于垂直升降或者垂直升降并水平移动建筑材料、构配件、设备等的机械设备，主要包括塔式起重机、履带式起重机、施工升降机（施工电梯等）、门式、桥式起重机与电动葫芦井架、龙门架物料提升机等。

5.6.1 基本要求

建筑起重机械基本要求包括起重机械相应制造许可证、产品合格证等相应证书、起重机不得出租的情形、起重机械的安全技术档案以及起重操作人员、信号、操作中的安全要求以及特殊天气情况下的要求等：

(1) 建筑起重机械进入施工现场应具备特种设备制造许可证、产品合格证、特种设备监督检验证明、备案证明、安装使用说明书和自检合格证明。

(2) 建筑起重机械有下列情形之一时，不得出租和使用：1) 属国家明令淘汰或禁止使用的品种、型号。2) 超过安全技术标准或制造厂规定的使用年限。3) 经检验达不到安全技术标准规定。4) 没有完整安全技术档案。5) 没有齐全有效的安全保护装置。

(3) 建筑起重机械的安全技术档案应包括下列内容：1) 购销合同、特种设备制造许可证、产品合格证、特种设备制造监督检验证明、安装使用说明书、备案证明等原始资料。2) 定期检验验告、定期自行检查记录、定期维护保养记录、维修和技术改造记录、运行故障和生产安全事记录、积累运转记录等运行资料。3) 历次安装验收资料。

(4) 建筑起重机械装拆方案的编制、审批和建筑起重机械首次使用、升节、附墙等验收按现行有关规定执行。

(5) 建筑起重机械的装拆应由具有起重设备安装工程承包资质的单位施工，操作和维修人员应持证上岗。

(6) 建筑起重机械的内燃机、电动机和电气、液压装置部分，应按《建筑机械使用安全技术规程》JGJ 33—2012 第 3.2 节、3.4 节和附录 C 的规定执行。

(7) 选用建筑起重机械时，其主要性能参数，利用等级，载荷状态、工作级别等应与建筑工程相匹配。

(8) 施工现场应提供符合起重机械作业要求的通道和电源等工作场地和作业环境。基础与地基承载能力应满足起重机械的安全使用要求。

(9) 操作人员在作业前应对行驶道路、架空电线、建（构）筑物等现场环境以及起吊重物进行全面了解。

(10) 建筑起重机械应装有音响的信号装置。在起重臂、吊钩、平衡重等转动物体上应有鲜明的色彩标志。

(11) 建筑起重机械的变幅限位器、力矩限制器、起重量限制器、防坠安全器、钢丝绳防脱装置、防脱钩装置以及各种行程限位开关等安全保护装置，必须齐全有效，严禁利用限制器和限位装置代替操纵机构。

(12) 建筑起重机械安装工、司机、信号司索工作业时应密切配合，按规定的指挥信号执行。当信号不清或错误时，操作人员应拒绝执行。

(13) 施工现场应采用旗语、口哨、对讲机等有效的联络措施确保通信畅通。

(14) 在风速达到 9m/s，及以上或大雨、大雪、大雾等恶劣天气时，严禁进行建筑起重机械的安装拆卸作业。

(15) 在风速达 12.0m/s，及以上或大雨、大雪、大雾等恶劣天气时，应停止露天的起重吊装作业。重新作业前，应先试吊，并应确认各种安全装置灵敏可靠后进行作业。

(16) 操作人员进行起重机械回转、变幅、行走和吊钩升降等动作前，应发出音响信号示意。

(17) 建筑起重机械作业时，应在臂长的水平投影覆盖范围外设置警戒区域，并应有监护措施；起重臂和重物下方不得有人停留、工作或通过。不得用吊车，物料提升机载运人员。

(18) 不得使用建筑起重机械进行斜拉、斜吊和起吊埋设在地下或凝固在地面上的重物以及其他不明重量的物体。

(19) 起吊重物应绑扎平稳、牢固，不得在重物上再堆放或悬挂零星物件。易散落物件应使用吊笼吊运。标有绑扎位置的物件，应按标记绑扎后吊运。吊索的水平夹角宜为45°～60°，不得小于30°，吊索与物件棱角之间应加保护垫料。

(20) 起吊载荷达到起重机械额定起重量的90%及以上时，应先将重物吊离地面不大于200mm，检查起重机械的稳定性和制动可靠性，并应在确认重物绑扎牢固平稳后再继续起吊。对大体积或易晃动的重物应拴拉绳。

(21) 重物的吊运速度应平稳、均匀。不得突然制动。回转未停稳前不得反向操作。

(22) 建筑起重机械作业时，在遇突发故障或突然停电时，应立即把所有控制器拨到零位，并及时关闭发动机或断开电源总开关，然后进行检修。起吊物不得长时间悬挂在空中，应采取措施将重物降落到安全位置。

(23) 起重机械的任何部位与架空输电导线的安全距离应符合现行行业标准《施工现场临时用电安全技术规范》JGJ 46 的规定。

(24) 建筑起重机械使用的钢丝绳，应有钢丝绳制造厂提供的质量合格证明文件。

(25) 建筑起重机械使用的钢丝绳，其结构形式、强度、规格等应符合起重机使用说明书的要求。钢丝绳与卷筒应连接牢固，放出钢丝绳时，卷筒上应至少保留三圈，收放钢丝绳时应防止钢丝绳损坏、扭结、弯折和乱绳。

(26) 钢丝绳采用编结固接时，编结部分的长度不得小于钢丝绳直径的20倍，并不应小300m，其编结部分应用细钢丝捆扎。当采用绳卡固接时，与钢丝绳直径匹配的绳卡数量应符合表5-1中的规定，绳卡间距应是钢丝绳直径的6～7倍，最后一个绳卡距绳头的长度不得小于140mm。绳卡滑鞍（夹板）应在钢丝绳承载时受力的一侧，U形螺栓应在钢丝绳的尾端，不得正反交错。绳卡初次固定后，应待钢丝绳受力后再次紧固，并宜拧紧到使尾端钢丝绳受压处直径高度压扁1/3。作业中应经常检查紧固情况。

与绳径匹配的绳卡数 **表 5-1**

钢丝绳公称直径（mm）	≤18	>18～26	>26～36	>36～44	>44～60
最少绳卡数（个）	3	4	5	6	7

(27) 每班作业前，应检查钢丝绳及钢丝绳的连接部位。钢丝绳报废标准按现行国家标准《起重机 钢丝绳 保养、维护、检验和报废》GB/T 5972 的规定执行。

(28) 在转动的卷筒上缠绕钢丝绳时，不得用手拉或脚踩引导钢丝绳，不得给正在运转的钢丝绳涂抹润滑脂。

(29) 建筑起重机械报废及超龄使用应符合国家现行有关规定。

(30) 建筑起重机械的吊钩和吊环严禁补焊。当出现下列情况之一时应更换：1）表面有裂纹、破口。2）危险断面及钩颈永久变形。3）挂绳处断面磨损超过高度10%。4）吊钩衬套磨损超过原厚度50%。5）销轴磨损超过其直径的5%。

（31）建筑起重机械使用时，每班都应对制动器进行检查。当制动器的零件出现下列情况之一时，应作报废处理：1）裂纹。2）制动器摩擦片厚度磨损达原厚度50%。3）弹簧出现塑性变形。4）小轴或轴孔直径磨损达原直径的5%。

（32）建筑起重机械制动轮的制动摩擦面不应有妨碍制动性能的缺陷或沾染油污。制动轮出现下列情况之一时，应作报废处理：1）裂纹。2）起升、变幅机构的制动轮，轮缘厚度磨损大于原厚度的40%。3）其他机构的制动轮，轮缘厚度磨损大于原厚度的50%。4）轮面凹凸不平度达1.5～2.0mm（小直径取小值，大直径取大值）。

5.6.2 常见建筑起重机械的安全要求

常见建筑起重机械包括塔式起重机、履带式起重机、汽车式、轮胎式起重机、门式、桥式起重机与电动葫芦、井架、龙门架物料提升机和施工升降机。

1. 塔式起重机

塔式起重机的安全要求包括行走式塔式起重机的轨道基础、装拆作业前的检查、操作人员的要求以及安装、升降、拆卸、吊装及塔式起重机的作业要求等：

（1）行走式塔式起重机的轨道基础应符合下列要求：1）路基承载能力应满足塔式起重机使用说明书要求。2）每间隔6m应设轨距拉杆一个，轨距允许偏差应为公称值的1/1000且不得超过3mm。3）在纵横方向上，钢轨顶面的倾斜度不得大于1/1000；塔基安装后，轨道顶面纵、横方向上的倾斜度，对上回转塔机不应大于3/1000；下回转塔机不应大于5/1000。在轨道全程中，轨道顶面任意两点的高差应小于100mm。4）钢轨接头间隙不得大于4mm，与另一侧轨道接头的错开距离不得小于1.5m，接头处应架在轨枕上，接头两端高度差不得大于2mm。5）距轨道终端1m处应设置缓冲止挡器，其高度不应小于行走轮的半径，在轨道上应安装限位开关碰块，安装位置应保证塔机在与缓冲止挡器或与同一轨道上其他塔机相距大于1m处能完全停住，此时电缆线应有足够的富余长度。6）鱼尾板连接螺栓应紧固，垫板应固定牢靠。

（2）塔式起重机的混凝土基础应符合使用说明书和现行行业标准《塔式起重机混凝土基础工程技术标准》JGJ/T 187的规定。

（3）塔式起重机的基础应排水通畅，并应按专项方案与基坑保持安全距离。

（4）塔式起重机应在其基础验收合格后进行安装。

（5）塔式起重机的金属结构、轨道应有可靠的接地装置，接地电阻不得大于4Ω。高位塔式起重机应设置防雷装置。

（6）装拆作业前应进行检查，并应符合下列规定：1）混凝土基础、路基和轨道铺设应符合技术要求。2）应对所装拆塔式起重机的各机构、结构焊缝、重要部位螺栓、销轴、卷扬机构和钢丝绳、吊构、吊具、电气设备、线路等进行检查，消除隐患。3）应对自升塔式起重机顶升液压系统的液压缸和油管、顶升套架结构、导向轮、顶升支撑（爬爪）等进行检查，使其处于完好工况。4）装拆人员应使用合格的工具、安全带、安全帽。5）装拆作业中配备的起重机械等辅助机械应状况良好，技术性能应满足装拆作业的安全要求。6）装拆现场的电源电压、运输道路、作业场地等应具备装拆作业条件。7）安全监督岗的设置及安全技术措施的贯彻落实应符合要求。

(7) 指挥人员应熟悉装拆作业方案，遵守装拆工艺和操作规程，使用明确的指挥信号。参与装拆作业的人员，应听从指挥，如发现指挥信号不清或有错误时，应停止作业。

(8) 装拆人员应熟悉装拆工艺，遵守操作规程，当发现异常情况或疑难问题时，应及时向技术负责人汇报，不得自行处理。

(9) 装拆顺序、技术要求、安全注意事项应按批准的专项施工方案执行。

(10) 塔式起重机高强度螺栓应由专业厂家制造，并应有合格证明。高强度螺栓严禁焊接。安装高强度螺栓时，应采用扭矩扳手或专用扳手，并应按装配技术要求预紧。

(11) 在装拆作业过程中，当遇天气剧变、突然停电、机械故障等意外情况时，应将已装拆的部件固定牢靠，并经检查确认无隐患后停止作业。

(12) 塔式起重机各部位的栏杆、平台、扶杆、护圈等安全防护装置应配置齐全。行走式塔式起重机的大车行走缓冲止挡器和限位开关碰块应安装牢固。

(13) 因损坏或其他原因而不能用正常方法拆卸塔式起重机时，应按照技术部门重新批准的拆卸方案执行。

(14) 塔式起重机安装过程中，应分阶段检查验收。各机构动作应正确、平稳、制动可靠，各安全装置应灵敏有效。在无载荷情况下，塔身的垂直度允许偏差应为4‰。

(15) 塔式起重机升降作业时，应符合下列规定：1) 升降作业应有专人指挥，专人操作液压系统，专人拆装螺栓。非作业人员不得登上顶升套架的操作平台。操作室内应只准一人操作。2) 升降作业应在白天进行。3) 顶升前应预先放松电缆，电缆长度应大于顶升总高度，并应紧固好电缆。下降时应适时收紧电缆。4) 升降作业前，应对液压系统进行检查和试机，应在空载状态下将液压缸活塞杆伸缩3～4次，检查无误后，再将液压缸活塞杆通过顶升梁借助顶升套架的支撑，顶起载荷高度100～150mm，停10mim，观察液压缸载荷是否有下滑现象。5) 升降作业时，应调整好顶升套架滚轮与塔身标准节的间隙，并应按规定要求使起重臂和平衡臂处于平衡状态，将回转机构制动。回台与塔身标准节之间的最后一处连接螺栓。(销轴) 拆卸困难时，应将最后一处连接螺栓 (销轴) 对角方向的螺栓重新插入，再采取其他方法进行拆卸。不得用旋转起重臂的方法松动螺栓 (销轴)。6) 顶升撑脚 (爬爪) 就位后，应及时插上安全销，才能继续升降作业。7) 升降作业完毕后，应按规定扭力紧固各连接螺栓，应将液压操杆扳到中间位置，并应切断液压升降机构电源。

(16) 塔式起重机的附着装置应符合下列规定：1) 附着建筑物的锚固点的承载能力应满足塔式起重机技术要求。附着装置的布置方式应按使用说明书的规定执行。当有变动时，应另行设计。2) 附着杆件与附着支座 (锚固点) 应采取销轴铰接。3) 安装附着框架和附着杆件时，应用经纬仪测量塔身垂直度，并应利用附着杆件进行调整，在最高锚固点以下垂直度允许偏差为2‰。4) 安装附着框架和附着支座时，各道附着装置所在平面与水平面的夹角不得超过10°。5) 附着框架宜设置在塔身标准节连接处，并应箍紧塔身。6) 塔身顶升到规定附着间距时，应及时增设附着装置。塔身高出附着装置的自由端高度，应符合使用说明书的规定。7) 塔式起重机作业过程中，应经常检查附着装置，发现松动或异常情况时，应立即作业，故障未排除，不得继续作业。8) 拆卸塔式起重机时，应随着降落塔身的进程拆卸相应的附着装置。严禁在落塔之前先拆附着装置。9) 附着装置的安装、拆卸、检查和调整应有专人负责。10) 行走式塔式起重机作固定式塔式起重机使用时，应提高轨道基础的承载能力，切断行走机构的电源，并应设置阻挡行走轮移动的支座。

（17）塔式起重机内爬升时应符合下列规定：1）内爬升作业时，信号联络应通畅。2）内爬升过程中，严禁进行塔式起重机的起升、回转、变幅等各项动作。3）塔式起重机爬升到指定楼层后，应立即拔出塔身底座的支承梁或支腿，通过内爬升框架及时固定在结构上，并应顶紧导向装置或用楔块塞紧。4）内爬升塔式起重机的塔身固定间距应符合使用说明书要求。5）应对设置内爬升框架的建筑结构进行承载力复核，并应根据计算结果采取相应的加固措施。

（18）雨天后，对行走式塔式起重机，应检查轨距偏差、钢轨顶面的倾斜度、钢轨的平直度、轨道基础的沉降及轨道的通过性能等；对固定式塔式起重机，应检查混凝土基础不均匀沉降。

（19）根据使用说明书的要求，应定期对塔式起重机各工作机构、所有安全装置、制动器的性能及磨损情况、钢丝绳的磨损及绳端固定、液压系统、润滑系统、螺栓销轴连接处等进行检查。

（20）配电箱应设置在距塔式起重机 3m 范围内或轨道中部，且明显可见，电箱中应设置带熔断式断路器及塔式起重机电源总开关；电缆卷筒应灵活有效，不得拖缆。

（21）塔式起重机在无线电台、电视台或其他电磁发射线附近施工时，与吊钩接触的作业人员，应戴绝缘手套和穿绝缘鞋，并应在吊钩上挂接临时放电装置。

（22）当同一施工地点有两台以上塔式起重机并可能互相干涉时，应制定群塔作业方案；两台塔式起重机之间的最小架设距离应保证处于低位塔式起重机的起重臂端部与另一台塔式起重机的塔身之间至少有 2m 的距离；处于高位塔式起重机的最低位置的部件（吊钩升至最高点或平衡重的最低部位）与低位塔式起重机中处于最高位置部件之间的垂直距离不小于 2m。

（23）轨道式塔式起重机作业前，应检查轨道基础平直无沉陷，鱼尾板、连接螺栓及道钉不得松动，并应清除轨道上的障碍物，将夹轨器固定。

（24）塔式起重机启动应符合下列要求：1）金属结构和工作机构的外观情况应正常。2）安全保护装置和指示仪表应齐全完好。3）齿轮箱、液压油箱的油位应符合规定。4）各部位连接螺栓不得松动。5）钢丝绳磨损应在规定范围内，滑轮穿绕应正确。6）供电电缆不得破损。

（25）送电前，各控制器手柄应在零位。接通电源后，应检查并确不得有漏电现象。

（26）作业前，应进行空载运转，试验各工作机构并确认运转正常，不得有噪声及异响，各机构的制动器及安全保护装置应灵敏有效，确认正常后方可作业。

（27）起吊重物时，重物和吊具的总重量不得超过塔式起重机相应幅度下规定的起重量。

（28）应根据起吊重物和现场情况，选择适当的工作速度，操纵各控制器时应从停止点（零点）开始，依次逐级增加速度，不得越挡操作。在变换运转方向时，应将控制器手柄扳到零位，待电动机停止运转后再转向另一方向，不得直接变换运转方向、突然变速或制动。

（29）在提升吊钩、起重小车或行走大车运行到限位装置前，应减速缓行到停止位置，并应与限位装置保持一定距离。不得采用限位装置作为停止运行的控制开关。

（30）动臂式塔式起重机的变幅动作应单独进行；允许带载变幅的动臂式塔式起重机，当载荷达到额定起重量的90％及以上时，不得增加幅度。

（31）重物就位时，应采用慢就位工作机构。

（32）重物水平移动时，重物底部应高出障碍物0.5m以上。

（33）回转部分不设集电器的塔式起重机，应安装回转限位器，在作业时，不得顺一个方向连续回转1.5圈。

（34）当停电或电压下降时，应立即将控制器扳到零位，并切断电源。如吊钩上挂有重物，应重复放松制动器，使重物缓慢地下降到安全位置。

（35）采用涡流制动调速系统的塔式起重机，不得长时间使用低速挡或慢就位速度作业。

（36）遇大风停止作业时，应锁紧夹轨器，将回转机构的制动器完全松开，起重臂应能随风转动。对轻型俯仰变幅塔式起重机，应将起重臂落下并与塔身结构锁紧在一起。

（37）作业中，操作人员临时离开操作室时，应切断电源。

（38）塔式起重机载人专用电梯不得超员，专用电梯断绳保护装置应灵敏有效。塔式起重机作业时，不得开动电梯。电梯停用时，应降至塔身底部位置，不得长时间悬在空中。

（39）在非工作状态时，应松开回转制动器，回转部分应能自由旋转；行走式塔式起重机应停放在轨道中间位置，小车及平衡重应置于非工作状态，吊钩组顶部宜上升到距起重臂底面2～3m处。

（40）停机时，应将每个控制器拨回零位，依次断开各开关，关闭操作室门窗；下机后，应锁紧夹轨器，断开电源总开关，打开高空障碍灯。

（41）检修人员对高空部位的塔身、起重臂、平衡臂等检修时，应系好安全带。

（42）停用的塔式起重机的电动机、电气柜、变阻器箱及制动器等应遮盖严密。

（43）动臂式和尚未附着塔式起重机及附着以上塔式起重机桁架上不得悬挂标语牌。

2. 履带式起重机

履带式起重机的安全要求包括起重机作业面条件、启动前重点检查项目要求、作业中、作业结束后、转移工地、自行转移以及通过桥梁等安全要求：

（1）起重机械应在平坦坚实的地面上作业、行走和停放。作业时，坡度不得大于3°，起重机械应与沟渠、基坑保持安全距离。

（2）起重机械启动前应重点检查下列项目，并应符合相应要求：1）各安全防护装置及各指示仪表应齐全完好。2）钢丝绳及连接部位应符合规定。3）燃油、润滑油、液压油、冷却水等应添加充足。4）各连接件不得松动。5）在回转空间范围内不得有障碍物。

（3）起重机械启动前应将主离合器分离，各操纵杆放在空挡位置。应按《建筑机械使用安全技术规程》JGJ 33—2012第3.2节规定启动内燃机。

（4）内燃机启动后，应检查各仪表指示值，应在运转正常后接主离合器，变载运转时，应按顺序检查各工作机构及制动器，应在确认正常后作业。

（5）作业时，起重臂的最大仰角不得超过使用说明书的规定，当无资料可查时，不得超过78°。

（6）起重机械变幅应缓慢平稳，在起重臂未停稳前不得变换挡位。

（7）起重机械工作时，在行走、起升、回转及变幅四种动作中，应只允许不超过两种动作的复合操作。当负荷超过该工况额定负荷的90%及以上时，应慢速升降重物，严禁超过两种动作的复合操作和下降起重臂。

（8）在重物起升过程中，操作人员应把脚放在制动踏板上，控制起升高度，防止吊钩冒顶。当重物悬停空中时，即使制动踏板被固定，仍应脚踩在制动踏板上。

（9）采用双机抬吊作业时，应选用起重性能相似的起重机进行。抬吊时应统一指挥，动作应配合协调，荷载应分配合理，起吊重量不得超过两台起重机在该工况下允许起重量总和的75%，单机的起吊载荷不得超过允许载荷的80%。在吊装过程中，两台起重机的吊钩滑轮组应保持垂直状态。

（10）起重机械行走时，转弯不应过急；当转弯径过小时，应分次转弯。

（11）起重机械不宜长距离负载行驶。起重机械负载时应缓慢行驶，起重量不得超过相应工况额定起重量的70%，起重臂应位于行驶方向正前方，荷载离地面高度不得大于500mm，并应拴好拉绳。

（12）起重机械上、下坡道时应无载行走，上坡时应将起重臂仰角适当放小，下坡时应将起重臂仰角适当放大。下坡严禁空挡滑行。在坡道上严禁带载回转。

（13）作业结束后，起重臂应转至顺风方向，并应降至40°～60°，吊钩应提升到接近顶端的位置，关停内燃机，并应将各操纵杆放在空挡位置，各制动器应加保险固定，操作室和机棚应关门加锁。

（14）起重机械转移工地，应采用火车或平板拖车运输，所用跳板的坡度不得大于15°；起重机械装上车后，应将回转、行走、变幅等机构制动，应采用木楔楔紧履带两端，并应绑扎牢固；吊钩不得悬空摆动。

（15）起重机械自行转移时，应卸去配重，拆短起重臂，主动轮应在后面，机身，起重臂、吊钩等必须处于制动位置，并应加保险固定。

（16）起重机械通过桥梁、水坝、排水沟等构筑物时，应先查明允许载荷后再通过，必要时应采取加固措施。通过铁路、地下水管，电缆等设施时，应铺设垫板保护，机械在上面行走时不得转弯。

3. 汽车式、轮胎式起重机

汽车式、轮胎式起重机安全操作要求包括工作面的要求、启动前安全检查要求、作业前的安全要求、作业中和作业结束后的要求等：

（1）起重机械工作的场地应保持平坦坚实，符合起重时的受力要求，起重机械应与沟渠、基坑保持安全距离。

（2）起重机械启动前应重点检查下列项目，并应符合相应要求：1）各安全保护装置和指示仪表应齐全完好。2）钢丝绳及连接部位应符合规定。3）燃油、润滑油、液压油及冷却水应添加充足。4）各连接件不得松动。5）轮胎气压应符合规定。6）起重臂应可靠搁置在支架上。

（3）起重机械启动前，应将各操杆放在空挡位置，手制动器应锁死，应按《建筑机械使用安全技术规程》JGJ 33—2012 第3.2节有关规定启动内燃机。应在怠速运转3～5min后进行中高速运转，并应在检查各仪表指示值，确认运转正常后接合液压泵，液压达到规定值，油温超过 30℃时，方可作业。

（4）作业前，应全部伸出支腿，调整机体使回转支撑面的倾斜度在无载荷时不大于 1/1000（水准居中），支腿的定位销必须插上。底盘为弹性悬挂的起重机，插支腿前应先收紧稳定器。

（5）作业中不得扳动支腿操纵阀。调整支腿时应在无载荷时进行，应先将起重臂转至正前方或正后方之后，再调整支腿。

（6）起重作业前，应根据所吊重物的重量和起升高度，并应按起重性能曲线，调整起重臂长度和仰角；应估计吊索长度和重物本身的高度，留出适当起吊空间。

（7）起重臂顺序伸缩时，应按使用说明书进行，在伸臂的同时应下降吊钩。当制动器发出警报时，应立即停止伸臂。

（8）汽车式起重机变幅角度不得小于各长度所规定的仰角。

（9）汽车式起重机起吊作业时，汽车驾驶室内不得有人，重物不得超越汽车驾驶室上方且不得在车的前方起吊。

（10）起吊重物达到额定起重量的 50％及以上时，应使用低速挡。

（11）作业中发现起重机倾斜、支腿不稳等异常现象时，应在保证作业人员安全的情况下，将重物降至安全的位置。

（12）当重物在空中需停留较长时间时，应将起升卷筒制动锁住，操作人员不得离开操作室。

（13）起吊重物达到额定起重量的 90％以上时，严禁向下变幅，同时严禁进行两种及以上的操作动作。

（14）起重机械带载回转时，操作应平稳，应避免急剧回转或急停，换向应在停稳后进行。

（15）起重机械带载行走时，道路应平坦坚实，荷载应符合使用说明书的规定，重物离地面不得超过 500mm，并应拴好拉绳，缓慢行驶。

（16）作业后，应先将起重臂全部缩回放在支架上，再收回支腿；吊钩应使用钢丝绳挂牢；车架尾部两撑杆应分别撑在尾部下方的支座内，并应采用螺母固定；阻止机身旋转的销式制动器应插入销孔，并应将取力器操纵手柄放在脱开位置，最后应锁住起重操作室门。

（17）起重机械行驶前，应检查确认各支腿收存牢固，轮胎气压应符合规定。行驶时，发动机水温应在 80～90℃范围内，当水温达到 80℃时，不得高速行驶。

（18）起重机械应保持中速行驶，不得紧急制动，过铁道口或起伏路面时应减速，下坡时严禁空挡滑行，倒车时应有人监护指挥。

（19）行驶时，底盘走台上不得有人员站立或蹲坐，不得堆放物件。

4. 门式、桥式起重机与电动葫芦

门式、桥式起重机与电动葫芦安全要求包括各种操作装置与作业前的检查要求、作业前空载试运转的要求、作业中的各环节安全操作要求、操作人员的要求，作业结束后的处理要求等：

（1）起重机路基和轨道的铺设应符合使用说明书的规定，轨道接地电阻不得大于 4Ω。

（2）门式起重机的电缆应设有电缆卷筒，配电箱应设置在轨道中部。

（3）用滑线供电的起重机应在滑线的两端标有鲜明的颜色，滑线应设置防护装置，防止人员及吊具钢丝绳与滑线意外接触。

（4）轨道应平直，鱼尾板连接螺栓不得松动，轨道和起重机运行范围内不得有障碍物。

（5）门式、桥式起重机作业前应重点检查下列项目，并应符合相应要求：1）机械结构外观应正常，各连接件不得松动。2）钢丝绳外表情况应良好，绳卡应牢固。3）各安全限位装置应齐全完好。

（6）操作室内应垫木板或绝缘板，接通电源后应采用试电笔测试金属结构部分，并应确认无漏电现象；上、下操作室应使用专用扶梯。

（7）作业前，应进行空载试运转，检查并确认各机构运转正常，制动可靠，各限位开关灵敏有效。

（8）在提升大件时不得用快速，并应拴拉绳防止摆动。

（9）吊运易燃、易爆、有害等危险品时，应经安全主管部门批准，并应有相应的安全措施。

（10）吊运路线不得从人员、设备上面通过；空车行走时，吊钩应离地面 2m 以上。

（11）吊运重物应平稳、慢速，行驶中不得突然变速或倒退。两台起重机同时作业时，应保持 5m 以上距离。不得用一台起重机顶推另一台起重机。

（12）起重机行走时，两侧驱动轮应保持同步，发现偏移应及时停止作业，调整修理后继续使用。

（13）作业中，人员不得从一台桥式起重机跨越到另一台桥式起重机。

（14）操作人员进入桥架前应切断电源。

（15）门式、桥式起重机的主梁挠度超过规定值时，应修复后使用。

（16）作业后，门式起重机应停放在停机线上，用夹轨器锁紧；桥式起重机应将小车停放在两条轨道中间，吊钩提升到上部位置。吊钩上不得悬挂重物。

（17）作业后，应将控制器拨到零位，切断电源，应关闭并锁好操作室门窗。

（18）电动葫芦使用前应检查机械部分和电气部分，钢丝绳、链条、吊钩、限位器等应完好，电气部分应无漏电，接地装置应良好。

（19）电动葫芦应设缓冲器，轨道两端应设挡板。

（20）第一次吊重物时，应在吊离地面 100mm 时停止上升，检查电动葫芦制动情况，确认完好后再正式作业。露天作业时，电动葫芦应设有防雨棚。

（21）电动葫芦起吊时，手不得握在绳索与物体之间，吊物上升时应防止冲顶。

（22）电动葫芦吊重物行走时，重物离地不宜超过 1.5m 高。工作间歇不得将重物悬挂在空中。

（23）电动葫芦作业中产生异味、出现高温等异常情况时，应立即停机检查，排除故障后继续使用。

（24）使用悬挂电缆电气控制开关时，绝缘应良好，滑动应自如，人站立位置的后方应有 2m 的空地，并应能正确操作电钮。

（25）在起吊中，由于故障造成重物失控下滑时，应采取紧急措施，向无人处下放重物。

（26）在起吊中不得急速升降。

（27）电动葫芦在额定载荷制动时，下滑位移量不应大于80mm。

（28）作业完毕后，电动葫芦应停放在指定位置，吊钩升起，并切断电源，锁好开关箱。

5. 井架、龙门架物料提升机

井架、龙门架物料提升机安全要求包括进场后安全装置的检查、基础要求、提升机制动系统要求及操作中的要求等：

（1）进入施工现场的井架、龙门架必须具有下列安全装置：1）上料口防护棚。2）层楼安全门、吊篮安全门、首层防护门。3）断绳保护装置或防坠装置。4）安全停靠装置。5）起重量限制器。6）上、下限位器。7）紧急断电开关、短路保护、过电流保护、漏电保护。8）信号装置。9）缓冲器。

（2）卷扬机应符合《建筑机械使用安全技术规程》JGJ 33—2012 第 4.7 节的有关规定。

（3）基础应符合使用说明书要求。缆风绳不得使用钢筋、钢管。

（4）提升机的制动器应灵敏可靠。

（5）运行中吊篮的四角与井架不得互相擦碰，吊篮各构件连接应牢固、可靠。

（6）井架、龙门架物料提升机不得和脚手架连接。

（7）不得使用吊篮载人，吊篮下方不得有人员停留或通过。

（8）作业后，应检查钢丝绳、滑轮、滑轮轴和导轨等，发现异常磨损，应及时修理或更换。

（9）下班前，应将吊篮降到最低位置，各控制开关置于零位，切断电源，锁好开关箱。

6. 施工升降机

施工升降机的安全要求包括基础要求、各种装置的要求、施工前进行坠落试验的要求、作业前检查的内容与要求和操作中的要求和特殊天气情况下的要求等。

（1）施工升降机基础应符合使用说明书要求，当使用说明书无要求时，应经专项设计计算，地基上表面平整度允许偏差为10mm，场地应排水通畅。

（2）施工升降机导轨架的纵向中心线至建筑物外墙面的距离宜选用使用说明书中提供的较小的安装尺寸。

（3）安装导轨架时，应采用经纬仪在两个方向进行测量校准。其垂直度允许偏差应符合表5-2中的规定。

施工升降机导轨架垂直度允许偏差 表5-2

架设高度 H（m）	$H\leqslant70$	$70<H\leqslant100$	$100<H\leqslant150$	$150<H\leqslant200$	$\geqslant200$
垂直度偏差（mm）	$\leqslant1/1000H$	$\leqslant70$	$\leqslant90$	$\leqslant110$	$\leqslant130$

（4）导轨架自由高度、导轨架的附墙距离、导轨架的两附墙连接点间距离和最低附墙点高度不得超过使用说明书的规定。

（5）施工升降机应设置专用开关箱，馈电容量应满足升降机直接启动的要求，生产厂家配置的电气箱内应装设短路、过载、错相、断相及零位保护装置。

(6) 施工升降机周围应设置稳固的防护围栏。楼层平台通道应平整牢固，出入口应设防护门。全行程不得有危害安全运行的障碍物。

(7) 施工升降机安装在建筑物内部井道中时，各楼层门应封闭并应有电气连锁装置。装设在阴暗处或夜班作业的施工升降机，在全行程上应有足够的照明，并应装设明亮的楼层编号标志灯。

(8) 施工升降机的防坠安全器应在标定期限内使用，标定期限不应超过一年。使用中不得任意拆检调整防坠安全器。

(9) 施工升降机使用前，应进行坠落试验。施工升降机在使用中每隔 3 个月，应进行一次额定载重量的坠落试验，试验程序应按使用说明书规定进行。防坠安全器试验后及正常操作中，每发生一次防坠动作，应由专业人员进行复位。

(10) 作业前应重点检查下列项目，并应符合相应要求：1) 结构不得有变形，连接螺栓不得松动。2) 齿条与齿轮、导向轮与导轨应接合正常。3) 钢丝绳应固定良好，不得有异常磨损。4) 运行范围内不得有障碍。5) 安全保护装置应灵敏可靠。

(11) 启动前，应检查并确认供电系统、接地装置安全有效，控制开关应在零位。电源接通后，应检查并确认电压正常。应试验并确认各限位装置、吊笼、围护门等处的电气连锁装置良好可靠，电气仪表应灵敏有效。作业前应进行试运行，测定各机构制动器的效能。

(12) 施工升降机应按使用说明书要求，进行维护保养，并应定期检验制动器的可靠性，制动力矩应达到使用说明书要求。

(13) 吊笼内乘人或载物时，应使载荷均匀分布，不得偏重，不得超载运行。

(14) 操作人员应按指挥信号操作。作业前应鸣笛示警。在施工升降机未切断总电源开关前，操作人员不得离开操作岗位。

(15) 施工升降机运行中发现有异常情况时，应立即停机并采取有效措施将吊笼就近停靠楼层，排除故障后再继续运行。在运行中发现电气失控时，应立即按下急停按钮，在未排除故障前，不得打开急停按钮。

(16) 在风速达到 20m/s 及以上大风、大雨、大雾天气以及导轨架、电缆等结冰时，施工升降机应停止运行，并将吊笼降到底层，切断电源。暴风雨等恶劣天气后，应对施工升降机各有关安全装置等进行一次检查，确认正常后运行。

(17) 施工升降机运行到最上层或最下层时，不得用行程限位开关作为停止运行的控制开关。

(18) 当施工升降机在运行中由于断电或其他原因而中途停止时，可进行手动下降，将电动机尾端制动电磁铁手动释放拉手缓缓向外拉出，使吊笼缓慢地向下滑行。吊笼下滑时，不得超过额定运行速度，手动下降应由专业维修人员进行操纵。

(19) 当需在吊笼的外面进行检修时，另外一个吊笼应停机配合，检修时应切断电源，并应有专人监护。

(20) 作业后，应将吊笼降到底层，各控制开关拨到零位，切断电源，锁好开关箱，闭锁吊笼门和围护门。

附录　安全生产考核模拟试卷

试卷一
试题及答案

试卷二
试题及答案

试卷三
试题及答案

试卷四
试题及答案

试卷五
试题及答案

参 考 文 献

[1] 中华人民共和国住房和城乡建设部安全监管司．建设工程安全生产法律法规(第二版)[M]. 北京：中国建筑工业出版社，2008.

[2] 中华人民共和国住房和城乡建设部安全监管司．建设工程安全生产管理(第二版)[M]. 北京：中国建筑工业出版社，2008.

[3] 中华人民共和国住房和城乡建设部安全监管司．建设工程安全技术(第二版)[M]. 北京：中国建筑工业出版社，2008.

[4] 冯小川．施工企业专职安全员安全生产考核培训教材(修订版)[M]. 北京：中国建材工业出版社，2017.

[5] 中华人民共和国住房和城乡建设部．GB 55023—2022 施工脚手架通用规范[S]. 北京：中国建筑工业出版社，2022.

[6] 中华人民共和国住房和城乡建设部．JGJ 130—2011 建筑施工扣件式钢管脚手架安全技术规范[S]. 北京：中国建筑工业出版社，2011.

[7] 中国安全产业协会．T/CSIA 008—2021 建筑施工扣件式钢管脚手架 安全检查与验收标准[S]. 北京：中国建筑工业出版社，2021.

[8] 中华人民共和国住房和城乡建设部．JGJ 59—2011 建筑施工安全检查标准[S]. 北京：中国建筑工业出版社，2011.

[9] 中华人民共和国住房和城乡建设部，中华人民共和国国家质量监督检验检疫总局．GB 50720—2011 建设工程施工现场消防安全技术规范[S]. 北京：中国建筑工业出版社，2011.

[10] 中华人民共和国住房和城乡建设部．JGJ 184—2009 建筑施工作业劳动防护用品配备及使用标准[S]. 北京：中国建筑工业出版社，2009.

[11] 中华人民共和国住房和城乡建设部．JGJ 166—2016 建筑施工碗扣式钢管脚手架安全技术规范[S]. 北京：中国建筑工业出版社，2016.

[12] 中华人民共和国住房和城乡建设部．JGJ/T 231—2021 建筑施工承插型盘扣式钢管脚手架安全技术标准[S]. 北京：中国建筑工业出版社，2021.

[13] 中华人民共和国国家质量监督检验检疫总局．GB 51210—2016 建筑施工脚手架安全技术统一标准[S]. 北京：中国计划出版社，2016.

[14] 中华人民共和国国家质量监督检验检疫总局．GB 6067—2010 起重机械安全规程[S]. 北京：中国计划出版社，2010.

[15] 中华人民共和国住房和城乡建设部．JGJ 196—2010 建筑施工塔式起重机安装、使用、拆卸安全技术规程[S]. 北京：中国建筑工业出版社，2010.

[16] 国家市场监督管理总局，中国国家标准化管理委员会．GB/T 5031—2019 塔式起重机[S]. 北京：中国建筑工业出版社，2019.

[17] 中华人民共和国国家质量监督检验检疫总局，中国国家标准化管理委员会．GB/T 34023—2017 施工升降机安全使用规程[S]. 北京：中国计划出版社，2017.

[18] 中华人民共和国住房和城乡建设部．JGJ 33—2012 建筑机械使用安全技术规程[S]. 北京：中国建筑工业出版社，2012.

[19] 中华人民共和国住房和城乡建设部.JGJ 160—2016 施工现场机械设备检查技术规范[S]. 北京：中国建筑工业出版社，2016.

[20] 中华人民共和国住房和城乡建设部.JGJ 276—2012 建筑施工起重吊装工程安全技术规范[S]. 北京：中国建筑工业出版社，2012.

[21] 中华人民共和国住房和城乡建设部.JGJ 202—2010 建筑施工工具式脚手架安全技术规范[S]. 北京：中国建筑工业出版社，2010.

[22] 中华人民共和国住房和城乡建设部.JGJ 305—2013 建筑施工升降设备设施检验标准[S]. 北京：中国建筑工业出版社，2013.

[23] 中华人民共和国住房和城乡建设部.JGJ/T 128—2019 建筑施工门式钢管脚手架安全技术标准[S]. 北京：中国建筑工业出版社，2019.

[24] 中华人民共和国住房和城乡建设部.JGJ 215—2010 建筑施工升降机安装、使用、拆卸安全技术规程[S]. 北京：中国建筑工业出版社，2010.

[25] 中华人民共和国住房和城乡建设部.JGJ 180—2009 建筑施工土石方工程安全技术规范[S]. 北京：中国建筑工业出版社，2009.

[26] 国家市场监督管理总局，国家标准化管理委员会.GB/T 29639—2020 生产经营单位生产安全事故应急预案编制导则[S]. 北京：中国标准出版社，2020.

[27] 中华人民共和国住房和城乡建设部.JGJ/T 195—2018 液压爬升模板工程技术标准[S]. 北京：中国建筑工业出版社，2018.

[28] 中华人民共和国住房和城乡建设部.JGJ/T 429—2018 建筑施工易发事故防治安全标准[S]. 北京：中国建筑工业出版社，2018.

[29] 中华人民共和国住房和城乡建设部，中华人民共和国国家质量监督检验检疫总局.GB 50194—2014 建设工程施工现场供用电安全规范[S]. 北京：中国计划出版社，2014.

[30] 中华人民共和国住房和城乡建设部.JGJ/T 183—2019 液压升降整体脚手架安全技术标准[S]. 北京：中国建筑工业出版社，2019.

[31] 中华人民共和国住房和城乡建设部.JGJ 147—2016 建筑拆除工程安全技术规范[S]. 北京：中国建筑工业出版社，2016.

[32] 国家市场监督管理总局，国家标准化管理委员会.GB/T 26557—2021 吊笼有垂直导向的人货两用施工升降机[S]. 北京：中国计划出版社，2021.

[33] 中华人民共和国国家质量监督检验检疫总局，中国国家标准化管理委员会.GB/T 31052.3—2016 起重机械检查与维护规程 第3部分：塔式起重机[S]. 北京：中国计划出版社，2016.

[34] 中华人民共和国国家质量监督检验检疫总局，中国国家标准化管理委员会.GB/T 14405—2011 通用桥式起重机[S]. 北京：中国标准出版社，2011.

[35] 中华人民共和国国家质量监督检验检疫总局，中国国家标准化管理委员会.GB/T 14406—2011 通用门式起重机[S]. 北京：中国标准出版社，2011.